Antje

MANFRED GEISSLER

POLAROGRAPHISCHE ANALYSE

VERLAG CHEMIE

WEINHEIM · DEERFIELD BEACH, FLORIDA · BASEL · 1981

Dr. rer. nat. Manfred Geißler, Freiberg

Dieses Buch enthält 54 Abbildungen und 26 Tabellen

CIP-Kurztitelaufnahme der Deutschen Bibliothek

Geißler, Manfred:
Polarographische Analyse/
Manfred Geißler. —
1 Aufl. — Weinheim, Deerfield Beach (Florida),
Basel: Verlag Chemie, 1981. —

ISBN 3-527-25887-6

Lizenzausgabe des Verlags Chemie, GmbH, D – 6940 Weinheim

ⓒ Akademische Verlagsgesellschaft Geest & Portig K.-G., DDR – 7010 Leipzig, 1980

1. Auflage

Printed in the German Democratic Republic

Gesamtherstellung: INTERDRUCK Graphischer Großbetrieb Leipzig – III/18/97

Vorwort

Seit der Entdeckung der Polarographie durch *Jaroslav Heyrovský* sind etwa 60 Monographien über diese elektrochemische Methode in zahlreichen Sprachen verfaßt worden, darunter in den letzten 20 Jahren eine Reihe von Werken, die spezielle polarographische Methoden zum Inhalt haben. Es liegt deshalb die Frage nahe, ob ein weiteres Buch vorhandenen Abhandlungen hinzugefügt werden muß. Die Frage kann insofern mit „Ja" beantwortet werden, weil ein Buch fehlt, das einen Überblick von der klassischen Polarographie über die modernen Methoden und die polarographische Meßtechnik bis hin zu den vielfältigen Anwendungsmöglichkeiten der Polarographie gibt.

Vom analytischen Standpunkt aus ist die Polarographie eine spurenanalytische Methode, die lange Zeit für die Bestimmung kleinster Elementgehalte vorherrschend war. Später kamen ihr in zunehmendem Maße optische Methoden zu Hilfe, vor allem die Spektralphotometrie im ultravioletten und sichtbaren Spektralbereich und neuerdings die Atomabsorptionsspektralphotometrie. Dadurch wurde die Polarographie zeitweilig in den Hintergrund gedrängt. Tatsache ist aber, daß inzwischen neue, leistungsfähige polarographische Methoden wie die Square wave-Polarographie, die Differenzpulspolarographie und die Inversvoltammetrie entwickelt worden sind, die die Stellung der Polarographie in der Spurenanalytik beträchtlich gestärkt haben. Sie zeichnen sich nicht nur durch anerkannt niedriges Nachweisvermögen aus, sondern besitzen gegenüber optischen Methoden auch den Vorteil, daß sie für die Multielementanalyse und für die Bestimmung anorganischer und organischer Substanzen gleichermaßen geeignet sind.

Das vorliegende Buch will und kann keine Monographien über Polarographie ersetzen. Es soll vielmehr eine weit gefaßte Einführung in die Arbeitsmöglichkeiten mit polarographischen Methoden unter besonderer Berücksichtigung der Spurenanalytik sein. Chemiker in Industrie und Forschung, insbesondere Analytiker, sowie andere Naturwissenschaftler (Pharmazeuten, Biochemiker, Biologen, Mediziner) sollen angesprochen werden, die Vielseitigkeit der Polarographie für die Lösung ihrer fachlichen Probleme zu nutzen. Auch Studierenden der Chemie und Pädagogik kann das Buch zur Erweiterung ihres Wissens über Analysenmethoden dienen.

Dem Spezialisten auf dem Gebiet der Polarographie bleibt nach wie vor die Aufgabe, anhand der Originalliteratur in die Methodik, Theorie und Handhabung der einzelnen polarographischen Techniken einzudringen.

Wenn durch dieses Buch polarographische Arbeitsmethoden weiter verbreitet werden und ihnen der gebührende Platz unter den elektrochemischen und gegenüber den optischen Analysenmethoden eingeräumt wird, ist der beabsichtigte Zweck erreicht.

Herrn Prof. Dr. sc. *G. Werner*, Leipzig, und Herrn Dr. rer. nat. *H.-D. Bormann*, Merseburg, gilt mein Dank für die Durchsicht des Manuskripts sowie zahlreiche Anregungen und Herrn Dr. rer. hat. *C. Kuhnhardt*, Freiberg. für die Unterstützung und spezielle Hinweise zum Abschn. 3.3. und Kap. 4.

Für ihr förderndes Interesse und wertvolle Ratschläge dankt der Verfasser Herrn Dr. sc. nat. *H.-K. Bothe* und Herrn Dr. rer. nat. *H. G. Struppe.*

Nicht zuletzt sei dem Verlag für die verständnisvolle Zusammenarbeit gedacht.

Freiberg, im Juni 1979   M. GEISSLER

Inhalt

Verzeichnis verwendeter Abkürzungen

AAS	Atomabsorptionsspektralphotometrie
ACP	Wechselstrompolarographie (engl.: alternating current polarography)
ac-	wechselstrom-
AE	Arbeitselektrode
CV	Cyclische Voltammetrie (engl.: cyclic voltammetry)
DCP	Gleichstrompolarographie, Polarographie (engl.: direct current polarography)
dc-	gleichstrom-
DPASV	anodische Differenzpulsinversvoltammetrie (engl.: differential pulse anodic stripping voltammetry)
DPCSV	katodische Differenzpulsinversvoltammetrie (engl.: differential pulse cathodic stripping voltammetry)
DPP	Differenzpulspolarographie (engl.: differential pulse polarography)
dPP	derivative Pulspolarographie (engl.: derivative pulse polarography)
EDTE	Ethylendiamintetraessigsäure
FET	Feldeffekttransistor
GE	Gegenelektrode
GKE	Gesättigte Kalomelelektrode
HAc	Essigsäure
HFP, RFP	Hochfrequenzpolarographie, Radiofrequenzpolarographie (engl.: radio frequency polarography)
hf-	hochfrequenz-
HQTE	Hängende Quecksilbertropfenelektrode
IV	Inverse Voltammetrie, Inversvoltammetrie (engl.: stripping voltammetry)
LE	Leitelektrolyt
MSP	Multi sweep-Polarographie (engl.: multi sweep polarography)
NH_4Ac	Ammoniumacetat
$(NH_4)_2Tart$	Ammoniumtartrat
NKE	Normale Kalomelelektrode
NTE	Nitrilotriessigsäure
OWP	Oberwellenwechselstrompolarographie (engl.: higher harmonic ac-polarography)
OV	Operationsverstärker
PP	Pulspolarographie (engl.: pulse polarography)
QTE	Quecksilbertropfelektrode
RE	Referenzelektrode
rf-	radiofrequenz-
SSP	Single sweep-Polarographie (engl.: single sweep polarography)
SWP	Square wave-Polarographie (engl.: square wave polarography)
sw-	square wave-
Trien	Triethylendiamin

Symbolverzeichnis

A	Auflösungsvermögen
A	Arbeitsbereich eines Analysenverfahrens
a	Aktivität
a_A	Aktivität der Ausgangsprodukte
a_E	Aktivität der Endprodukte
b	Richtungsfaktor
c	Depolarisationskonzentration im Lösungsinneren
c^0	Depolarisatorkonzentration an der Elektrodenoberfläche
c_E	Konzentration an der Erfassungsgrenze
c_{Pr}	Depolarisatorkonzentration in der Probelösung
c_{st}	Depolarisatorkonzentration in der Standardlösung
c_0	Ausgangskonzentration
c_t	momentane Konzentration zur Zeit t
C_D	differentielle Doppelschichtkapazität
C_I	integrale Doppelschichtkapazität
D	Diffusionskoeffizient
D_∞	Diffusionskoeffizient bei unendlicher Verdünnung
d	Dichte
E	Elektrodenpotential
E_A	Potential der Anode
E_{ad}	Potential maximaler Adsorption
$E_{FR\infty}$	Faradaysche Gleichrichtungsspannung (stationärer Betrag)
E_{GE}	Potential der Gegenelektrode
E_K	Potential der Katode
E_P	Peakspitzenpotential
E_{QTE}	Potential der Quecksilbertropfelektrode
E_s	sterische Substituentenkonstante
$E^\ominus$	Standardelektrodenpotential
$E_{1/2}$	Halbstufenpotential
e	Einwaage
F	Faraday-Konstante
G	Gehaltsbereich
g	Galvani-Spannung
g_e	Gleichgewichts-Galvani-Spannung
g_I	Galvani-Spannung einer stromdurchflossenen Elektrode
g_0	Ruhe-Galvani-Spannung (Galvani-Spannung einer stromlosen Elektrode
g_L	Lippmann-Potential (Nulladungspotential
g	Faktor zur Berechnung des Konzentrationsverhältnisses nach Gl. (6.18) und (6.19)
H	Höhe des Quecksilbervorratsgefäßes über der Kapillarenmündung der Quecksilbertropfelektrode
h	Stufen- bzw. Peakhöhe (Meßwert)
h_+	Peakhöhe des positiven Peaks
h_-	Peakhöhe des negativen Peaks
h_E	Signalhöhe an der Erfassungsgrenze
h_{Pr}	Stufen- bzw. Peakhöhe für die Depolarisatorkonzentration in der Probelösung
$\underline{h}$	Signalhöhe an der Nachweisgrenze
$\overline{h}_{SA}$	mittlerer Schreiberausschlag
h_{st}	Stufen- bzw. Peakhöhe für die Depolarisatorkonzentration in der Standardlösung
I	Strom
I_{ad}	Adsorptionsstrom
I_C	Kapazitätsstrom
$I_{C=}$	Kapazitätsgleichstrom
$I_{C\sim}$	Kapazitätswechselstrom
I_{CR}	Kapazitätsgleichrichtungsstrom
$I_{C=,t}$	momentaner Kapazitätsgleichstrom
I_D	Diffusionsstrom
$I_{D,gr}$	Diffusionsgrenzstrom
$I_{F=}$	Faradayscher Gleichstrom
I_F	Faradayscher Strom
$I_{F\sim}$	Faradayscher Wechselstrom
I_{FR}	Faradayscher Gleichrichtungsstrom
I_{HF}	hochfrequenzpolarographischer Strom
I_K	Kalousek-Strom
I_{kat}	katalytischer Strom
I_{kin}	kinetischer Strom
I_P	Peakspitzenstrom
I_{PP}	pulspolarographischer Strom
$I_{PP,gr}$	pulspolarographischer Diffusionsgrenzstrom
I_R	Rest-, Grundstrom
I_{SW}	square wave-polarographischer Strom
I_Z	Zellenstrom
I^*	Diffusionsstromkonstante
K_{QTE}	Kapillarenkonstante der QTE
k	Konstante (allgemein)
$k_{1/2}$	Geschwindigkeitskonstante bei $E_{1/2}$
k^0	Geschwindigkeitskonstante bei $E^\ominus$
l	Länge

M	Molmasse
m_a	Masse
m	Ausflußrate des Quecksilbers aus der QTE
m_x	Menge des zu bestimmenden Bestandteils
N_A	Avogadrosche Zahl
n	Anzahl der H-Atome
P	Elektrodenpolarisation
P	Probenmengenbereich
ΔP	Druckdifferenz
q	Elektrodenoberfläche
R	Ohmscher Widerstand
R_A	Arbeitswiderstand
R_E	Elektrodenwiderstand
R_e	Eingangswiderstand
R_g	Rückkopplungswiderstand
R_i	innerer Widerstand
R_L	Lösungswiderstand
R_M	Ohmscher Meßwiderstand
R_z	Widerstand der Zuleitungen
r	Radius
S	Empfindlichkeitsstufe des Polarographen
S_{Pr}	Empfindlichkeitsstufe des Polarographen bei der Registrierung der Depolarisatorkonzentration in der Probelösung
S_{St}	Empfindlichkeitsstufe des Polarographen bei der Registrierung der Depolarisatorkonzentration in der Standardlösung
s	Standardabweichung
s_r	relative Standardabweichung
T	Temperatur
t	Zeit
t_c	Abklingzeit
t_h	Haltezeit
t_f	Pulsfolgedauer
t_i	Zeitspanne zwischen Polarisationswechsel und Meßzeitbeginn
t_m	Meßzeit
t_0	Pulspause
t_p	Pulsdauer
t_r	Registrierzeit
t_t	Tropfenlebensdauer, Tropfzeit
t_v	Verzögerungszeit
t_z	Zyklusdauer
U_a	Ausgangsspannung
$U_{\ddot{a}}$	äußere angelegte Spannung
U_e	Eingangsspannung; Gleichgewichtszellenspannung
U_p	Polarisationsspannung
ΔU_p	Polarisationsspannungsamplitude

U_R	Rechteckspannung
ΔU_R	Rechteckspannungsamplitude
U_S^+	positive Sättigungsspannung
U_S^-	negative Sättigungsspannung
$U^\ominus$	Standardzellenspannung
$U_\sim$	Wechselspannung
$\Delta U_\sim$	Wechselspannungsamplitude (Spitze – Spitze)
V	Variationskoeffizient
V_0	HF-Amplitude über die Phasengrenze Elektrode/Lösung bzw. effektive Wechselspannungsamplitude
v	Spannungsanstiegsrate
v_0	Volumen
$v_{0,Pr}$	Volumen der Probelösung
$v_{0,z}$	Volumen der Zusatzlösung
W	Halbwertsbreite
Z_F	Faradaysche Impedanz
z	Anzahl der ausgetauschten Elektronen, Ladungszahl
x	Durchtrittsfaktor
x_a	apparenter Durchtrittsfaktor
β	Bruchteil einer Halbperiode bis zum Meßzeitbeginn (t_m)
δ	Diffusionsschichtdicke
δ_{st}	sterischer Suszeptibilitätsfaktor
η	Viskosität
η	Überspannung
η_c	Konzentrationsüberspannung
η_d	Diffusionsüberspannung
η_D	Durchtrittsüberspannung
η_K	Kristallisationsüberspannung
η_R	Reaktionsüberspannung
Θ	Bedeckungsgrad
δ	Halbperiode
$\bar{\varkappa}$	Ilkovič-Konstante
λ_∞	Äquivalentleitfähigkeit bei unendlicher Verdünnung
μ	elektrochemisches Potential
ν_i	Summe der Ionen lt. Formelumsatz
ν_i	Stöchiometriezahl
ϱ	Reaktionskonstante
σ	Phasenwinkel
σ	Substituentenkonstante
σ^*	induktive Substituentenkonstante
σ_m	Substituentenkonstante für m-Substitution
σ_p	Substituentenkonstante für p-Substitution
$\tau_{1/2}$	Halbwertszeit
τ	Zeitkonstante

τ_Σ	Gesamtzeitkonstante zur Einstellung der Faradayschen Gleichrichtungssignale	Pɪ	Probe
φ	Galvani-Potential	red	bezogen auf die reduzierte Form des Stoffes
χ	Oberflächenpotential	S	Stufe
ψ	Voltapotential	s	fest (solidus)
ψ	Ladungsdichte	s	Spur
ω	Kreisfrequenz	St	Standard
		t	momentan
		ü	Überschuß

Untere Indizes

Sonstige Zeichen

ad	adsorbiert		
aq	flüssig, gelöst	A	Anion
Elek	Elektrode	M	Metallkation
Lsg	Lösung	m	molar
max	maximal	N	normal
min	minimal	–	über dem Symbol bedeutet Mittelwert
ox	bezogen auf die oxydierte Form des Stoffes	Π	Produkt aus …
	Peak		

1.   Einführung

Die Polarographie ist eine elektrochemische Analysenmethode, die anhand einer Stromspannungskurve (Polarogramm) Aussagen über Art und Menge der in einer gelösten Analysenprobe enthaltenen Stoffe (Depolarisatoren) gibt. Die Stromsignale, die als Funktion der Spannung registriert werden, liefert die polarographische Meßzelle, die aus einer polarisierbaren Arbeitselektrode, einer unpolarisierbaren Hilfselektrode und der Elektrolytlösung aus indifferentem Leitelektrolyt (LE) und Depolarisator besteht.

Der Polarograph, die elektrische Apparatur zum Betreiben der Polarographie, beaufschlagt die Arbeitselektrode mit der Polarisationsspannung (Anregungssignal) und mißt zugleich das Stromsignal (Antwortsignal) in Abhängigkeit von der polarisierenden Spannung. Die Polarisationsspannung kann beliebige Form besitzen. Sie kann eine in positiver oder negativer Richtung linear ansteigende Gleichspannung, aber ebensogut eine cyclische Spannungsform mit zunehmender Amplitude oder eine mit einer cyclischen Spannung konstanter Amplitude modulierte stetig anwachsende Gleichspannung sein.

Von Polarographie spricht man immer dann, wenn als Arbeitselektrode eine Quecksilbertropfelektrode (QTE) benutzt wird. Hingegen bezeichnet man die Methode mit Voltammetrie, wenn Festelektroden oder stationäre Elektroden beliebiger Konstruktion als polarisierbare Elektroden angewendet werden.

In der Voltammetrie und Polarographie findet der Stofftransport in einer ruhenden Lösung ausschließlich durch Diffusion zur Arbeitselektrode statt, an der die interessierende elektrochemische Reaktion (Reduktion oder Oxydation des Depolarisators) stattfindet. Voltammetrie und Polarographie sind deshalb Grenzstrommethoden (Diffusionsgrenzstrom), denn durch den diffusionskontrollierten Antransport von Depolarisator kann pro Zeiteinheit nur eine konstante Stoffmenge an der Elektrodenreaktion teilnehmen und zur Signalbildung beitragen.

Im Gegensatz zur ruhenden Lösung wird in gerührter Lösung – z. B. bei Anwendung einer rotierenden Scheibenelektrode – der Stofftransport zur Arbeitselektrode außer durch Diffusion auch durch Konvektion bewirkt. In diesem Falle ordnet man die Methode unter dem Begriff „Hydrodynamische Voltammetrie" ein.

Ohne Zweifel ist die Polarographie eine der bedeutendsten elektroanalytischen Methoden. Es darf aber nicht unerwähnt bleiben, daß die Polarographie und in noch stärkerem Maße die Voltammetrie auch wesentliche Methoden für die elektrochemische Grundlagenforschung sind.

Die Polarographie verfügt heute über eine große Anzahl von speziellen Methoden, die im Detail im Kap. 3. behandelt werden und deren Vor- und Nachteile man kennen muß, wenn man das Arbeitsfeld der Polarographie zur Lösung analytischer Aufgabenstellungen nutzen will. Durch die elektrochemische Aktivität von einfachen und komplexen Kationen und Anionen, organischen Grundkörpern und kompliziert aufgebauten Naturstoffen ist die Polarographie für Stoffbestimmungen in der anorganisch-chemischen Industrie und Metallurgie, bei mineralogisch-geologischen Untersuchungen, in der biochemischen, klinischen und forensischen Analytik sowie in der Pharmazie, Land- und Nahrungsgüterwirtschaft und nicht zuletzt im Umweltschutz und in der Reinststoffanalytik geeignet. Arbeitstechnik und methodische Grundlagen prädestinieren polarographische Verfahren für die Spurenanalyse.

1.1.   Historische Entwicklung der Polarographie

Als Geburtsjahr der Polarographie gilt das Jahr 1922. Damals berichtete *Jaroslav Heyrovský* (Nobelpreis 1959) nach dreijähriger Forschungsarbeit in der Zeitschrift „Chemicke Listy" über seine Methode zur Aufnahme von Stromspannungskurven in Kationen enthaltenden Elektrolytlösungen mit der Quecksilbertropfelektrode. Später wurde für diese elektrochemische Methode von *Heyrovský* der Terminus „Polarographie" geprägt, der entsprechend den neuesten Auffassungen bereits oben interpretiert worden ist.

Die zeitraubende, punktweise Aufzeichnung der Stromspannungskurven (Polarogramme) von Hand mit Hilfe eines einfachen Potentiometers und eines Spiegelgalvanometers wurde bald durch deren automatische photographische Registrierung mit einem Polarographen (*Heyrovský* und *Shikata*, 1925) ersetzt, dessen Prinzip in mannigfach verbesserter Form fast drei Jahrzehnte bestimmend blieb. Erst durch die Entwicklung leistungsfähiger Verstärker und den Bau entsprechender Schreiber wurde mit dem elektronischen Polarographen das Spiegelgalvanometer als Meß- und Registriergerät abgelöst (Fa. Radiometer; PO 1, 1938; PO 4, 1956).

Bereits Ende der dreißiger Jahre wurde von verschiedenen Forschern der Katodenstrahloszillograph als Registriergerät zur schnellen Aufnahme von Polarogrammen angewendet. Im Gegensatz dazu entwickelte *Heyrovský* (1941) unter Einbeziehung des Oszillographen in die polarographische Apparatur eine völlig neue Methode, die als Oszillopolarographie bekannt wurde.

Der Zeitraum von 1945 bis 1960 war durch die Entwicklung einer Reihe neuer polarographischer Methoden gekennzeichnet. So legte *Breyer* (1946) die Grundlagen für die Wechselstrompolarographie. Besondere Verdienste erwarben aber *Barker* und Mitarbeiter, die nacheinander die Square wave-Polarographie (*Barker* und *Jenkins*, 1952), die Hochfrequenzpolarographie (*Barker*, 1958a) und die Pulspolarographie (*Barker* und *Gardner*, 1960) entwickelten. Mit diesen grundlegend neuen Methoden gelang es, das Verhältnis von Nutz- zu Störsignal in der Polarographie wesentlich zu verbessern und damit ihr Nachweisvermögen sowie ihr Auflösungs- und Trennvermögen bedeutend zu erhöhen. Nicht zuletzt wurden diese Forschungsarbeiten durch die ständig steigenden Forderungen in der Spurenanalytik angeregt, immer niedrigere Elementgehalte in Reinststoffen für elektronische Bauelemente, in biologischen Materialien sowie in Luft und Wasser zu bestimmen.

Auch die Inverse Voltammetrie, die fast gleichzeitig (1957 bis 1960) in mehreren Ländern Europas und in den USA entwickelt wurde, kam den wachsenden Anforderungen an die Spurenanalyse dadurch entgegen, daß mit einer relativ einfachen Arbeitstechnik das Spurenelement durch Elektrolyse katodisch oder anodisch angereichert und anschließend der anodische oder katodische Auflösungsstrom beobachtet wird. Auf diese Weise wurde eine wesentliche Vergrößerung des Meßsignals erreicht.

Während anfangs die neuen polarographischen Techniken nur wenigen Forschern zugänglich waren, führte der Einsatz billiger integrierter Schaltkreise zur industriellen Herstellung von Geräten für kompliziertere polarographische Methoden. So werden seit geraumer Zeit elektrochemische Meßgerätesysteme für nahezu sämtliche voltammetrischen Methoden und multifunktionelle Polarographen (z. B. für Gleichstrom- und Wechselstrompolarographie, Gleichstrom-, Puls- und Differenzpulspolarographie) kommerziell angeboten, die sich in ihrer Handhabung nicht wesentlich von Gleichstrompolarographen unterscheiden.

1.2. Einordnung polarographischer Methoden in die Gesamtheit der Analysenmethoden

Die Gleichstrompolarographie (DCP) zählte lange Zeit zu den wichtigsten spuren-analytischen Methoden. Inzwischen wurde die DCP in der Spurenanalytik durch leistungsfähigere Methoden wie die Square wave-Polarographie (SWP), die Pulspolarographie (PP) und die Differenzpulspolarographie (DPP) verdrängt, die Depolarisator-konzentrationen zwischen 10^{-4} und 10^{-8} mol/l erfassen. Mit einer derartig niedrigen Erfassungsgrenze wird elementabhängig der μg- und ng-Bereich zugänglich. Durch Kombination der obengenannten empfindlichen Methoden mit der Voranreicherungs-elektrolyse sind ppb-Mengen bestimmbar, wie am Beispiel der inversen Differenz-pulsvoltammetrie belegt wurde (*Flato*, 1972). Mit den derzeit bekannten polarographischen Methoden läßt sich abhängig vom Element und der Matrix ein Konzentrations-bereich von $> 10^{-5}\%$ bis $< 10\%$ überstreichen. Unter Ausnutzung der elektrolytischen Voranreicherung können auch Elementgehalte $< 10^{-5}\%$ bestimmt werden.

Wie die Polarographie unter den elektroanalytischen Methoden und im Verhältnis zu den optischen Methoden einzuordnen ist, zeigt Abb. 1.1. Daraus ist ersichtlich, daß

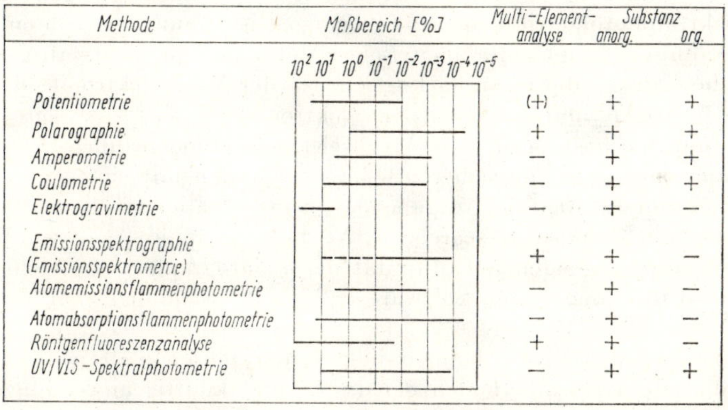

Methode	Meßbereich [%]		Multi-Element-analyse	Substanz anorg.	org.
	10^2 10^1 10^0 10^{-1} 10^{-2} 10^{-3} 10^{-4} 10^{-5}				
Potentiometrie			(+)	+	+
Polarographie			+	+	+
Amperometrie			−	+	+
Coulometrie			−	+	+
Elektrogravimetrie			−	+	−
Emissionsspektrographie (Emissionsspektrometrie)			+	+	−
Atomemissionsflammenphotometrie			−	+	−
Atomabsorptionsflammenphotometrie			−	+	−
Röntgenfluoreszenzanalyse			+	+	−
UV/VIS-Spektralphotometrie			−	+	+

Abb. 1.1. Elektroanalytische und optische Analysenmethoden – Meß- und Anwendungsbereiche

die Polarographie in ihrer methodischen Vielfalt eine gewisse Universalität besitzt, die sich in dem über mehrere Zehnerpotenzen reichenden prozentualen Gehaltsbereich, in der Möglichkeit der Multielementanalyse und in der Bestimmbarkeit anorganischer und organischer Substanzen ausdrückt. Abhängig von der speziellen polarographischen Methode, der Matrix und dem Konzentrationsverhältnis von Störion zu Meßion ist die teilweise oder vollständige Abtrennung des zu bestimmenden Depolarisatorions nur in relativ wenig Fällen notwendig. Nachgerade die leistungsfähigen Wechselstrom-methoden zeichnen sich durch großes Trennvermögen zwischen Meßion und edlerer oder unedlerer Überschußkomponente aus, worüber noch im einzelnen zu sprechen sein wird (Abschn. 6.4.5.).

1.3.   Vergleichende Betrachtungen

Die Verbreitung einer instrumentellen analytischen Methode hängt im wesentlichen von fünf Faktoren ab: dem Stand der industriellen Geräteherstellung, dem Umfang der Applikation, dem erreichten Mechanisierungs- bzw. Automatisierungsgrad, dem Grad der Datenverarbeitung und dem Kostenaufwand.

Obwohl die Polarographie mit der Entwicklung hochleistungsfähiger Methoden zwischen 1945 und 1960 einen Höhepunkt erreichte, ging ihre Anwendung in den Folgejahren bis 1970 zurück. Ursache dafür war das Vordringen hochentwickelter optischer Analysenmethoden, insbesondere der Atomabsorptionsspektralphotometrie (AAS) und der optischen Emissionsspektrometrie. Großer verfügbarer Konzentrationsbereich, enorme Schnelligkeit und hoher Automatisierungsgrad machten die optische Emissionsspektrometrie in der betrieblichen Routineanalytik von festen Metallproben der Polarographie überlegen. Der steile Aufstieg der AAS ab Mitte der sechziger Jahre wurde durch ein gutes Geräteangebot, ein umfassendes Sortiment an Hohlkatodenlampen zunehmender Lebensdauer, die mechanisierte Probeneingabe, die digitale Anzeige der Meßwerte und ihre rechnerische Weiterverarbeitung im Gerät bis zum Konzentrationswert, die flammenlose Technik mit ihren sensationellen Nachweisgrenzen und durch umfangreiche Anwenderschriften bewirkt.

Nachdem ein Abklärungsprozeß hinsichtlich des Leistungsvermögens der Atomabsorptionsspektralphotometrie vonstatten gegangen ist, kann man von einer Renaissance polarographischer und voltammetrischer Methoden sprechen. Ausgelöst wurde diese Entwicklung durch die rasanten Fortschritte der Mikroelektronik, die zur Herstellung preisgünstiger multifunktioneller elektrochemischer Analysen- und Forschungsgeräte mit den leistungsfähigen Wechselstrommethoden führte. Die konstruktiv neue Lösung einer funktionssicheren QTE, verbunden mit einem automatischen Probenwechsler und die digitale Ausgabe des Konzentrationswertes mittels Mikroprozessor (Princeton Applied Research, USA; Polarographic Analyzer Model 374), trugen ebenfalls zur steigenden Attraktivität der Polarographie bei. Nicht zu unterschätzen ist auch das Angebot an Software in Form anwendungsreifer Analysenvorschriften.

Auf diesem technischen Niveau können die polarographischen Methoden ihren Platz unter den anderen Analysenmethoden behaupten und künftig anwendungsspezifisch ausbauen.

2.   Allgemeine Grundlagen

Wie bereits in der Einführung dargelegt wurde, wird in der Polarographie an die elektrochemische Meßzelle aus einer polarisierbaren Quecksilbertropfelektrode und einer unpolarisierbaren Gegenelektrode von einer äußeren Spannungsquelle eine stetig oder periodisch ansteigende Spannung beliebiger Form angelegt und die an der Arbeitselektrode ablaufende elektrochemische Reaktion als Stromspannungskurve oder eine ihr äquivalente Funktion registriert.

Auf diesem allgemeinen Prinzip beruhen eine Reihe verschiedener polarographischer Methoden, die sich hinsichtlich ihrer Informationsgehalte und Anwendungsbereiche unterscheiden.

Zunächst erscheint es aber zweckmäßig, einige für die Polarographie wesentliche allgemeine Grundlagen ins Gedächtnis zurückzurufen, ehe die Arbeitsprinzipien der einzelnen polarographischen Methoden abgehandelt werden.

2.1.   Elektrochemische Doppelschicht

Das Meßobjekt voltammetrischer Meßmethoden ist die Phasengrenzschicht Elektrode // Elektrolyt. In dieser Phasengrenzschicht spielen die Diffusionsschicht und die elektrochemische Doppelschicht eine wichtige Rolle. Struktur, Kapazität und Potentialgefälle der elektrochemischen Doppelschicht sind für die Kinetik der elektrochemischen Durchtrittsreaktion, das ist der Durchtritt von Ladungsträgern durch die Doppelschicht, maßgebend. Polarographisch nutzbare oder störende Adsorptionsvorgänge laufen ebenfalls in der Doppelschicht ab.

Die Entstehung der elektrochemischen Doppelschicht läßt sich an einer einfachen Elektrode, einem Metall M, das in eine wäßrige Salzlösung seiner Ionen M^{z+} eintaucht, erklären. An der Phasengrenzfläche Metall (Phase I) // Elektrolytlösung (Phase II) laufen zwei Vorgänge ab:

Erstens induziert die in der Randzone des Metalles vorhandene Dipolschicht in der Lösung Dipole und zieht diese und bereits vorhandene Dipolmolekeln an, so daß beiderseits der Phasengrenze Oberflächendipolschichten entstehen.

Zweitens erfolgt durch die Phasengrenzfläche der direkte Übergang von Ladungsträgern M^{z+} zwischen beiden Phasen. Diese Durchtrittsreaktion

$$M(s, I) \rightleftharpoons M^{z+} (aq, II) + ze \qquad (2.1)$$

oder auch

$$M^{z+}(s, I) \rightleftharpoons M^{z+} (aq, II) \qquad (2.2)$$

läuft so lange einseitig freiwillig ab, bis die elektrochemischen Potentiale des Ions M^{z+} in den Phasen I und II gleich sind und damit das dynamische elektrochemische Gleichgewicht eingestellt ist.

$$\tilde{\mu}^I_{M^{z+}(s)} = \tilde{\mu}^{II}_{M^{z+}(aq)}. \qquad (2.3)$$

Obwohl dann makroskopisch kein Stoffumsatz mehr zu beobachten ist, werden zwischen den Phasen ständig äquivalente Mengen Ladungsträger ausgetauscht. Wenn infolge der elektrochemischen Gleichgewichtseinstellung mehr Kationen aus dem Metall in die Lösung übergegangen sind als umgekehrt, wird die Metallphase negativ geladen sein und durch ihr elektrostatisches Feld solvatisierte Kationen anziehen. An der Phasengrenzfläche Metall //Elektrolytlösung bildet sich so eine Doppelschicht von negaiven Ladungsträgern auf der Metallseite und positiven auf der Lösungsseite aus, die etwa mit einem Plattenkondensator verglichen werden kann.

Die Dipolschichten und die Ladungsdoppelschicht bilden zusammen die elektrochemische Doppelschicht.

Die modellmäßige Vorstellung über die Struktur der elektrochemischen Doppelschicht nach *Stern* zeigt Abb. 2.1. Danach besteht die Doppelschicht aus einer starren Schicht (Helmholtz-Schicht) und einer diffusen Schicht (Gouy-Schicht). Die starre

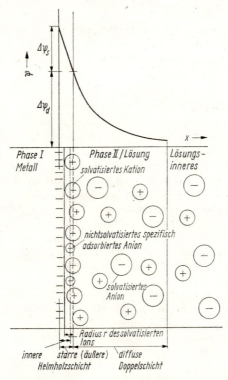

Abb. 2.1. Schematische Darstellung der elektrochemischen Doppelschicht und des Potentialverlaufs an der Doppelschicht

Schicht baut sich aus der äußeren und inneren Helmholtz-Schicht auf. Die äußere Helmholtz-Schicht bilden solvatisierte Ionen (meist Kationen), die innere spezifisch an der Metalloberfläche adsorbierte Ionen mit metallseitig abgestreifter Solvathülle (meist Anionen).

Lösungsseitig schließt sich an die Helmholtz-Schicht die diffuse Schicht an, die dadurch entsteht, daß der Anziehung der Ionen durch das elektrostatische Feld die Diffusion, die Wärmebewegung und der osmotische Druck entgegenwirken. Die diffuse Schicht ist als Raumladungswolke zu betrachten, deren Ladungsdichte nach dem Lösungsinneren asymptotisch gegen Null geht (elektrisch neutraler Zustand).

Als Folge der Ladungsunterschiede von Metall- und Lösungsphase tritt über die Phasengrenze eine Spannung – die Galvani-Spannung g – auf, die durch die Differenz der Galvani- oder inneren Potentiale φ beider Phasen gegeben ist.

$$g^{\mathrm{I, II}} = \varphi^{\mathrm{I}} - \varphi^{\mathrm{II}}. \tag{2.4}$$

Die Galvani-Spannung kann durch eine äußere Spannung kompensiert werden. Die so erhaltene Galvani-Spannung g_{L}, bezogen auf die Standardwasserstoffelektrode, bezeichnet man als Nulladungs- oder Lippmann-Potential.

Das Galvani-Potential setzt sich für jede Phase nach der Beziehung

$$\varphi = \psi + \chi \tag{2.5}$$

additiv aus dem Volta-Potential ψ und dem Oberflächenpotential χ zusammen. Während χ die Potentialdifferenz über die Dipolschicht an der Phasengrenze darstellt, ist ψ die Potentialdifferenz zwischen dem Unendlichen und einem in unmittelbarer Oberflächennähe gelegenen Punkt.

Da das ψ-Potential durch Anlegen einer äußeren Spannung auf einen bestimmten Wert eingestellt werden kann, hat es auf den Reaktionsablauf an der Elektrode wesentlichen Einfluß. Das Potentialgefälle $\Delta\psi$ in der Doppelschicht setzt sich nämlich aus der Potentialänderung $\Delta\psi_{\mathrm{s}}$ der starren Schicht und $\Delta\psi_{\mathrm{d}}$ der diffusen Schicht zusammen:

$$\Delta\psi = \Delta\psi_{\mathrm{s}} + \Delta\psi_{\mathrm{d}}. \tag{2.6}$$

Von diesen Größen ändert sich ψ_{s} linear und ψ_{d} exponentiell mit dem Abstand x von der Elektrodenoberfläche (s. Abb. 2.1).

Für die Wanderung eines Ions durch die diffuse Schicht und den nachfolgenden Übertritt in die starre Schicht sind Vorzeichen und Größe von ψ_{d} entscheidend. Wenn beispielsweise ψ_{d} entgegengesetztes Vorzeichen gegenüber dem betrachteten Ladungsträger besitzt, so wird der Eintritt in die starre Doppelschicht erleichtert. Dagegen ist bei gleichem Vorzeichen von ψ_{d} und der Ionenladung der Reaktionsablauf gehemmt und kann u. U. unterbleiben. Unter solchen Bedingungen wird auch die Durchtrittsreaktion gefördert oder gehemmt.

Formal ist die elektrochemische Doppelschicht mit einem Plattenkondensator vergleichbar und besitzt demzufolge eine meßbare Kapazität C_{D}, die sich aus dem konstanten Anteil C_{s} und dem konzentrationsabhängigen Anteil C_{d} berechnen läßt:

$$\frac{1}{C_{\mathrm{D}}} = \frac{1}{C_{\mathrm{s}}} + \frac{1}{C_{\mathrm{d}}}. \tag{2.7}$$

Die Kapazitätsanteile entsprechen der starren (C_{s}) bzw. diffusen Schicht (C_{d}). Für sehr große Elektrolytkonzentrationen gilt $C_{\mathrm{D}} = C_{\mathrm{s}}$. Die Gesamtkapazität der elektrochemischen Doppelschicht kann demnach nicht größer als die konstante Kapazität werden. Umgekehrt wird für sehr kleine Elektrolytkonzentrationen $C_{\mathrm{D}} = C_{\mathrm{d}}$.

Die Kapazität C_{D} der Doppelschicht ist nicht konstant, sondern hängt auch von der metallseitigen Ladungsdichte Q_{m} und der Galvani-Spannung ab. Man definiert deshalb C_{D} als differentielle Doppelschichtkapazität nach der Gleichung

$$C_{\mathrm{D}} = \frac{\mathrm{d}Q_{\mathrm{m}}}{\mathrm{d}g}. \tag{2.8}$$

Hingegen wird der Quotient

$$C_i = \frac{Q_m}{g - g_L} \qquad (2.9)$$

als integrale Doppelschichtkapazität bezeichnet.

Für ein vertieftes Eindringen in die Theorie der elektrochemischen Doppelschicht sei an dieser Stelle auf die Lehrbücher der Elektrochemie verwiesen.

2.2.   Elektrodenpotential, Polarisation, Überspannung

Die an der Phasengrenze einer Elektrode auftretende Galvani-Spannung (s. Abschn. 2.1.) wird auch als Elektrodenpotential oder Einzelelektrodenpotential bezeichnet.

Für den Fall elektrochemischen Gleichgewichts entsprechend Gl. (2.1) an der Elektrode stellt sich die Gleichgewichts-Galvani-Spannung g_e ein, die nach *Nernst* unter isotherm-isobaren Bedingungen eine aktivitätsabhängige Größe ist.

$$g_e^{I, II} = g^{\ominus I, II} + \frac{RT}{zF} \ln a_M z^+. \qquad (2.10)$$

Die Gleichgewichts-Galvani-Spannung ist einzeln nicht meßbar. Man verbindet deshalb zwei Elektroden oder Halbelemente zu einer geschlossenen galvanischen Zelle und mißt deren Gleichgewichtszellspannung (Nernstsche Gleichung).

$$U_e = U^{\ominus} + \frac{RT}{zF} \ln \frac{\prod a_E^{\nu_i}}{\prod a_A^{\nu_i}}. \qquad (2.11)$$

Einzelelektrodenpotentiale werden aus Gl. (2.11) zugänglich, wenn übereinkunftsgemäß die Standardwasserstoffelektrode als Bezugselektrode gewählt wird.

Fließt durch eine Elektrode ein Strom I, so weicht ihre Galvani-Spannung g_I von der Ruhe-Galvani-Spannung g_0 (auch Ruhepotential) im stromlosen Zustand ab. Die Differenz beider Galvanispannungen wird als Polarisationsspannung P oder kurz Elektrodenpolarisation definiert.

$$P = g_I - g_0. \qquad (2.12)$$

Die Elektrodenpolarisation kann positive oder negative Werte annehmen, abhängig davon, ob die Elektrode mit einem anodischen oder katodischen Strom belastet wird.

Befindet sich nur eine einzige an der Elektrode ablaufende Elektrodenreaktion im elektrochemischen Gleichgewicht, ist in Gl. (2.12) die Ruhe-Galvani-Spannung durch die Gleichgewichts-Galvani-Spannung g_e zu ersetzen, und es wird die Überspannung η der Elektrode erhalten:

$$\eta = g_I - g_e. \qquad (2.13)$$

Von der Überspannung unterscheidet sich die Polarisationsspannung dadurch, daß die Elektrode ihre Gleichgewichts-Galvani-Spannung nicht einstellt.

Nach ihrem Polarisationsverhalten sind nicht polarisierbare und vollständig polarisierbare Elektroden zu unterscheiden. Bei der letzgenannten Gruppe, zu der beispielsweise die Quecksilbertropfelektrode der Polarographie gehört, findet in dem durch den Leitelektrolyten begrenzten Potentialbereich kein Durchtritt von Ladungsträgern zwischen Phase I und II statt. Sie können deshalb innerhalb dieses Potentialbereiches mit jeder beliebigen äußeren Spannung belastet werden, ohne daß es zur Einstellung des elektrochemischen Gleichgewichts kommt.

Das Auftreten der stromdichteabhängigen Überspannung wird durch den gehemmten Ablauf einer elektrochemischen Bruttoreaktion hervorgerufen. Für die Überspannung gibt es verschiedene Ursachen, so daß folgende Überspannungsarten unterschieden werden:

- Diffusionsüberspannung η_d,
- Reaktionsüberspannung η_R,
- Durchtrittsüberspannung η_D,
- Kristallisationsüberspannung η_K.

Diese Grundüberspannungsarten summieren sich zur Gesamtüberspannung:

$$\eta = \eta_d + \eta_R + \eta_D + \eta_K. \tag{2.14}$$

Die Summanden η_d und η_R werden auch unter dem Begriff Konzentrationsüberspannung η_c zusammengefaßt.

Die Entstehung der einzelnen Überspannungsarten kann hier nur kurz abgehandelt werden, weitere Einzelheiten sind bei *Forker* (1965) nachzulesen.

Verläuft der Ab- oder Antransport einer elektrochemisch aktiven Ionenart durch Diffusion zu einer stromdurchflossenen Elektrode wesentlich langsamer als die Durchtrittsreaktion, tritt im elektrodennahen Raum Zu- oder Abnahme der Ionenkonzentration und als Folge eine Änderung der Gleichgewichts-Galvani-Spannung ein. Die auftretende Überspannung wird als Diffusionsüberspannung bezeichnet. Vorausgesetzt wird dabei ein stationärer Zustand, der erreicht wird, indem durch gleichmäßiges Rühren der Lösung für definierte Konvektion gesorgt und die Migration (Ionenwanderung im elektrischen Feld) durch Leitelektrolytzusatz ausgeschaltet wird.

Wenn ein an der Durchtrittsreaktion beteiligter Reaktionsteilnehmer aus einer vorgelagerten chemischen Reaktion nachgeliefert oder durch eine nachgelagerte chemische Reaktion entfernt wird, die vor- oder nachgelagerte Reaktion aber zeitlich sehr langsam verläuft, führt die Verarmung bzw. Anreicherung des Reaktionsteilnehmers in der Doppelschicht zu einer Konzentrationsüberspannung, die als Reaktionsüberspannung bezeichnet wird.

Eine sehr langsam ablaufende Durchtrittsreaktion, wie sie bei Elektrodenreaktionen mit geringer Austauschstromdichte vorliegt, verursacht die Durchtrittsüberspannung.

Letztendlich kann ein Metallion nach Durchtritt in die Metallphase nur an bevorzugten Wachstumsstellen (Ecken, Kanten, Versetzungen) in das Metallgitter eingebaut werden. Es muß deshalb durch Oberflächendiffusion zu diesen energetisch begünstigten Stellen gelangen, wodurch die Kinetik des Elektrodenvorganges bestimmt wird (Kristallisationsüberspannung).

2.3. Diffusion, Diffusionsstrom

Bei elektrochemischen Reaktionen können die Reaktionsteilnehmer zur Doppelschicht der Elektrode durch Diffusion, Migration und Konvektion an- und abtransportiert werden.

Während die Migration durch Zusatz eines Leitelektrolytüberschusses von nicht potentialbestimmenden Ionen ausgeschaltet werden kann, ist die Diffusion bei vorgegebener Temperatur nicht zu beeinflussen. Sie wird durch den Gradienten der chemischen Potentiale der diffundierenden Teilchen in der Diffusionsrichtung verursacht und hat für den elektrochemischen Vorgang unter definierten Bedingungen grundlegende Bedeutung.

Nach *Nernst* existiert an der Elektrodenoberfläche eine Schicht, in der keine Konvektion stattfindet und durch die die potentialbestimmenden Ionen nur durch Diffusion zur Elektrode gelangen können, um dort entladen zu werden. Diese Schicht heißt Diffusionsschicht. Ihre Dicke an der Elektrodenoberfläche hängt von den eingestellten Konvektionsbedingungen und der Elektrodenart ab.

Da in der Diffusionsschicht die Fickschen Diffusionsgesetze gelten, wird die Stärke des durch die Elektrode fließenden Stromes vom Konzentrationsgradienten an der Elektrodenoberfläche bestimmt. Dieser diffusionsbedingte Strom wird Diffusionsstrom genannt.

Die Größe des Diffusionsstromes hängt über den Konzentrationsgradienten auch von der Diffusionsschichtdicke und damit von den Konvektionsbedingungen und der Elektrodenart ab. Bezüglich der Konvektion sind zwei Fälle zu unterscheiden: der stationäre Zustand, der durch eine definierte Konvektion durch Rühren des Elektrolyten gekennzeichnet ist, und der nicht stationäre Zustand, der in der ruhenden Elektrolytlösung vorliegt. Von den Elektrodenarten sind für die Polarographie die ebene Festelektrode mit konstanter wirksamer Oberfläche und die Quecksilbertropfelektrode mit zeitlich wachsender Oberfläche wichtig.

Unter der Annahme linearer Diffusion gelten bei ausgeschalteter Migration für den momentanen Diffusionsstrom in Abhängigkeit von den Konvektionsbedingungen und der Elektrodenart folgende Beziehungen:

1. Diffusionsstrom an einer ebenen Elektrode im stationären Zustand

$$I_{D,t} = zFqD \left(\frac{c - c^0}{\delta} \right). \tag{2.15}$$

2. Diffusionsstrom an einer ebenen Elektrode im nichtstationären Zustand

$$I_{D,t} = zFqD \left(\frac{c - c^0}{\sqrt{\pi D t}} \right). \tag{2.16}$$

3. Diffusionsstrom an einer Quecksilbertropfelektrode wachsender Oberfläche im nichtstationären Zustand

$$I_{D,t} = zFqD \left(\frac{c - c^0}{\sqrt{\dfrac{3}{7} \pi D t}} \right). \tag{2.17}$$

Ein Vergleich von Gln. (2.16) und (2.17) mit Gl. (2.15) zeigt, daß die Diffusionsschichtdicke im nichtstationären Zustand eine zeitabhängige Größe ist. Sie nimmt mit $\sqrt{t}$ in Richtung der Lösung zu. Der Diffusionsstrom sinkt also mit $kt^{-1/2}$ in Abhängigkeit von der Zeit. Für den Fall der Quecksilbertropfelektrode leitete *Ilkovič* für die Diffusionsschichtdicke den Ausdruck $\delta = \sqrt{\dfrac{3}{7} \pi D t}$ aus dem 2. Fickschen Diffusionsgesetz ab. Danach nimmt die Diffusionsschichtdicke an der mit der Zeit wachsenden Quecksilbertropfelektrode ab.

Der momentane Diffusionsstrom geht in den Diffusionsgrenzstrom für beliebige Zeitpunkte t über, wenn bei Potentialen im Grenzstrombereich der Depolarisator an der Elektrodenoberfläche verarmt, so daß $c^0 = 0$ wird. Aus Gl. (2.15) bis (2.17) folgt dann:

$$I_{D, gr} = \frac{zFqDc}{\delta} \, , \tag{2.18}$$

$$I_{D, gr} = \frac{zFqDc}{\sqrt{\pi Dt}} \, , \tag{2.19}$$

$$I_{D, gr} = \frac{zFqDc}{\sqrt{\dfrac{3}{7}\pi Dt}} \, . \tag{2.20}$$

Die momentane Diffusionsgrenzstromstärke ist in allen drei Fällen der Depolarisatorkonzentration c in der Lösung direkt proportional.

2.4. Geschwindigkeitskonstante, Durchtrittsfaktor, Reversibilität

Reduktions- und Oxydationsvorgänge an Elektroden laufen mit einer definierten Geschwindigkeit ab. Sie sind zeitliche Vorgänge. Ausdruck dafür ist die Geschwindigkeitskonstante k_{red} bzw. k_{ox}:

$$k_{red} = k^{\ominus} \exp\left[-\frac{\alpha z F}{RT}(E - E^{\ominus}) \right], \tag{2.21}$$

$$k_{ox} = k^{\ominus} \exp\left[\frac{(1-\alpha) z F}{RT}(E - E^{\ominus}) \right]. \tag{2.22}$$

In diesen Gleichungen bezeichnet das Symbol $k^{\ominus}$ die heterogene Geschwindigkeitskonstante (in $cm\ s^{-1}$) der Durchtrittsreaktion beim Standardelektrodenpotential $E^{\ominus}$. Die Konstante α ist der Durchtrittsfaktor, der den Bruchteil des Potentials angibt, der die Geschwindigkeit der katodischen Durchtrittsreaktion beeinflußt. Für den Durchtrittsfaktor gilt $0 < \alpha < 1$.

Wie Gl. (2.21) und Gl. (2.22) zeigen, hängt die Mobilität der Durchtrittsreaktion von $k^{\ominus}$ ab. Auf Grund der Größe von $k^{\ominus}$ unterscheidet man deshalb nach *Matsuda* (1955) die Elektrodenreaktionen in reversible, quasi-reversible und irreversible. Im einzelnen gilt:

a) reversibler Fall: $k^{\ominus} \geqq 0{,}3 \sqrt{zv}$ $[cm\ s^{-1}]$,

b) quasi-reversibler Fall: $0{,}3 \sqrt{zv} \geqq k^{\ominus} \geqq 2 \cdot 10^{-5} \sqrt{zv}$ $[cm\ s^{-1}]$,

c) irreversibler Fall: $k^{\ominus} \leqq 2 \cdot 10^{-5} \sqrt{zv}$ $[cm\ s^{-1}]$.

Selbstverständlich besteht zwischen den einzelnen Reversibilitätsfällen keine scharfe Abgrenzung.

Weiter geht aus den Definitionen zur Reversibilität hervor, daß die Anstiegsgeschwindigkeit v der Polarisationsspannung eine wesentliche Rolle spielt. Je größer nämlich v gemacht wird, um so schneller muß eine Reaktion ablaufen, damit sie als reversibel eingeordnet werden kann. Die Reversibilität des Elektrodenvorganges steht

also mit den experimentellen Bedingungen in Beziehung. An der Quecksilbertropfelektrode laufen nur wenige Elektrodenprozesse reversibel ab. Bereits durch Verkür-
zung der Tropfzeit, Anwendung der Quecksilberstrahlelektrode oder der Single sweep-
Polarographie kann eine Elektrodenreaktion ihren reversiblen Charakter verlieren,
oder allgemein gesagt, wenn die zur Einstellung des Elektrodengleichgewichts erforder-
liche Zeit verringert wird, ändert sich auch die Reversibilität des elektrochemischen
Prozesses.

3. Prinzipien polarographischer und voltammetrischer Methoden

3.1. Klassifizierung und Nomenklatur

Die Bezeichnungen für die in den letzten zwei Jahrzehnten entwickelten voltammetrischen Methoden sind verwirrend und uneinheitlich. Diese Erscheinung tritt ganz besonders in der angelsächsischen Literatur hervor. Die Übersetzung der englischen Fachtermini ins Deutsche ist nicht problemlos. Das ist mit ein Grund dafür, daß auch in den deutschen Sprachgebrauch englische Bezeichnungen eingegangen sind.

Vorschläge zur Klassifizierung voltammetrischer Methoden stammen von *Delahay* (1960) und *Schwabe* (1965). Neuere Empfehlungen zu ihrer Klassifizierung und Nomenklatur hat die IUPAC (*Bates*, 1976) veröffentlicht. Danach werden die elektroanalytischen Meßtechniken auf Grund folgender Hauptmerkmale geordnet:

I. Methoden, bei denen weder die elektrochemische Doppelschicht noch irgendeine Elektrodenreaktion eine Rolle spielt.

II. Methoden, die auf Doppelschichtphänomenen beruhen, bei denen aber keine Elektrodenreaktion betrachtet werden muß.

III. Methoden, die Elektrodenreaktionen zur Folge haben.

A. Methoden mit konstanten Anregungssignalen und Elektrodenreaktionen.

B. Methoden mit variablen Anregungssignalen und Elektrodenreaktionen.

a) Methoden mit variablen Anregungssignalen großer Amplitude

$$\left(\gg 2 \cdot \frac{2,3\, RT}{F}\, \text{Volt}\right),$$

b) Methoden mit variablen Anregungssignalen kleiner Amplitude

$$\left(\ll 2 \cdot \frac{2,3\, RT}{F}\, \text{Volt}\right).$$

Die im folgenden abgehandelten Methoden sind nach dem vorgegebenen Klassifizierungsschema ausschließlich unter III.B.a) und III.B.b) einzuordnen. In den Tab. 1 und 2 ist eine Übersicht über die analytisch interessanten polarographischen Methoden zusammengestellt.

3.2. Methoden mit variablen Anregungssignalen großer Amplitude

3.2.1. Gleichstrompolarographie

Die Gleichstrompolarographie, auch als klassische Polarographie bezeichnet, stellt die grundlegende Methode dar, die jeder Anwender polarographischer Methoden braucht und beherrschen muß. Trotz neuer, verbesserter polarographischer Methoden besitzt die Gleichstrompolarographie für die Lösung analytischer Aufgabenstellungen zur Untersuchung anorganischer und organischer Stoffsysteme uneingeschränkte Bedeutung. An der Routineanalytik hat sie auch gegenwärtig noch den größten Anteil.

Das Prinzip der Gleichstrompolarographie läßt sich am besten am Blockschaltbild Abb. 3.1 erläutern. Ein Gleichspannungsgenerator (Rampengenerator) liefert eine linear veränderliche Gleichspannung von $+3$ V bis -3 V, deren Anfangs- und Endwert innerhalb dieses Bereiches beliebig eingestellt werden kann. Die Gleichspannung wird an die Meßzelle angelegt und durchläuft mit konstanter Anstiegsgeschwindigkeit (zwischen 50 und 500 mV/min) nach zunehmend negativen Werten den vorgewählten

Tabelle 1
Polarographische Methoden mit variablen Anregungssignalen großer Amplitude (s. III.B.a.)

Nr.	Anregungssignal	Charakteristik des Anregungssignals	System	Gemessenes Signal	Signalkurve	Bezeichnung der Methode
1	Potential E	$E = E^0 \pm at$	QTE/RE oder: IE mit Erneuerung der Oberfläche	Strom $I = f(E)$		Gleichstrompolarographie (Direct current polarography = dc-polarography)
2	Potential E	$E = E^0 \pm at$		zeitliche Änderung des Stroms $dI/dt = f(E)$		Derivative Gleichstrompolarographie (Derivative dc-polarography)
3	Potential E	$E = E^0 \pm at$	zwei tropfende oder strömende Quecksilberelektroden in getrennten Lösungen mit je einer RE	Differenz der Ströme $\Delta I = f(E)$		Differenzgleichstrompolarographie (Differential dc-polarography)
4	Potential E	$E = E^0 \pm at$	Stromregistrierung nur im Bereich t_r des Tropfenlebens t_t (s. Abb. 3.5)	Strom $I = f(E)$		Tastpolarographie
5	Potential E		schnelle Spannungsanstiegsrate am Einzeltropfen der QTE (z. B. 0,25 V/s)	Strom $I = f(E)$		Single sweep-Polarographie (Single sweep polarography)
6	Potential E		mehrere schnelle Spannungsanstiege pro Einzeltropfen	Strom $I = f(E)$		Multi sweep-Polarographie (Multi sweep polarography)

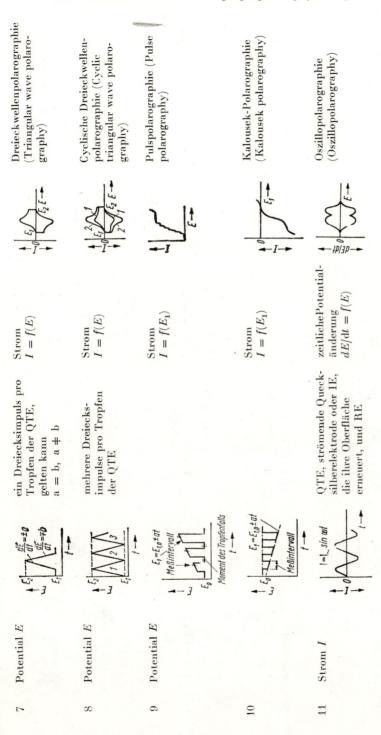

Nr.	Anregungssignal	Beschreibung	Meßgröße	Methode
7	Potential E	ein Dreiecksimpuls pro Tropfen der QTE, gelten kann $a = b$, $a \neq b$	Strom $I = f(E)$	Dreieckwellenpolarographie (Triangular wave polarography)
8	Potential E	mehrere Dreiecksimpulse pro Tropfen der QTE	Strom $I = f(E)$	Cyclische Dreieckwellenpolarographie (Cyclic triangular wave polarography)
9	Potential E		Strom $I = f(E_1)$	Pulspolarographie (Pulse polarography)
10			Strom $I = f(E_1)$	Kalousek-Polarographie (Kalousek polarography)
11	Strom I	QTE, strömende Quecksilberelektrode oder IE, die ihre Oberfläche erneuert, und RE	zeitliche Potentialänderung $dE/dt = f(E)$	Oszillopolarographie (Oszillopolarographie)

Tabelle 2
Polarographische Methoden mit variablen Anregungssignalen kleiner Amplitude (s. III.B.b.)

Nr.	Anregungssignal	Charakteristik des Anregungssignals	System	Gemessenes Signal	Signalkurve	Bezeichnung der Methode
First-order-Techniken						
12	Potential E		QTE, IE mit Erneuerung der Oberfläche $f < 1$ kHz, meist $50 \ldots 60$ Hz	Wechselstrom $I_\sim = f(E_=)$		Wechselstrompolarographie (Alternating current polarography = ac-polarography)
13	Potential E		QTE, IE mit Erneuerung der Oberfläche $E_\Pi = 10 \ldots 40$ mV	Wechselstrom $I_\sim = f(E_=)$		Square wave-Polarographie (Square wave polarography = sw-polarography)
14	Potential E		QTE, IE mit Erneuerung der Oberfläche	Stromdifferenz $\Delta I = f(E_1)$		Differenzpulspolarographie (Differential pulse polarography)
Second-order-Techniken						
15	Potential E		Ausfiltern der höheren Harmonischen	Strom $I_\sim = f(E_=)$		Oberwellenwechselstrompolarographie (mit 2., 3. usw. Harmonischer) (Higher harmonic ac-polarography, Second harmonic ac-polarography)

16

$E_=$ mit über-
lagerter hoch-
frequenter
Wechselspan-
nung moduliert
mit einer
Rechteck-
frequenz $f_\sqcap$

QTE, IE mit Erneue-
rung der Oberfläche

Faradayscher
Gleichrichtungs-
strom
$I_{FR} = f(E_=)$

Oberwellenwechselstrom-
polarographie mit phasen-
empfindlicher Gleichrich-
tung der 2. Harmonischen
(Second harmonic ac-polarography with phasensensitive
rectification)

Hochfrequenzpolarographie
(Radio frequency polaro-
graphy = rf-polarography)

Spannungsbereich. Die Meßzelle besteht aus der polarisierbaren Quecksilbertropfelektrode QTE und der nicht polarisierbaren Gegenelektrode GE, die beide in die
Untersuchungslösung mit dem Depolarisator (reduzierbare oder oxidierbare Substanz)
eintauchen. Erreicht die linear ansteigende Gleichspannung das Reduktions- oder
Oxydationspotential des Depolarisators, fließt durch die Meßzelle ein Strom, der am
Arbeitswiderstand R_A einen proportionalen Spannungsabfall erzeugt, den das Meßinstrument mißt.

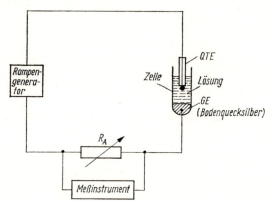

Abb. 3.1. Blockschaltbild zur
Gleichstrompolarographie

Als Meßinstrument dient heute meist ein Kompensationsbandschreiber, der die
Stromstärke I gegen die angelegte äußere Spannung $U_{\ddot{a}}$ registriert und damit sofort
die Stromspannungskurve, das Polarogramm (Abb. 3.2), liefert.

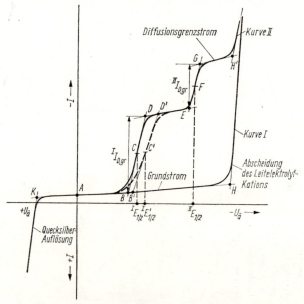

Abb. 3.2. Schematische Darstellung des Polarogrammes der Grundlösung und eines
zweistufigen Gleichstrompolarogrammes (Erklärung im Text)

Aus dem Polarogramm werden sowohl qualitative als auch quantitative Informationen über den elektrochemischen Vorgang an der QTE erhalten. Betrachten wir dazu die polarographischen Kurven in Abb. 3.2 näher.

Die Kurve I gibt schematisch das Polarogramm der Grundlösung (s. Abschn. 6.3.1.) wieder, während Kurve II ein zweistufiges Polarogramm für die Reduktion zweier Kationen nach

$$^{I}M^{z_1+} + z_1 e^- \rightarrow {}^{I}M \qquad \text{und}$$

$$^{II}M^{z_2+} + z_2 e^- \rightarrow {}^{II}M$$

darstellen soll.

Das Polarogramm der depolarisatorfreien Grundlösung ist durch die Punkte H und K gekennzeichnet, die den in der jeweiligen Grundlösung verfügbaren Spannungsbereich eingrenzen. Im Punkt H setzt die Abscheidung des Kations des Leitelektrolyten an der QTE ein, und im Punkt K beginnt die anodische Auflösung des Quecksilbers der Elektrode. Den steilen Stromanstieg vom Punkt H an nennt man Endanstieg; er erfährt ebensowenig eine Begrenzung wie die Quecksilberauflösung.

Der kleine Stromanstieg zwischen A und H wird als Grundstrom bezeichnet. Der Hauptanteil des Grundstromes ist der Kapazitätsgleichstrom $I_{C=}$. Er lädt die mit dem Tropfenwachstum der Quecksilbertropfelektrode zunehmende Doppelschichtkapazität von Tropfen zu Tropfen auf. Einen weiteren Anteil des Grundstromes bildet der Reststrom, der durch Verunreinigungen in der Grundlösung verursacht wird.

Für den Stromfluß durch die polarographische Zelle gilt nicht das Ohmsche Gesetz, sondern die Beziehung

$$I = \frac{|U_{\text{ä}}| - U_P}{R} \, . \tag{3.1}$$

In dieser Gleichung ist $U_{\text{ä}}$ die an die Elektroden angelegte äußere Spannung, U_P die Polarisationsspannung, die gegen die Zellspannung wirkt, und R der Widerstand der polarographischen Zelle. Nach Gl. (3.1) ist der Strom I klein, wenn die Polarisationsspannung nahezu der angelegten äußeren Spannung entspricht. Das ist der Fall, solange an der vollständig polarisierten Quecksilbertropfelektrode kein elektrochemischer Prozeß mit Ladungsdurchtritt stattfindet. Hat die äußere Spannung den Wert B bzw. H angenommen, ist das Zersetzungspotential des Kations $^{I}M^{z_1+}$ bzw. des Leitsalzkations erreicht. Jetzt werden die entsprechenden Kationen entladen, die Elektrode wird depolarisiert, der Wert von U_P ist vermindert, und es fließt ein merklicher Strom. Dieser Prozeß heißt Depolarisationsvorgang. Die Stoffe, die diesen Prozeß bewirken, nennt man Depolarisatoren. Im Falle des Leitelektrolytkations, das in praktisch unbegrenzter Menge an der Elektrodenoberfläche verfügbar ist, erreicht der Strom im Polarogramm keinen Grenzwert. Für den Depolarisator $^{I}M^{z_1+}$, der in einer um mehrere Zehnerpotenzen geringeren Konzentration als der Leitelektrolyt vorliegt, wird hingegen der Stromanstieg BD durch den Diffusionsgrenzstrom (Kurvenabschnitt DE) begrenzt.

Im Kurvenabschnitt DE wird die Elektrode erneut polarisiert, und vom Punkt E an wiederholt sich schließlich der geschilderte Vorgang für den Depolarisator $^{II}M^{z_2+}$.

Das zum Punkt C ($= \frac{1}{2}\overline{BD}$ oder $= \frac{1}{2} I_{D,\text{gr}}$) gehörende Potential ist eine charakteristische Größe für die Art des Depolarisators im gewählten Leitelektrolyten und wird als Halbstufenpotential $E_{1/2}$ bezeichnet. Das Halbstufenpotential bildet die Grundlage der qualitativen polarographischen Analyse.

Der lotrechte Abstand zwischen B und D ergibt den Diffusionsgrenzstrom $I_{D,gr}$ bzw. die Stufenhöhe h. Da der Diffusionsgrenzstrom nach

$$I_{D,gr} = kc \qquad (3.2)$$

der Konzentration des Depolarisators in der Lösung porportional ist, beruht auf der Messung von $I_{D,gr}$ bzw. h die quantitative polarographische Analyse.

Aus Gl. (3.1) ging bereits hervor, daß für den Gesamtstrom I in der polarographischen Zelle das Ohmsche Gesetz nicht gilt. Ersetzt man in Gl. (3.1) U_P durch die Potentialdifferenz $(E_{GE} - E_{QTE})$ und wählt die unpolarisierbare Gegenelektrode als Bezugselektrode ($E_{GE} = 0$), so ergibt sich für das Potential der Quecksilbertropfelektrode die Beziehung:

$$E_{QTE} = -|U_ä| + IR. \qquad (3.3)$$

Das Potential der QTE unterscheidet sich also gegenüber der angelegten äußeren Spannung um den Betrag IR, den Spannungsabfall im polarographischen Stromkreis. Ein wesentlicher Teil dieses Stromkreises ist die polarographische Zelle, deren Ersatzschaltbild Abb. 3.3a) zeigt. Die Widerstände R_E und R_L der Arbeitselektrode und der

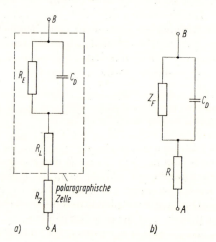

Abb. 3.3. Ersatzschaltbilder für die polarographische Zelle
a) für die Gleichstrompolarographie;
b) für Wechselstrommethoden (nach *Delahay*)

Elektrolytlösung sind hintereinandergeschaltet. Parallel zu R_E liegt als Kondensator C_D die elektrochemische Doppelschichtkapazität. Die äußeren Zuleitungen bilden den vorgeschalteten Widerstand R_Z. Der Gesamtwiderstand des polarographischen Kreises ist demnach

$$R = R_L + R_E + R_Z. \qquad (3.4)$$

Hält man $R_E + R_Z$ im Bereich weniger Ohm, was ohne weiteres möglich ist, und sorgt durch Leitelektrolytüberschuß dafür, daß $R_L < 100\,\Omega$ ist, so kann IR vernachlässigt werden. Aus Gl. (3.3) folgt dann die Identität zwischen angelegter äußerer Spannung und Potential der QTE.

$$E_{QTE} = -|U_ä|. \qquad (3.5)$$

Können die Bedingungen zur Vernachlässigung des Potentialabfalls (große Leitsalzkonzentration, große Flüssigkeitsquerschnitte, kleine äußere Widerstände) nicht eingehalten werden, so wird die polarographische Kurve, die dann nicht mit der Strom-Potential-Kurve identisch ist, zu negativeren Spannungen verschoben. In Abb. 3.2 gibt diesen Fall die Kurve B'C'D' wieder.

Da der *IR*-Abfall besonders beim Polarographieren organischer Substanzen in nichtwäßrigen Lösungen nicht beseitigt werden kann, arbeiten moderne Gleichstrompolarographen mit einem elektronischen Potentiostaten, der die *IR*-Korrektur übernimmt und Beziehung (3.5) aufrechterhält. Abb. 3.4 zeigt das Blockschaltbild eines potentiostatischen Polarographen.

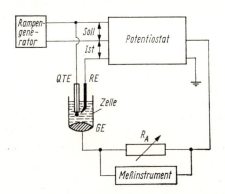

Abb. 3.4. Blockschaltbild zur potentiostatischen Gleichstrompolarographie

Da der Potentiostat Soll- und Ist-Spannung miteinander vergleicht, muß das Potential der QTE zusätzlich gegen eine Referenzelektrode (RE) gemessen werden. Der Differenzverstärker im Potentiostaten regelt dann die Spannung der Gegenelektrode (GE) so ein, daß die Differenz $E_{Soll} - E_{Ist} < 1$ mV ist. Dabei wird das Potential zwischen QTE und Referenzelektrode stromlos gemessen, so daß die Referenzelektrode auch durch Diaphragma von der Meßlösung getrennt werden kann. Der *IR*-Abfall wird um so besser ausgeregelt, je näher die Referenzelektrode an die QTE herangebracht wird (Luggin-Kapillare, Begrenzung durch maximale Größe des Quecksilbertropfens). Für praktische analytische Zwecke ist eine extreme Annäherung der Referenzelektrode an die QTE allerdings nicht erforderlich.

Gute Potentiostaten (Anstiegzeit 1 bis 10 µs) lassen für R Werte bis 100 MΩ zu.

Der durch die polarographische Zelle fließende Gesamtstrom I_Z setzt sich aus zwei Anteilen zusammen:

a) dem Faradayschen Gleichstrom $I_{F=}$, der dem durch die elektrochemische Reaktion hervorgerufenen Diffusionsstrom $I_{D=}$ entspricht, und

b) dem Grundstrom, der als Hauptbestandteil den Kapazitätsgleichstrom $I_{C=}$, der zur Aufladung der elektrochemischen Doppelschicht fließt, und den Reststrom $I_{R=}$ (bedingt durch Verunreinigungen) enthält.

Allgemein gilt:

$$I_Z = I_{F=} + I_{C=} + I_{R=}, \tag{3.6}$$

$$I_Z = I_{F=} + I_{C=}. \tag{3.7}$$

Im Falle von Gl. (3.7) ist Bedingung, daß die Grundlösung sehr sauber ist. Weiter läßt sich aus Gl. (3.6) und (3.7) ableiten, daß nur dann $I_Z \cong I_{F=}$ ist, wenn die Bedingungen $I_{F=} \gg I_{C=} + I_{R=}$ bzw. $I_{F=} \gg I_{C=}$ erfüllt sind.

Nimmt $I_{C=}$ den gleichen Wert wie $I_{F=}$ an, ist das analytisch verwertbare Nutzsignal nicht mehr vom Störsignal zu trennen. Damit wird durch das Nutz-/Störsignal-Verhältnis $I_{F=}/I_{C=}$ die Nachweisgrenze der Gleichstrompolarographie erreicht. Eine Steigerung des Nachweisvermögens kann erzielt werden, wenn das $I_{F=}/I_{C=}$-Verhältnis verbessert wird. Dazu ist eine genauere Kenntnis des Kapazitätsstromes erforderlich.

Unter der Annahme, daß in hinreichend kleinen Potentialbereichen die differentielle Doppelschichtkapazität der QTE als konstant angesehen werden darf, hat für den momentanen Kapazitätsstrom nachstehende Näherungsgleichung Gültigkeit:

$$I_{C=,\,t} = C_D q\,\frac{dE^*}{dt} + C_D E^*\,\frac{dq}{dt}\,. \tag{3.8}$$

Gl. (3.8) stellt deshalb eine Näherung dar, weil C_D in Wirklichkeit eine vom Elektrodenpotential abhängige Größe ist. Das Potential E^* ist das auf den elektrokapillaren Nullpunkt bezogene Elektrodenpotential ($E^* = E - g_L$). Der 1. Term in Gl. (3.8) beschreibt die Änderung des momentanen Kapazitätsstromes mit der zeitlichen Potentialänderung, während die 2. Term die Zunahme von $I_{C=}$ mit dem Tropfenwachstum der QTE angibt. Bei quasistationärer Spannungsanlegung, wie sie in der Gleichstrompolarographie vorliegt, hat der 1. Term keinen Einfluß auf die Größe $I_{C=,\,t}$, so daß aus Gl. (3.8) folgt:

$$I_{C=,\,t} = C_D E^*\,\frac{dq}{dt}\,. \tag{3.9}$$

Da die Oberfläche der Quecksilbertropfelektrode in jedem Wachstumsstadium aus

$$q = 0{,}85\ m^{2/3} t^{2/3} \tag{3.10}$$

berechnet werden kann, läßt sich in Gl. (3.9) dq/dt ersetzen, und man erhält

$$I_{C=,\,t} = 0{,}57\ C_D E^* m^{2/3} t^{-1/3}\,. \tag{3.11}$$

Theoretisch müßte demnach der Momentanwert des Kapazitätsgleichstromes zur Zeit $t = 0$ unendlich groß sein und nach $k t^{-1/3}$ auf einen Minimalwert zum Zeitpunkt des Tropfenfalls absinken.

Durch Mittelwertbildung über die Tropfenlebensdauer geht Gl. (3.11) in die Gleichung für den mittleren Kapazitätsstrom über, wie er im Polarogramm erfaßt wird.

$$I_{C=} = 0{,}85\ C_D E^* m^{2/3} t_t^{-1/3}\,. \tag{3.12}$$

Wie *Graham* zeigen konnte, ist in 0,1 m Leitelektrolytlösung zwischen $-0{,}5$ und $-1{,}8$ V (NKE) C_D in erster Näherung konstant und beträgt etwa 16 bis 20 μF cm^{-2}. Mit diesen Werten errechnet sich für eine normale QTE bei $dq/dt \approx$ konst ein Kapazitätsgleichstrom von 10^{-7} A. Das gleiche Signal liefert auch eine 10^{-5} m Depolarisatorlösung, so daß mit $I_{F=}/I_{C=} = 1$ die Nachweisgrenze der Gleichstrompolarographie erreicht ist.

Zur Erhöhung des Nachweisvermögens in der Gleichstrompolarographie bieten sich prinzipiell zwei Möglichkeiten an: entweder $I_{F=}$ zu erhöhen oder $I_{C=}$ zu eliminieren. Für letztgenannten Weg sind mehrere Techniken entwickelt und erfolgreich in die Praxis umgesetzt worden:

1. Kompensation von $I_{C=}$ nach *Ilkovič* und *Semerano* (1932).
Mittels einer Brückenschaltung aus Widerständen läßt sich der praktisch lineare, potentialabhängige Anteil des Kapazitätsgleichstromes durch einen Gegenstrom

kompensieren. Die Abgleichbedingung der Brücke muß für den konkreten Fall empirisch ermittelt werden. Angewendet wird das Kompensationsverfahren zwischen 10^{-4} und 10^{-5} m. Das Polarogramm wird durch die Kompensation besser auswertbar.

2. Tast- oder Strobe-Technik (*Kronenberger*, 1957).

Dieses Verfahren beruht darauf, daß innerhalb der Tropfenlebensdauer t_t nach einer Verzögerungszeit t_v nur in einem kleinen Zeitintervall t_r gegen Ende des Tropfenlebens der Zellenstrom gemessen wird (Abb. 3.5). Gleichzeitig wird die äußere Spannung wirklich stationär während der gesamten Tropfzeit angelegt,

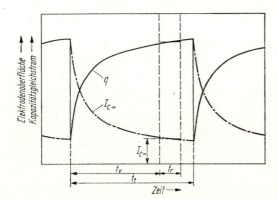

Abb. 3.5. Zeitliche Änderung der Tropfenoberfläche und des Kapazitätsgleichstromes während eines Tropfenlebens (das Tastintervall in der Strobe-Technik entspricht dem Registrierintervall t_r)

d. h., daß nur zu Beginn jedes Tropfens die Spannung um einen wählbaren Betrag von 5, 10 oder 50 mV ansteigt. Dann ist zu Beginn der Registrierzeit t_r der potentialabhängige Kapazitätsstromanteil [1. Term in Gl. (3.8)] abgeklungen, und der durch das Oberflächenwachstum der Quecksilbertropfelektrode bedingte Anteil [2. Term in Gl. (3.8)] hat einen minimalen, nahezu konstanten Wert erreicht und ist mit der Schaltung nach *Ilkovič* und *Semerano* leicht zu kompensieren. Das so verbesserte $I_{F=}/I_{C=}$-Verhältnis führt in der Tastpolarographie (getastete Gleichstrompolarographie) zu einem Empfindlichkeitsgewinn von etwa einer Zehnerpotenz.

3. „Curve-follower" von *Kelley* und *Miller* (1952).

Bei der „Curve-follower"-Technik wird zuerst das Polarogramm einer depolarisatorfreien Leitelektrolytlösung registriert. Anschließend wird das Polarogramm der Analysenlösung aufgenommen, wobei in jedem Polarogrammpunkt automatisch der Grundstrombetrag subtrahiert wird. Dieser wird aus dem depolarisatorfreien Leitelektrolytpolarogramm mit Hilfe eines Mikroskopobjektivs mit nachgeschalteter Photozelle abgetastet (elektromechanische Abtastung). So erhält man bezüglich des Grundstromes ein korrigiertes Polarogramm für den zu bestimmenden Depolarisator. Mit dieser Methode sollen sich in günstigen Fällen noch 10^{-7} m Lösungen polarographieren lassen. Wegen ihres hohen apparativen Aufwandes ist diese Methode nicht in die analytische Praxis eingeführt worden.

Tropfenwachstum und Tropfenfall an der QTE geben sich im Polarogramm als Stromschwankungen, sogenannte Tropfenzacken, zu erkennen. Ihre Größe nimmt vom Grundstrom zum Diffusionsgrenzstrom beträchtlich zu. In ungedämpften Polarogrammen erstrecken sich im Grenzstrombereich die Stromschwankungen vom Grundstrom bis über den Mittelwert des Diffusionsgrenzstromes. Ursache dafür ist, daß nach dem

Tropfenfall die Elektrodenoberfläche sehr klein ist und demzufolge nur ein geringer Strom fließen kann. Mit wachsender Elektrodenoberfläche steigt der Strom bis zum Diffusionsgrenzstrom an.

Derartig große Tropfenzacken verschlechtern die Reproduzierbarkeit und Auswertung der Polarogramme, so daß ihre Dämpfung zweckmäßig ist. Allgemein gilt, daß die Größe der Tropfenzacken 10% der Gesamtstufenhöhe nicht überschreiten soll. Deutlich erkennbare Zacken sind mitunter als Kontrolle für das regelmäßige Tropfen der QTE sogar erwünscht.

Am einfachsten lassen sich die Tropfenzacken durch stufenweises Einschalten verschieden dimensionierter *RC*-Glieder in den polarographischen Stromkreis dämpfen. Nachteilig ist dabei, daß das Dämpfungsglied zu groß gewählt werden könnte und eine Verzerrung des Polarogrammes bewirkt wird. Dieser Gefahr entgeht man, wenn man ein vierfaches Parallel-T-Filter nach *Kelley* und *Fisher* (1958) benutzt, das frequenzselektiv und abgestimmt auf definierte Harmonische arbeitet. Obwohl auch die Zeitkonstante des Parallel-T-Filters in den Polarogrammverlauf eingreift, geschieht das in definierter Weise, indem die gesamte Stromspannungskurve um einen nahezu konstanten Betrag in negativer Richtung verschoben wird. Für die quantitative Analyse (Messung der Stufenhöhe) ist das ohne Bedeutung, lediglich bei Halbstufenpotentialmessungen ist dieser Umstand zu beachten.

Besser als *RC*-Filter eignen sich zur Dämpfung „Peak-follower" (Diodenfilter), die aus einer Diode und einem Kondensator (20 µF) aufgebaut sind. Während der Tropfenlebensdauer wird der Kondensator über die Diode aufgeladen, die beim Tropfenfall sperrt und so seine Entladung verhindert. Am Kondensator wird auf diese Weise stets eine Maximalspannung entsprechend dem am Einzeltropfen geflossenen Maximalstrom gemessen. Das Diodenfilter liefert deshalb ein zackenfreies, vollkommen unverfälschtes Polarogramm der Maximalströme (*Kelley*, 1958, 1959). Im Gegensatz dazu werden über *RC*-Filter nur Strommittelwerte registriert.

Eine weitere Möglichkeit zur Zackenunterdrückung bietet die Rapidpolarographie, bei der mittels eines elektronisch gesteuerten Hammers die Quecksilbertropfen der QTE abgeschlagen werden und damit die Tropfzeit begrenzt wird. Wählt man eine geregelte Tropfzeit von nur 0,25 s, so erhält man Polarogramme mit sehr kleinen Zacken, ohne Dämpfungsglieder einschalten zu müssen. Die Polarogramme werden völlig zackenfrei, wenn zusätzlich ein *RC*-Glied verwendet wird. Verzerrungen der Stromspannungskurve treten infolge der kleinen Zeitkonstante des *RC*-Filters in diesem Falle nicht auf.

Außer der Zackendämpfung bietet die Rapidpolarographie eine Reihe weiterer Vorteile:

Die Genauigkeit der Polarogramme wird erhöht, weil die künstlich begrenzten Tropfzeiten potentialunabhängige Grenzströme geben, die parallel zum Grundstrom verlaufen.

Der häufige Tropfenfall bewirkt ferner in Elektrodennähe eine Abwärtsströmung der Lösung, so daß die Bildung von Strommaxima infolge Aufwärtsströmung der Lösung verhindert wird und der Verarmungseffekt ausbleibt. Der Verarmungseffekt kommt dadurch zustande, daß bei normalen Tropfzeiten beim Tropfenfall an der Kapillarenbasis die an Depolarisator verarmte Diffusionsschicht verbleibt und dort die lokale Depolarisatorkonzentration am nachfolgenden Tropfen herabsetzt.

Die kleinen Tropfzeiten gestatten auch, größere Spannungssteigerungsraten (V/min) für die linear ansteigende Gleichspannung anzuwenden, ohne daß das Prinzip der quasi-stationären Spannungsanlegung pro Einzeltropfen verletzt wird. Damit kann die

Polarogrammaufzeichnung wesentlich verkürzt werden (1 min). Verbessert werden ebenfalls Stufensteilheit und Auflösungsvermögen benachbarter polarographischer Stufen.

Selbstverständlich besitzt die Rapidpolarographie auch Nachteile. So wird durch die sehr kleinen Tropfenoberflächen das $I_{F=}/I_{C=}$-Verhältnis verschlechtert, was einem Empfindlichkeitsverlust gleichkommt.

Derivative und Differenz-Gleichstrompolarographie sollen abschließend noch kurz erwähnt werden. Beide methodischen Varianten haben kaum praktische Bedeutung erlangt.

In der derivativen DCP entspricht das Polarogramm der 1. Ableitung der klassischen polarographischen Kurve (s. Tab. 1), die mit der Schaltung nach *Vogel* und *Riha* (1951) erhalten wird.

Semerano und *Riccoboni* (1942) benutzten zur Differenz-Gleichstrompolarographie eine Brückenschaltung und zwei identische Meßelektroden, die in zwei gleichartige Meßzellen eintauchten. Ein Differenz-DC-Polarogramm ist in Tab. 1 wiedergegeben. Die Vorteile dieser Methode sind sinngemäß dieselben, wie in Abschn. 3.2.2. für die subtraktive und komparative Methode beschrieben.

3.2.2. Single sweep-Polarographie

Die Single sweep-Methode ist eine besondere Art von Gleichstrompolarographie. Sie stellt eine Impulsmethode dar und ist auch unter dem nicht mehr gebräuchlichen Namen Katodenstrahlpolarographie (*Reynolds*, 1953) bekannt.

Ihr Prinzip verdeutlicht Abb. 3.6. Während der Lebensdauer t_t eines Quecksilbertropfens (Abb. 3.6a) wird nach Ablauf der Verzögerungszeit t_v innerhalb der Registrierzeit t_r (Strobe-Zeit) ein Spannungsimpuls U_s (Abb. 3.6b) an die QTE angelegt.

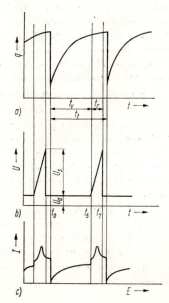

Abb. 3.6. Schematische Darstellung der zeitlichen Änderungen von Tropfenoberfläche (a) und Sweep-Spannung (b) sowie der Form der Stromspannungskurve (c) in der Single sweep-Polarographie

Für analytische Zwecke werden meist Spannungssteigerungsraten von 0,3 bis 0,5 V/s angewendet, wobei der Impuls von der vorgewählten Ausgangsspannung U_a aus gestartet wird. Das Signalbild (Abb. 3.6c) ist eine peakförmige Stromspannungskurve, die infolge der großen Spannungssteigerungsrate nur mit Hilfe eines Katodenstrahloszillographen aufgenommen werden kann. Im Gegensatz zur klassischen Polarographie wird nicht der mittlere Strom über viele Quecksilbertropfen, sondern der Momentanstrom am Einzeltropfen gegen das Potential registriert.

Der Reversibilitätsgrad der Elektrodenreaktion bestimmt dabei die Form der Stromspannungskurve. Nur im Falle vollständig reversibler elektrochemischer Reaktionen werden Peaks erhalten, die mit zunehmender Irreversibilität zu Stufen entarten (Abb. 3.7). Hinreichende praktische Erfahrung vorausgesetzt, läßt die Single sweep-Methode eine schnelle Aussage über die Reversibilität von Elektrodenreaktionen zu.

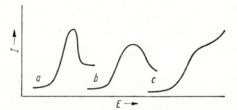

Abb. 3.7. Kurvenformen der Single sweep-Polarographie in Abhängigkeit vom Reversibilitätsgrad der Elektrodenreaktion.

a reversibel, *b* schwach irreversibel, *c* vollständig irreversibel

Die Peakform der Stromspannungskurve erklärt sich aus der Tatsache, daß mit Erreichen des Reduktionspotentials des Depolarisator-Ions dessen Konzentration an der wenig wachsenden Elektrodenoberfläche infolge der hohen Spannungssteigerungsrate außerordentlich rasch abnimmt. Es tritt ein großer Konzentrationsgradient an der Elektrodenoberfläche auf, und demzufolge fließt ein entsprechend großer Strom. Bald verarmt jedoch die Elektrodenoberfläche an Depolarisator, die Diffusionsschicht wächst an, der Konzentrationsgradient wird kleiner, und der Strom nimmt ab. Je stärker die Durchtrittsreaktion gehemmt ist, desto schwächer wird der Peak ausgebildet.

Das Verhältnis $I_{F=}/I_{C=}$ ist auch bei dieser Methode ausschlaggebend für die Nachweisgrenze. Der Kapazitätsstrom setzt sich in der Single sweep-Polarographie aus zwei Anteilen zusammen: Erstens aus dem auf das Tropfenwachstum entfallenden Kapazitätsstromanteil, der durch das Tastprinzip vernachlässigbar klein ist, und zweitens aus dem von der Spannungssteigerungsrate v linear abhängigen Kapazitätsstromanteil, der kompensierbar ist. Da $I_{F=}$ mit $\sqrt{v}$ anwächst, $I_{C=}$ aber proportional v ansteigt, muß v klein gehalten werden, wenn ein entsprechender Empfindlichkeitsgewinn, d. h. ein großer Wert für $I_{F=}/I_{C=}$, erzielt werden soll. Besonders bei sehr niedrigen Konzentrationen muß v klein sein, da sonst $I_{C=}$ rasch den Wert von $I_{F=}$ erreicht.

Durch Erhöhung des Faradayschen Stromes steigt das Nachweisvermögen in der Single sweep-Polarographie gegenüber der Gleichstrompolarographie etwa 1 bis maximal 2 Zehnerpotenzen. Damit lassen sich noch 10^{-6} bis $5 \cdot 10^{-7}$ m Lösungen polarographieren. Die Peakspitzenstromstärke ist in der Single sweep-Polarographie prinzipiell etwas größer als die Diffusionsgrenzstromstärke in der Gleichstrompolarographie, weil ein unverbrauchter Depolarisatorvorrat plötzlich an einer schon ausgewachsenen Elektrodenoberfläche verbraucht wird. Die quantitative Stoffbestimmung beruht in der Single sweep-Polarographie auf der konzentrationsproportionalen Peakhöhe. Auf die theoretischen Zusammenhänge wird noch in Abschn. 4.1. eingegangen.

Die hohe Aufzeichnungsgeschwindigkeit der Methode ermöglicht, kurzlebige Reaktionsprodukte zu erfassen, insbesondere dann, wenn mit großen Spannungssteigerungsraten oder mit der Multi sweep-Methode (s. Abschn. 3.2.3.) gearbeitet wird.

Als Nachteil der Single sweep-Polarographie ist zu nennen, daß das Polarogramm zur Dokumentation vom Bildschirm abphotographiert werden muß. Oszillographenröhren mit einer Nachleuchtdauer von mehreren Sekunden und Raster gestatten im Routinebetrieb, die Peakhöhe hinreichend genau zu messen.

Problematisch ist die Bestimmung zweier Elemente nebeneinander, weil eine echte Basislinie für den zweiten Peak fehlt und demzufolge die Peakhöhenmessung subjektiv ist.

Eine entscheidende Verbesserung gegenüber der normalen Single sweep-Polarographie stellt die Differenz-Single sweep-Polarographie (*Davis*, 1959a, b, 1962) dar, bei der zwei tropfzeitgeregelte QTE in zwei getrennten Meßzellen benutzt werden. Das Blockschaltbild eines solchen Gerätes zeigt Abb. 3.8. Im wesentlichen gilt die dargestellte Schaltung auch für die einfache Single sweep-Polarographie.

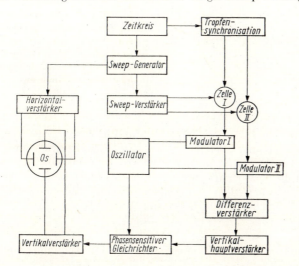

Abb. 3.8. Blockschaltbild des „Differential-Katodenstrahlpolarographen" nach *Davis*

Beim Tropfenfall der QTE in den Meßzellen I und II wird ein Zeitkreis ausgelöst, der die Tropfensynchronisation und den Sweepgenerator steuert. Die linear ansteigende Gleichspannung des Sweepgenerators wird vom vorgewählten Startpotential aus sowohl an die Meßzellen als auch an den Horizontalverstärker des Oszillographen angelegt. Die durch die polarographischen Zellen fließenden Zellenströme werden in den Modulatoren I und II zerhackt und im Differenzverstärker verstärkt und subtrahiert. Die so entstehende Differenzspannung wird im Vertikalhauptverstärker weiterverstärkt, im phasenempfindlichen Gleichrichter gleichgerichtet und über den Vertikalverstärker des Oszillographen an dessen vertikalen Platten angelegt. Der Oszillator dient der phasengleichen Steuerung der Verstärker und des phasenempfindlichen Gleichrichters.

Die Differenz-Single sweep-Polarographie bietet zwei Arbeitsvarianten: die subtraktive und die komperative Methode (Abb. 3.9).

Im ersten Fall wird die eine Zelle mit der Analysenlösung und die andere mit der „leeren" Grundlösung beschickt. Man erhält so durch Subtraktion des Zellenstromes der Grundlösung von dem der Analysenlösung ein grundstromfreies Polarogramm. Der Kapazitätsstrom wird in eleganter Weise eliminiert und eine höhere Empfindlichkeit erzielt.

Ebenso kann auf diese Weise der Stromanteil einer edleren Überschußkomponente subtrahiert und eine unedlere Spurenkomponente besser bestimmt werden.

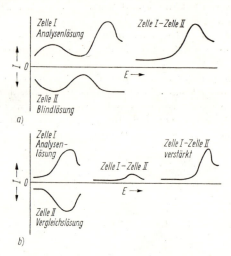

Abb. 3.9. Polarogramme für die subtraktive und komperative Methode in der Differenz-Single sweep-Polarographie

Im zweiten Fall wird in Zelle I die Analysenlösung und in Zelle II eine Vergleichslösung gleicher Zusammensetzung, aber mit geringerer Konzentration des zu bestimmenden Ions eingefüllt, die Differenz der Zellenströme gemessen und anschließend hoch verstärkt. Mit dieser Verfahrensweise lassen sich Störfaktoren ausschalten und höhere Konzentrationen, als in der Polarographie üblich, genau messen, wenn die Elektroden beider Zellen hinreichend abgeglichen sind.

3.2.3.   Nichtcyclische und cyclische Multi sweep-Methoden mit Sägezahn- und Dreieckimpulsen

Im Gegensatz zur Single sweep-Polarographie werden bei den Multi sweep-Methoden während der Lebensdauer eines Quecksilbertropfens die Spannungsimpulse mehrmals an die Quecksilbertropfelektrode angelegt. So wird beispielsweise bei der Multi sweep-Polarographie der Sägezahnimpuls im Laufe des Tropfenlebens einige Male durchfahren. Das bedeutet, daß jeder Impuls unterschiedlich große Tropfenoberflächen und andere Konzentrationsgradienten vorfindet. Als Folge davon entsteht auf dem Oszillographenschirm eine übereinander angeordnete Kurvenschar, deren Peaks mit der Tropfenoberfläche anwachsen (s. Tab. 1). Der höchste Peak entspricht dabei dem letzten Impuls bei der größten Oberfläche des Quecksilbertropfens.

Ein Vergleich der Peakhöhen von Multi sweep- und Single sweep-Polarogrammen läßt erkennen, daß die Peaks der letztgenannten Methode größer sind. Die Tatsache erklärt sich daraus, daß beim Anlegen des Impulses in der Single sweep-Polarographie noch kein Konzentrationsgefälle vorliegt. Außerdem erfolgt der Spannungssweep, wenn die Oberfläche des Quecksilbertropfens fast ihre maximale Größe erreicht hat.

Inwieweit bei den Multi sweep-Methoden die Verarmung an Depolarisator durch Diffusion ausgeglichen werden kann, hängt von der Impulsfolge ab. Wenn nach dem Zurückspringen der Spannung vom Maximalwert auf die Anfangsspannung bis zum Beginn des nächsten Impulses eine längere Pause eingeschaltet und die Elektrode auf das Startpotential gelegt wird, kann der Verarmungseffekt gemindert werden. Diese Maßnahme ist aber bei stark irreversiblen Elektrodenprozessen nur von begrenzter Wirkung.

Die Multi sweep-Methode bietet für die Konzentrationsbestimmung keine Vorteile gegenüber der Single sweep-Polarographie. Hingegen ist sie für die Untersuchung schnell ablaufender chemischer Vorgänge nützlich. Reaktionsabläufe organischer Stoffe lassen sich mit dieser Methode gut verfolgen.

Anstelle mit immer wiederkehrenden Sägezahnimpulsen kann die Quecksilbertropfelektrode auch mit einer Folge von Dreieckimpulsen polarisiert werden. Diese sogenannte cyclische Dreieckwellenpolarographie liefert eine Folge von katodischen und anodischen Stromspannungskurven (s. Tab. 1). Damit lassen sich die Aussagen über den Mechanismus von Elektrodenreaktionen noch erweitern. Vor- und nachgelagerte Reaktionen, Zwischenprodukte und Adsorptionserscheinungen der Reaktionsteilnehmer an den Elektroden können erkannt werden.

Für die präparative Elektrosynthese dürften sich mit der Multi sweep-Polarographie wertvolle Schlußfolgerungen ziehen lassen.

Die geschilderten Methoden können auch mit stationären bzw. Festelektroden betrieben werden (Multi sweep-Voltammetrie, cyclische Dreieckwellen-Voltammetrie; *Kemula*, 1960).

3.2.4. Pulspolarographie

Die Pulspolarographie wurde von *Barker* und *Gardner* (1958) aus der Square wave-Polarographie (s. Abschn. 3.3.2.) entwickelt, nachdem erkannt worden war, daß die in der Square wave-Polarographie geforderten hohen Leitelektrolytkonzentrationen bei ihrem Einsatz in der Spurenanalytik hinderlich sein können. Weitere Untersuchungen zeigten, daß das Verhältnis von Faradayschem Strom I_F (Nutzsignal) zu Kapazitätsstrom I_C (Störsignal) um so günstiger wird, je länger ein an die Elektrode angelegter Impuls dauert. Die pro Spannungsimpuls gelieferte Elektrizitätsmenge ist beim Kapazitätsstrom unabhängig von der Impulsdauer, weil zur Aufladung der Elektrode immer die gleiche Elektrizitätsmenge benötigt wird, während beim Faradayschen Strom die Elektrizitätsmenge mit der Impulsdauer zunimmt. Die Stärke des Faradayschen Stromes hängt dann von Zeitpunkt und Dauer der Messung ab.

Diese Überlegungen führten schließlich zur Pulspolarographie, bei der jeweils ein rechteckförmiger Spannungsimpuls innerhalb des Tastintervalls während der Tropfenlebensdauer an die Quecksilbertropfelektrode angelegt wird.

Prinzipiell werden in der Pulspolarographie zwei Polarisationsarten angewendet: Bei der ersten (Abb. 3.10b) wird nach der Verzögerungszeit t_v im Tropfenleben innerhalb der Registrierzeit t_r die Quecksilbertropfelektrode mit einem Impuls der Dauer t_p (hier ist $t_r = t_p$) und der Amplitude ΔU_p polarisiert. Dabei wird das Potential der Elektrode plötzlich von einem konstant bleibenden Ausgangspotential E_A auf das Endpotential E_E gebracht. Dieser Vorgang wiederholt sich von Tropfen zu Tropfen mit zunehmender Impulsamplitude ($\Delta U_{p_1} \ldots \Delta U_{p_n}$), maximal bis 1 V. Damit der Spannungsbereich von 0 bis 2 V durchfahren werden kann, wird das Ausgangspotential E_A auf die entsprechenden Werte eingestellt.

Beim zweiten Polarisationsverfahren werden einer linear ansteigenden Gleichspannung Rechteckimpulse gleicher Amplitude und Dauer in der Weise überlagert, daß jeweils ein Impuls während der Strobe-Zeit t_r im Tropfenleben an der QTE anliegt (Abb. 3.10c).

Die Spannungsimpulse dauern bei beiden Polarisationsarten 40 ms. Bei dem zuletzt beschriebenen Verfahren ist die Spannungsamplitude aus noch zu besprechenden Gründen auf 5, 10 und 20 mV sowie 50, 100 und 200 mV einstellbar.

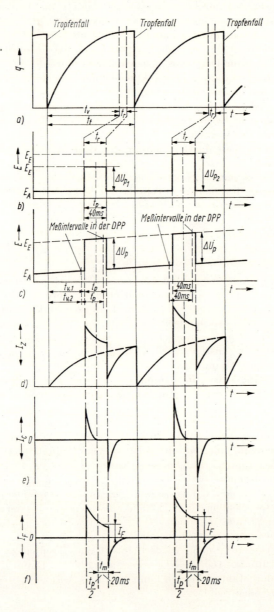

Abb. 3.10. Schematische Darstellung des zeitlichen Signalverlaufs in der Puls-, derivativen Puls- und Differenzpulspolarographie
a) Wachstum der Tropfenoberfläche; b) Polarisationsspannungsverlauf in der Pulspolarographie; c) Polarisationsspannungsverlauf in der derivativen und Differenzpulspolarographie; d) Zellenstrom; e) Kapazitätsstrom; f) Faradayscher Strom (Meßsignal)

Der zeitliche Verlauf des Zellenstromes, des Faradayschen Stromes und des Kapazitätsstromes ist in Abb. 3.10d) bis f) abgebildet.

Wie ersichtlich ist, sinkt I_C innerhalb der ersten 20 ms praktisch auf Null ab (weniger als 1% des Maximalwertes), so daß während der zweiten 20 ms (Meßzeit t_m) das reine Faradaysche Signal I_F gemessen werden kann.

Die zuerst besprochene Polarisationsart (Abb. 3.10b) wird als normale Pulspolarographie bezeichnet. Ihr Polarogramm besitzt die gleiche Form wie ein Gleichstrompolarogramm. Mit dem zweiten Polarisationsverfahren (Abb. 3.10c) wird die 1. Ableitung des normalen Pulsprogrammes erhalten, weil von einem Spannungsimpuls zum anderen sich die Ausgangsspannung E_A ändert und demzufolge nur die Stromdifferenz ΔI_F gemessen wird. Diese methodische Variante ist als derivative Pulspolarographie bekannt. Sie hat insofern nur noch geringe Bedeutung, als alle kommerziellen Pulspolarographen die verbesserte Meßtechnik der Differenzpulspolarographie nutzen. Dabei wird der Strom wenige Millisekunden vor dem Anlegen des Impulses an den Quecksilbertropfen gemessen, der Meßwert gespeichert und von jenem Meßwert subtrahiert, der in der zweiten Hälfte der Impulsdauer registriert wird (*Flato*, 1972). In Abb. 3.10c) sind die zur Differenzbildung benutzten Meßintervalle eingetragen. Das Differenzpulspolarogramm besitzt die Gestalt eines Peaks, wie er schematisch durch Abb. 3.19 charakterisiert ist.

PP und DPP erfordern einen großen elektronischen Aufwand, der heute mit Hilfe von integrierten Schaltkreisen in käuflichen Polarographen realisiert werden kann. Das Blockschaltbild eines Pulspolarographen (Abb. 3.11) soll im folgenden kurz erläutert werden:

Die vom Sägezahngenerator kommende lineare Gleichspannung wird im Modulator mit den Rechteckimpulsen vom Impulsgenerator gemischt. Am Ausgang des Modulators stehen wählbar die Polarisationsspannungen für normale und derivative Pulspolarographie an, die über den Katodenfolger an die Meßzelle angelegt werden kön-

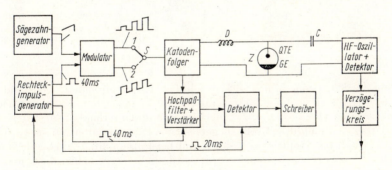

Abb. 3.11. Blockschaltbild des Pulspolarographen

nen. Die Signale der Zelle gelangen über den Katodenfolger zum Hochpaßfilter, das den niederfrequenten Grundstrom abtrennt. Das verbleibende Signal wird dem Detektor zugeführt, der nur den Faradayschen Strom während der zweiten Hälfte der Polarisationszeit (Abb. 3.10f, $t_m = \frac{1}{2} t_p$) mißt. Schließlich wird der Meßwert vom Schreiber registriert.

Zur Synchronisation aller Meßvorgänge mit dem Tropfenfall wird über den Trennkondensator C gleichstromfrei eine HF-Spannung (1 MHz) in die Zelle eingespeist.

Die Drossel D verhindert das Eindringen der HF-Spannung in den Meßkreis. Durch die sprunghafte Impedanzänderung der QTE beim Abreißen des Tropfens wird über den HF-Detektor ein Verzögerungskreis angestoßen, der je nach eingestellter Verzögerungszeit den Impulsgenerator steuert. Der Impulsgenerator seinerseits gibt wiederum Steuersignale an das Hochpaßfilter und den Detektor.

Die normale Pulspolarographie erreicht wie die SWP eine Erfassungsgrenze von $1 \cdot 10^{-7}$ m. Dagegen lassen sich mit der DPP noch Konzentrationen von $1 \cdot 10^{-8}$ m bei reversibler Elektrodenreaktion und, was sehr wesentlich ist, von $5 \cdot 10^{-8}$ m für irreversible Systeme messen. Im Vergleich mit der SWP hat der Reversibilitätsgrad in der DPP geringen Einfluß.

Wie eingangs konzipiert, läßt die DPP Leitelektrolytkonzentrationen von 0,01 m und darunter zu. Bei sehr niedrigen Depolarisatorgehalten spielt aber der Verlauf der Differentialkapazitätskurve des LE eine Rolle. Nach *Grahame* treten in den Differentialkapazitätskurven für NaF mit abnehmender Konzentration sich vergrößernde Minima auf. Wie *Christie* und *Osteryoung* (1974) feststellten, sind die Grundstromkurven in Natriumfluorid den Differentialkapazitätskurven ähnlich, so daß die Extrapolation der Grundlinie im Polarogramm einen großen Meßfehler für die Peakhöhe ergeben würde (Abb. 3.12). Bei der Bestimmung extrem niedriger Depolarisatorkonzentrationen ist die Kenntnis der Differentialkapazitätskurve für die betreffende Leitelektrolytkonzentration notwendig, um Analysenfehler zu vermeiden.

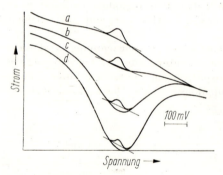

Abb. 3.12. Simulierte Differenzpulspolarogramme von 10^{-8} m Pb^{2+} in *a* 0,916, *b* 0,100, *c* 0,01 und *d* 0,001 m NaF-Lösung mit dem zugehörigen Untergrund in Abwesenheit von Pb^{2+} (nach *Christie* und *Osteryoung*, 1974).
Die eingetragenen Geraden zeigen den Fehler in der Peakmessung bei Extrapolation auf die scheinbare Basislinie

Obwohl die Störströme in der DPP durch das Meßprinzip nahezu vollständig eliminiert sind, tritt doch noch ein konzentrationsunabhängiger Faradayscher Gleichstrom auf (*Christie* und *Osteryoung*, 1974), der die Grundlinie erhöht. Sein unterschiedlich großer Betrag ist als additive Größe im gemessenen Peak enthalten. Dieser Gleichstromanteil wirkt sich bei Tropfzeiten $t_t < 2$ s und bei Pulsamplituden $\Delta U_p < 25$ mV aus. Unterhalb der angegebenen Grenzwerte ist es deshalb zweckmäßig, die Grundlinie auf den Wert vor Peakbeginn zu extrapolieren. Analytisch läßt sich dieser Effekt eineichen.

Grenzflächenaktive Stoffe geben in der DPP tensammetrische Peaks[1] (*Myers*, 1974; *Jacobsen*, 1976). Die Höhe von Ad- und Desorptionspeak steigt mit der Konzentration an. Der Eichkurvenverlauf ist nicht linear. Weiterhin wachsen die Peaks mit der Pulsamplitude und der Tropfzeit. Wenn oberflächenaktive Stoffe nicht ausgeschlossen werden, können pulspolarographische Peaks möglicherweise falsch interpretiert werden.

---

[1] Zum Begriff tensammetrische Peaks s. Abschn. 3.4.1.

Die Kapillarresponse (s. Abschn. 5.1.1.), die als Rauschpegel der Elektrode die Empfindlichkeit der SWP begrenzt, ist in der PP und DPP wesentlich geringer, weil das Nutzsignal von einem Spannungsimpuls am Einzeltropfen gewonnen wird. Hingegen wird in der SWP das Signal aus einer ganzen Reihe von Rechteckimpulsen während eines Einzeltropfens erhalten, wodurch dieses spezielle Störsignal ansteigt. Bei sehr kleinen Konzentrationen ist die Kapillarresponse auch in der DPP bemerkbar.

Neuere Arbeiten befassen sich damit, den in der PP noch vorhandenen geringfügigen Restladestrom zu eliminieren. *Christie* (1976) erreicht die Kompensation dieses Restladestromes in der Pulspolarographie mit abwechselnd gepulster QTE. Die Methode beruht darauf, daß nur ein Quecksilbertropfen um den anderen einen Spannungsimpuls ΔU_p erhält. Für den nicht gepulsten Quecksilbertropfen bleibt die Spannung während seiner Lebensdauer konstant. Die Meßzeit t_m ist im gepulsten und nicht gepulsten Tropfen gleich lang und liegt nach der gleichen Verzögerungszeit t_v an (Abb. 3.13). Auf diese Weise kann I_C bei gleicher Tropfengröße und konstantem Potential am gepulsten und nicht gepulsten Quecksilbertropfen gemessen und exakt kompensiert werden. Die Grundlinie verbessert sich dadurch in einem solchen Maße, daß ng-Mengen Depolarisator gut auswertbare Peaks geben. Mit dieser Methodik wird auch die Kapillarresponse fast vollständig eliminiert.

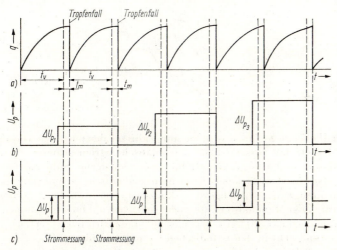

Abb. 3.13. Zeitlicher Verlauf des Tropfenwachstums (a) und der Polarisationsspannung in der normalen (b) und Differenzpulspolarographie (c) bei abwechselnd gepulsten Quecksilbertropfen nach *Osteryoung* (1976)

Einen Differenzpulspolarographen mit niedrigerem Rauschpegel beschreiben auch *Kalvoda* und *Trojanek* (1977). Durch elektronische Schaltungen mit Operationsverstärkern werden der Restladestrom, das Leitungsrauschen und das statistische Rauschen beseitigt. Dazu dienen die Polarisation der QTE mit zwei Spannungsimpulsen gleicher Zeitdauer, von denen aber der zweite die doppelte Amplitude des ersten besitzt, und eine Integratorschaltung anstelle von zwei Sample-and-hold-Schaltungen (Abschn. 5.4.3.) zur Signalspeicherung.

3.2.5. Kalousek-Polarographie

Die Kalousek-Polarographie (*Kalousek*, 1948), bisher wenig beachtet und erst neuerdings wieder in den Blickpunkt des Interesses gerückt, ist eine Umschaltmethode, die mit Rechteckimpulsen großer Amplitude und kleiner Frequenz (5 Hz) arbeitet.

Im Prinzip gibt es zwei Polarisationsmöglichkeiten, die als Kalousek-Polarographie Typ I und Typ II (*Kinard*, 1967) bezeichnet werden.

Bei Typ I (Abb. 3.14a) wird durch einen Umschalter eine Rechteckspannung von 20 bis 50 mV Amplitude erzeugt, die der linear ansteigenden Gleichspannung eines DC-Polarographen überlagert wird. Mit dieser modulierten Spannung wird die QTE

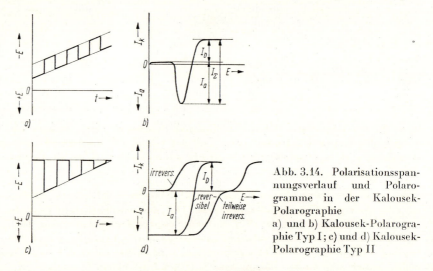

Abb. 3.14. Polarisationsspannungsverlauf und Polarogramme in der Kalousek-Polarographie
a) und b) Kalousek-Polarographie Typ I; c) und d) Kalousek-Polarographie Typ II

polarisiert. Der fließende Strom wird aber nur während der positiven Halbwelle registriert. Das bedeutet, daß ausschließlich der anodische Strom gemessen wird, der bei der Reoxydation der in der negativen Halbperiode reduzierten Substanz entsteht. Im Falle eines reversiblen Redoxsystems erreicht der anodische Strom nahe dem Halbstufenpotential infolge der Gleichgewichtskonzentration zwischen oxydierter und reduzierter Form einen Maximalwert. Je mehr sich aber die lineare Rampenspannung dem Grenzstrombereich nähert, um so weniger Substanz wird reoxydiert, der anodische Strom nimmt ab und geht in den katodischen Grenzstrom über (Abb. 3.14b).

Bei der Kalousek-Polarographie Typ II wird das Potential der Quecksilbertropfelektrode abwechselnd von einem vorgewählten konstanten Startpotential, das im Grenzstrombereich der polarographischen Stufe liegt, auf ein linear ansteigendes Gleichspannungspotential umgeschaltet. Auf diese Weise wird die QTE mit einer Rechteckspannung abnehmender Amplitude polarisiert (Abb. 3.14c). Registriert wird ebenfalls nur der anodische Strom während der positiven Halbwelle. Abb. 3.14d) zeigt das Polarogramm.

In der Kalousek-Polarographie stehen bei reversiblen Systemen immer oxydierte und reduzierte Depolarisatorform zur Verfügung, unabhängig davon, welche primär vorhanden war. Ein reversibles System liefert demzufolge mit der Kalousek-Polarographie Typ II eine anodisch-katodische Stufe, ein teilweise irreversibles System eine anodische und eine von dieser getrennte katodische Stufe und ein vollständig irrever-

katodische Strom nicht nur für die Reduktion des anodisch gebildeten Quecksilbersalzes verbraucht wird. Das parallel zur Meßzelle liegende *RC*-Glied bildet die 1. Ableitung dE/dt, die den vertikalen Ablenkplatten des Oszillographen zugeführt wird. Durch Anlegen der Elektrodenspannung anstelle der Kippspannung des Oszillographen an die horizontalen Platten entsteht das elliptische Oszillopolarogramm. Das Differenzierglied muß so bemessen sein, daß seine Zeitkonstante etwa ein Tausendstel der Periode des polarisierenden Wechselstromes ist.

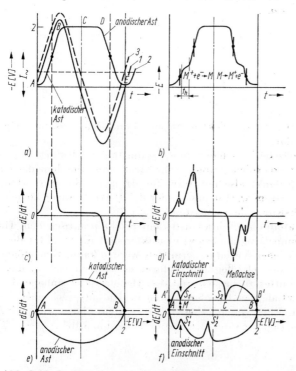

Abb. 3.16. Oszillopolarographische Kurven
a) und b): *E-t*-Kurve bei Ab- und Anwesenheit eines Depolarisators; *1* polarisierender Wechselstrom; *2 E-t*-Kurve der Grundlösung, *3* polarisierender Wechselstrom mit überlagertem konstantem Gleichstrom;
c) und d): (dE/dt)-*t*-Kurven der Grund- und Analysenlösung;
e) und f): Oszillopolarogramme ohne und mit Depolarisator.
Weitere Erläuterungen im Text

Das Oszillopolarogramm ist durch die stärker leuchtenden Umkehrpunkte des Katodenstrahles (Abb. 3.16e und f) charakterisiert, die der Quecksilberauflösung (A) und der Abscheidung des Leitsalzkations (B) entsprechen. Die Reduktion bzw. Oxydation von Depolarisatoren gibt sich durch katodische bzw. anodische Einschnitte zu erkennen. Für eine reversible Elektrodenreaktion liegen katodischer und anodischer Einschnitt beim gleichen Potential (S_1/S_1'). Im irreversiblen Fall ist der anodische Einschnitt zu positiveren Potentialen verschoben (S_2/S_2') oder verschwindet vollständig (Reversibilitätstest).

Daß katodische und anodische Elektrodenreaktionen im Oszillopolarogramm Einschnitte hervorrufen, läßt sich wie folgt erklären:

Bei Polarisation mit konstantem Strom setzt sich der durch die Meßzelle fließende Strom I_Z aus dem Kapazitätsstrom I_C und dem Faradayschen Strom I_F zusammen.

$$I_Z = I_C + I_F. \tag{3.16}$$

In Abwesenheit eines Depolarisators ist $I_F = 0$, so daß $I_Z = I_C$ gilt. Für die depolarisatorfreie Leitsalzlösung ist

$$I_C = C_D \frac{dE}{dt} \tag{3.17}$$

und weiter folgt

$$\frac{dE}{dt} = \frac{I_C}{C_D}. \tag{3.18}$$

Das Oszillopolarogramm einer Leitelektrolytlösung ohne Depolarisator stellt also eine Kapazitätsstromkurve dar.

Da der durch die Meßzelle fließende Strom I_Z konstant ist, bedingt der durch eine Durchtrittsreaktion hervorgerufene Faradaysche Strom eine Abnahme des Kapazitätsstromes. Nach Gl. (3.18) sinkt also der Wert für dE/dt ab, wenn I_C abnimmt. Mit zunehmendem Faraday-Strom wird demnach der dE/dt-Wert immer kleiner, der Einschnitt in der (dE/dt)-E-Kurve dagegen größer.

Das Potential des katodischen Einschnittes entspricht praktisch dem Halbstufenpotential im Gleichstrompolarogramm und charakterisiert die Qualität des Depolarisators, die nach verschiedenen Verfahren ermittelt werden kann. Eine Möglichkeit ist, die Potentialachse auf dem Oszillographenschirm in Volt zu eichen, das Potential des katodischen Einschnittes zu messen und den Depolarisator anhand der Tabellen für die Halbstufenpotentiale von Depolarisatoren in den entsprechenden Leitelektrolyten zu identifizieren. Eine andere Möglichkeit besteht darin, den leitelektrolytabhängigen Q-Wert des Depolarisators zu bestimmen (Abb. 3.16f).

$$Q = \frac{\overline{AC}}{\overline{AB}} < 1. \tag{3.19}$$

Katodische und anodische Q-Werte, die sich auch für schnelle Reversibilitätstests eignen, sind bei *Kalvoda* (1965) zu finden.

Die Einschnittiefe in der (dE/dt)-E-Kurve ist der Depolarisatorkonzentration proportional. Desgleichen ist die Strecke M zwischen Potentialachse und Einschnittspitze (s. Abb. 3.16f)) – das ist der dE/dt-Wert – ein Maß für die Konzentration des Depolarisators in der Lösung.

Die Oszillopolarographie ist keinesfalls empfindlicher als die Gleichstrompolarographie. Quantitativ kann im Konzentrationsbereich zwischen $5 \cdot 10^{-5}$ und $1 \cdot 10^{-3}$ m gemessen werden. Die Eichkurven verlaufen nicht immer linear. Konzentriertere Lösungen müssen verdünnt werden, weil die Einschnittiefe bei höheren Konzentrationen einem Grenzwert zustrebt.

Der Meßwert M wird beim Polaroskop (Fa. Krizik, ČSSR) mit einer verschiebbaren Meßachse auf dem Oszillographenschirm ermittelt. Die Verschiebungsspannung der Meßachse, ausgedrückt in Skalenteilen, ist der konzentrationsproportionale dE/dt-Wert.

Anorganische Ionen lassen sich mit der Oszillopolarographie mit befriedigender Reproduzierbarkeit (Variationskoeffizient etwa 3%) bestimmen, wenn nicht mehrere Ionen gleichzeitig anwesend sind. Potentialmäßig eng benachbarte Einschnitte beeinflussen sich abhängig vom Konzentrationsverhältnis der beiden Ionen gegenseitig. Daß die Oszillopolarographie in die anorganische Analytik nur begrenzt Eingang fand, ist im oszillierenden Polarogramm, der photographischen Aufzeichnung und der eingeschränkten Multi-Elementanalyse begründet. Es hat deshalb nicht an Versuchen gefehlt, ein stehendes Bild zu erzeugen (Quecksilberstrahlelektrode, vibrierende Elektroden).

Organische Verbindungen besitzen häufig ein typisches Oszillopolarogramm und können auf diese Weise schnell identifiziert werden. Auch eine Reinheitskontrolle organischer Substanzen (z. B. bei der Arzneimittelherstellung) bietet sich an.

Außer Redox-Reaktionen anorganischer Ionen und organischer Verbindungen sind auch Ad- und Desorptionsvorgänge oberflächenaktiver Stoffe zu beobachten. Aus Gl. (3.18) folgt, daß eine Abnahme der differentiellen Doppelschichtkapazität der QTE durch Adsorption einer Substanz eine Zunahme der Größe dE/dt bewirkt, während bei Desorption C_D wieder größer wird, also dE/dt abnimmt. Tenside geben Einschnitte, wie sie Abb. 3.17 schematisch zeigt.

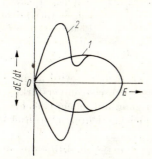

Abb. 3.17. Oszillopolarogramm bei An- und Abwesenheit eines Tensides.
1 Tensidfreie Grundlösung; *2* Oszillopolarogramm mit Ad- und Desorptionseinschnitt

Die während einer Elektrodenreaktion gebildeten, an der Elektrodenoberfläche verbleibenden Produkte, die als Artefakte bezeichnet werden, können ebenfalls katodische oder anodische Einschnitte hervorrufen.

Die Oszillopolarographie läßt sich auch für reaktionskinetische Messungen einsetzen, insbesondere dann, wenn die Halbwertszeiten der Reaktion unter 1 min liegen oder die betreffende Substanz nicht reduziert, aber adsorbiert wird. Für Reaktionshalbwertszeiten von wenigen Sekunden muß anstelle der QTE die strömende Quecksilberelektrode angewendet werden.

3.3. Methoden mit variablen Anregungssignalen kleiner Amplitude

Die in diesem Abschnitt abgehandelten Methoden werden in zwei Gruppen eingeteilt: in die „first-order"- und in die „second-order"-Techniken. Aus der ersten Gruppe wurde die Differenzpulspolarographie aus didaktischen Gründen bereits unter Abschn. 3.2.4. mit besprochen. Von den „second-order"-Techniken, die die Nichtlinearität der Faradayschen Impedanz nutzen, haben nur die Oberwellenwechselstrompolarographie und die zu den Faradayschen Gleichrichtungsverfahren gehörende Hochfrequenzpolarographie analytische Bedeutung.

3.3.1.   Wechselstrompolarographie

Die Wechselstrompolarographie wurde im Hinblick auf ihre analytischen Aspekte von *Breyer* entwickelt (*Breyer* und *Gutmann*, 1946). Das Wesen der Methode besteht darin, daß der linear ansteigenden Gleichspannung eine niederfrequente Sinusspannung von 10 bis 100 Hz und kleiner Amplitude von $<$10 bis 50 mV überlagert und der Faradaysche Wechselstrom gemessen wird. Die überlagerte Sinusspannung ist in Frequenz und Amplitude konstant. Für den Zellenstrom I_Z gilt Gl. (3.22).

Das Blockschaltbild eines Wechselstrompolarographen zeigt Abb. 3.18. Ein Rampen- und ein Sinusgenerator liefern die linear ansteigende Gleichspannung bzw. die entsprechende Sinusspannung, die in einer Addierschaltung überlagert werden. Die

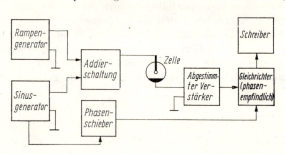

Abb. 3.18. Blockschaltbild eines Wechselstrompolarographen (phasenempfindlicher Gleichrichter und Phasenschieber nur für phasensensitive ACP)

mit der Sinusspannung modulierte Polarisationsgleichspannung wird an die QTE angelegt und die Gegenelektrode in den Eingang eines Wechselstromverstärkers geführt, der nur den Wechselstrom $I_\sim$ verstärkt und im Ausgang mit einem Gleichrichter verbunden ist. Der Schreiber registriert schließlich den gleichgerichteten Wechselstrom $I_{F\sim}$ gegen die Gleichspannung.

Im Idealfall entsteht ein peakförmiges Polarogramm (Abb. 3.19), das durch das Peakspitzenpotential E_P, den Peakspitzenstrom I_P und die Halbwertsbreite W charakterisiert ist.

Das Zustandekommen des Peaks läßt sich einfach erklären, wenn man den ansteigenden Teil der *I-E*-Kurve betrachtet (Abb. 3.19). Durch die langsam linear ansteigende Gleichspannung werden entlang des Stufenanstiegs eine Reihe von Konzentrationsverhältnissen c_{ox}^o/c_{red}^o an der Elektrodenoberfläche eingestellt. Bei positiveren Potentialen (bezogen auf $E_{1/2}$) überwiegt die oxydierte, bei negativeren die reduzierte Depolarisatorform. Die überlagerte Wechselspannung der Amplitude $\Delta U_\sim$ variiert nun mit der Frequenz f das Konzentrationsverhältnis derart, daß in der positiven Halbperiode c_{ox}^o und in der negativen c_{red}^o gegenüber dem durch die Gleichspannung bedingten Wert etwas erhöht wird. Im Halbstufenpotential ist die Änderung des Konzentrationsverhältnisses am größten, und demzufolge erreicht $I_{F\sim}$ ein Maximum. Die Faradaysche Wechselstromkomponente $I_{F\sim}$ wird deshalb von kleinen Werten über ein Maximum wiederum zu kleinen Werten verlaufen.

Das Wechselstrompolarogramm hängt stark von kinetischen Parametern ab. Der Peakspitzenstrom sinkt um so mehr ab, je irreversibler die Elektrodenreaktion verläuft. Vollständig irreversible Systeme lassen sich daher nur sehr unempfindlich indizieren. Wenn nämlich die $E_{1/2}$-Differenz von katodischer und anodischer gleichstrompolarographischer Stufe $\Delta U_\sim$ überschreitet, tritt nur während der negativen Halbperiode der überlagerten Wechselspannung infolge der katodischen Durchtrittsreaktion

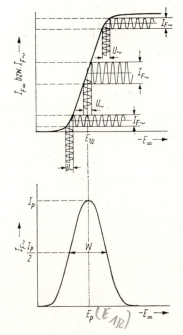

Abb. 3.19. Schematische Darstellung der Entstehung des Peaks in der Wechselstrompolarographie

ein Signal $I_{F\sim}$ auf. Während der positiven Halbwelle wird der Depolarisator nicht reoxydiert, so daß kein Signal meßbar ist.

Im reversiblen Fall entspricht E_P dem Halbstufenpotential. Die Halbwertsbreite, das ist die bei $I_{P/2}$ zwischen den Kurvenästen gemessene Spannungsdifferenz, ist durch

$$W = \frac{90,4}{z} \tag{3.20}$$

bestimmt. Daraus folgt, daß der Peak mit zunehmendem Elektronenumsatz schmaler wird. Bei irreversiblen Elektrodenvorgängen verbreitern sich die Peaks über das durch W vorgegebene Maß hinaus.

Die Selektivität der ACP gegenüber reversiblen Elektrodenprozessen kann als Stärke und Schwäche dieser Methode ausgelegt werden. Einerseits lassen sich damit Reversibilitätstests durchführen, und andererseits sind irreversible Vorgänge analytisch kaum auswertbar. Dieses Phänomen kann wiederum geschickt für analytische Zwecke genutzt werden, beispielsweise zur Bestimmung einer reversibel reduzierbaren Spur neben einer irreversibel reduzierbaren Matrixkomponente.

Ein wesentlicher Nachteil der Wechselstrompolarographie ist in ihrem schlechten Nutz-Störsignal-Verhältnis $I_{F\sim}/I_{C\sim}$ zu sehen. Neben dem Kapazitätsgleichstrom $I_{C=}$ zur Aufladung der Doppelschicht der Quecksilbertropfelektrode mit dem Tropfenwachstum tritt infolge der Umladung der Doppelschicht noch der Kapazitätswechselstrom $I_{C\sim}$ auf. Für den totalen Kapazitätsstrom I_C gilt:

$$I_C = I_{C=} + I_{C\sim}. \tag{3.21}$$

Da $I_{C\sim}$ mit ω, I_F aber mit $\sqrt{\omega}$ wächst, ist nur im Bereich niedriger Frequenzen (Netzfrequenz) ein günstiges $I_{F\sim}/I_{C\sim}$-Verhältnis zu erwarten. Aber auch dann ist die Wech-

4*

selstrompolarographie unempfindlich. Bei Depolarisatorkonzentrationen $<5 \cdot 10^{-5}$ m unterscheidet sich das Nutzsignal kaum noch vom Grundstrom. Damit die Wechselstrompolarographie für analytische Zwecke genügend empfindlich wird, muß der Kapazitätsstrom eliminiert werden, z. B. durch phasenempfindliche Gleichrichtung, worauf weiter unten eingegangen wird.

Der Ohmsche Widerstand des polarographischen Stromkreises beeinflußt in der Wechselstrompolarographie wesentlich das Polarogramm, weil der Spannungsabfall $I_{\sim}R$ zu einer Abnahme der effektiven Wechselspannung über die Phasengrenze Elektrode//Lösung gegenüber der angelegten Wechselspannung führt, was einen Abfall von $I_{F\sim}$ zur Folge hat. Da der $I_{\sim}R$-Spannungsabfall mit steigender Depolarisatorkonzentration zunimmt (höhere Stromstärken), ist die lineare Konzentrationsproportionalität zwischen I_P und c über größere Konzentrationsbereiche nicht mehr gewährleistet. Darüber hinaus vergrößert sich die Halbwertsbreite der Peaks, das Trenn- und Auflösungsvermögen wird schlechter.

Bedingung ist deshalb, daß R (Widerstand der Lösung und der Zuleitungen, Arbeitswiderstand des Verstärkers) klein gehalten werden muß. Ein großer Widerstand erhöht außerdem die Zeitkonstante $C_D R$ für die Aufladung der Doppelschicht, so daß I_P nicht streng linear mit $\sqrt{\omega}$ anwächst. Der Peakspitzenstrom fällt sogar nach Überschreiten eines bestimmten, von R abhängigen Optimalwertes mit zunehmender Frequenz ab.

Die Einhaltung eines kleinen Ohmschen Gesamtwiderstandes zwingt zu hohen Leitsalzkonzentrationen (1 bis 0,1 m), niederohmigen Zellkonstruktionen und besonderen Verstärkern.

Durch die Einführung der phasenempfindlichen Wechselstrompolarographie (*Jessop*, 1957) nahm die analytische Anwendung der Wechselstrompolarographie zu.

Das Ersatzschaltbild einer mit Wechselstrom polarisierten Elektrode ist in Abb. 3.3 b) dargestellt. Es besteht aus der Doppelschichtkapazität C_D, der Faradayschen Impedanz Z_F (komplexer Wechselstromwiderstand) und der Summe der äußeren Widerstände R. In einem solchen Stromkreis besitzt der Kapazitätswechselstrom gegenüber der polarisierenden Wechselspannung eine Phasenverschiebung von 90°, während der Faradaysche Wechselstrom bei reversiblem diffusionskontrolliertem Elektrodenprozeß nur einen Phasenwinkel von 45° aufweist. Diese Phasenwinkeldifferenz kann genutzt werden, um das Störsignal $I_{C\sim}$ vom Nutzsignal $I_{F\sim}$ in einem phasenempfindlichen Gleichrichter abzutrennen. Dabei wird der Faradaysche Wechselstrom nur um $1/\sqrt{2}$ geschwächt und kann anschließend entsprechend verstärkt werden.

Auf diese Weise wird der Grundstrom in der ACP so weit abgesenkt, daß Depolarisatorkonzentrationen von 10^{-5} bis 10^{-6} m bestimmt werden können.

Die Schaltung eines AC-Polarographen mit phasensensitiver Gleichrichtung und Phasenschieber läßt sich mit Operationsverstärker aufbauen (*Kalvoda*, 1975).

Ein wesentliches Anwendungsgebiet der Wechselstrompolarographie und der phasensensitiven ACP ist die Untersuchung und Bestimmung von Tensiden, die im AC-Polarogramm Ad- und Desorptionspeaks bilden (s. Abschn. 3.4.1.).

3.3.2. Square wave-Polarographie

Die von *Barker* und *Jenkins* (1952) entwickelte Square wave-Polarographie ist eine Wechselstrommethode, bei der der Polarisationsgleichspannung eine rechteckförmige Wechselspannung konstanter Amplitude (<50 mV) überlagert, an die QTE angelegt und der Faradaysche Wechselstrom gemessen wird. Durch die polarographische Zelle fließt dann ein Zellenstrom I_Z, der sich additiv aus folgenden Teilströmen zusammensetzt:

$$I_Z = I_{F\sim} + I_{F=} + I_{C\sim} + I_{C=}. \tag{3.22}$$

Als Nutzsignal dient in der SWP nur $I_{F\sim}$, so daß die übrigen Stromkomponenten als Störsignale eliminiert werden müssen.

Die Entstehung der in Gl. (3.22) angegebenen Stromkomponenten ist auf folgende Vorgänge zurückzuführen:

Denkt man sich an die Klemmen A und B im Ersatzschaltbild Abb. 3.3b) eine Rechteckspannung kleiner konstanter Amplitude angelegt, deren Halbperiode ϑ sehr viel größer als die Zeitkonstante τ des RC-Gliedes aus dem Ohmschen Widerstand R und der Doppelschichtkapazität C_D ist, so fällt über die Phasengrenze Elektrode//Lösung bei hinreichend kleiner Konzentration des reduzierbaren Ions in der Lösung eine Rechteckspannung ab, die sich von der angelegten Rechteckspannung kaum unterscheidet. Durch die Schaltung fließt dann ein Zellenwechselstrom

$$I_Z = I_{F\sim} + I_{C\sim}. \tag{3.23}$$

Beide Teilströme werden dadurch hervorgerufen, daß die Rechteckspannung sowohl über den Kondensator C_D als auch über die Faradaysche Impedanz Z_F anliegt.

Der Kapazitätswechselstrom $I_{C\sim}$ lädt die Doppelschicht der QTE im Rhythmus der Rechteckfrequenz um, während $I_{F\sim}$ aus der elektrochemischen Reaktion stammt. $I_{F\sim}$ und $I_{C\sim}$ sind frequenzgleich mit der Rechteckspannung.

Der Faradaysche Gleichstrom $I_{F=}$ und der Kapazitätsgleichstrom $I_{C=}$ resultieren aus der Gleichstromkomponente der Polarisationsspannung. Ersterer folgt aus der Durchtrittsreaktion des Elektrodenprozesses, letzterer aus der Aufladung der zeitlich wachsenden Tropfenoberfläche.

Die Eliminierung der Teilströme $I_{C\sim}$, $I_{F=}$ und $I_{C=}$ läßt sich am besten anhand des Ersatzschaltbildes (Abb. 3.3b) und des zeitlichen Verlaufes der Signale an der polarographischen Zelle erklären. Im Ersatzschaltbild bildet der Ohmsche Widerstand R (Summe der Widerstände der Zuleitungen, der Zelle, des Elektrolyten usw.) mit der in Reihe liegenden Doppelschichtkapazität C_D ein RC-Glied, dessen Zeitkonstante τ die Umladungsgeschwindigkeit der Doppelschichtkapazität bzw. die Abklingzeit t_c des Kapazitätswechselstromes bestimmt. Nach *Schmidt* und *Stackelberg* (1959) ist $I_{C\sim}$ zu beliebiger Zeit t innerhalb des Rechteckimpulses durch

$$I_{C\sim} = \frac{U_R}{R} \exp\left(-\frac{t}{RC_D}\right) \tag{3.24}$$

gegeben. Demzufolge sinkt $I_{C\sim}$ schnell ab, wenn RC_D genügend klein ist. Berechnungen zeigten, daß $I_{C\sim}$ nach einer Abklingzeit $t_c = 5\,RC_D$ weniger als 1% beträgt und somit vernachlässigbar ist.

Im Vergleich mit $I_{C\sim}$ nimmt $I_{F\sim}$ nach der Beziehung

$$I_{F\sim} = kt^{-x} \tag{3.25}$$

ab und erreicht mit $x = \frac{1}{2}$ für einen rein diffusionskontrollierten Elektrodenprozeß seinen größten Wert. Wie aus Gl. (3.25) hervorgeht, sinkt $I_{F\sim}$ wesentlich langsamer ab als $I_{C\sim}$ [Gl. (3.24)].

Den zeitlichen Verlauf von $I_{F\sim}$ und $I_{C\sim}$ während eines Rechteckimpulses gibt Abb. 3.20 wieder. Daraus wird ersichtlich, daß innerhalb der Meßzeit t_m nach der

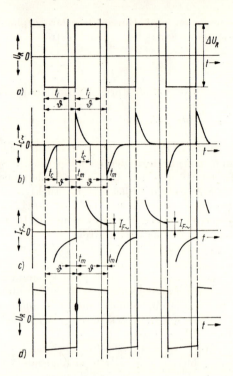

Abb. 3.20. Schematische Darstellung des zeitlichen Verlaufs der Signale in der Square wave-Polarographie a) Rechteckspannung U_R; b) Kapazitätswechselstrom $I_{C\sim}$; c) Durchtrittswechselstrom $I_{F\sim}$; d) Rechteckspannung U_R mit Dachschräge

Abklingzeit t_c nur $I_{F\sim}$ gemessen wird, denn $I_{C\sim}$ ist praktisch auf Null abgesunken, wenn die Bedingungen $t_c < \vartheta - t_m$ (für $t_c = 5\ RC_D$ und $R \leqq 1/10\ C_Df$) eingehalten werden.

Der Kapazitätsgleichstrom $I_{C=}$, der nach der Abklingzeit t_c noch fließt, wird mit Hilfe des Tastprinzips (s. Abb. 3.5) eliminiert. Natürlich wird damit $I_{C=}$ nicht vollständig beseitigt, denn die Elektrodenoberfläche wächst strenggenommen bis zum Tropfenabfall an. Der verbleibende Restbetrag von $I_{C=}$ wird kompensiert, indem mit Rechteckimpulsen von geringer Dachschräge polarisiert wird.

Schließlich ist noch der Durchtrittsgleichstrom $I_{F=}$ auszuschalten, der in der SWP nicht genutzt wird. Seine Abtrennung von $I_{F\sim}$ gelingt mit elektrischen Filtern.

Im Square wave-Polarogramm wird $I_{F\sim}$ gegen $E_=$ registriert. Seine Form ist mit der des AC-Polarogrammes identisch (Abb. 3.19). Auch die Entstehung des SW-Polarogrammes läßt sich genauso erklären wie die Bildung des Peaks in der ACP, nur daß anstelle der Sinusspannung eine Rechteckspannung tritt und folglich auch $I_{F\sim}$ den in Abb. 3.20 dargestellten Verlauf hat.

Ein sw-polarographisches Spektrum zeigt Abb. 3.21. Die Grundlösung liefert ein wannenförmiges Polarogramm, das im positiven Potentialbereich von der Quecksilberauflösung und im negativen von der Abscheidung des Leitsalzkations begrenzt wird. Die Peakform hängt hinsichtlich ihrer Höhe und Halbwertsbreite vom Elektronenumsatz z und der Rechteckamplitude ΔU_R ab (Abb. 3.22). Die Peakspitzenstromstärke (Peakhöhe) wächst bei gleichbleibender Rechteckspannungsamplitude quadratisch mit z und bei konstantem z mit zunehmender Amplitude. Außerdem werden die Peaks um so schmaler, je größer z ist. Gültig sind diese Abhängigkeiten selbstverständlich nur

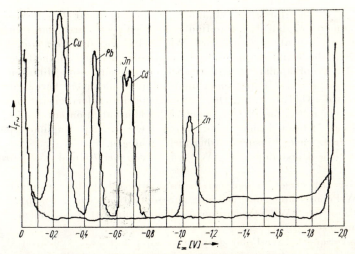

Abb. 3.21. Square wave-polarographisches Spektrum (nach *Geißler* und *Kuhnhardt*, 1970).
LE: 1 m KCl; ΔU_R: 20 mV; Geräteempfindlichkeit: 1/15; Cu^{2+}: $1 \cdot 10^{-4}$ m; Pb^{2+}: $5 \cdot 10^{-5}$ m; In^{3+}: $2{,}5 \cdot 10^{-5}$ m; Cd^{2+}: $5 \cdot 10^{-5}$ m; Zn^{2+}: $2 \cdot 10^{-4}$ m

für reversible Elektrodenvorgänge. Maximales Nachweisvermögen ($1 \cdot 10^{-7}$ m) wird in der SWP dann erreicht, wenn die Elektrodenreaktion reversibel ist, ein großer Elektronenumsatz zugrunde liegt und große Rechteckamplituden (aber <50 mV) angewendet werden. Für irreversible Elektrodenvorgänge sinkt die Erfassungsgrenze etwa um eine Zehnerpotenz (auf $1 \cdot 10^{-6}$ m).

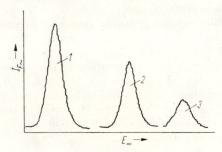

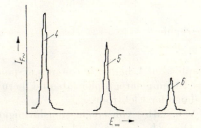

Abb. 3.22. Abhängigkeit der Peakhöhe von der Rechteckspannungsamplitude ΔU_R und z (nach *Geißler* und *Kunhardt*, 1970).
1, 2, 3 z = 1 (Thallium), *4, 5, 6* z = 3 (Wismut), *1, 4* ΔU_R = 40 mV, *2, 5* ΔU_R = 20 mV, *3, 6* ΔU_R = 10 mV

Da in der SWP alle Störströme eliminiert werden und nur $I_{F\sim}$ gemessen wird, könnte man annehmen, daß ihre Empfindlichkeit lediglich durch das Rauschen der elektronischen Bauelemente begrenzt wird. Wie aber *Barker* und *Cockbain* (1957) feststellten, schränkt die Kapillarresponse die Empfindlichkeit der Methode ein. In den unteren Teil der Tropfkapillare dringt nämlich ein dünner Lösungsfilm ein, der sich wie ein Kondensator verhält und einen inkonstanten additiven Anteil zur Doppelschichtkapazität der QTE beiträgt. Diese Zusatzkapazität liefert einen Störstrom, der dem Meßsignal einer 10^{-7} bis 10^{-8} m Depolarisatorkonzentration entspricht. Deshalb können Stör- und Meßsignal nicht mehr getrennt werden. Die Kapillarresponse auszuschalten, ist trotz vieler Versuche bisher nicht gelungen.

Eine ausführliche Darstellung der SWP wurde von *Geißler* und *Kuhnhardt* (1970) gegeben.

Die SWP ist mit verschiedenen bereits bekannten Methoden gekoppelt worden, wobei der SW-Polarograph zum Teil nur zur Indikation diente. Da der praktische Wert solcher von der SWP abgeleiteter Methoden umstritten ist, sollen nur einige namentlich kurz erwähnt werden.

Die Differenz-Square wave-Polarographie arbeitet mit zwei synchron tropfenden QTE in zwei getrennten Zellen (*Barker* und *Faircloth*, 1958). Dabei ist zwischen subtraktiven und additiven Verfahren zu unterscheiden. Im ersten Fall werden phasengleiche, im zweiten um 180° phasenverschobene Rechteckspannungen an die QTE angelegt. Der Vorteil beider Verfahren wird mit einem verbesserten Grundstrom, vollständiger oder teilweiser Ausschaltung von Unvollkommenheiten der Kapillaren, gesteigertem Auflösungsvermögen und größerer Meßgenauigkeit begründet.

In der Square wave-Amperometrie mißt man den Peakspitzenstrom des zu bestimmenden Ions in Abhängigkeit von der Menge des Titriermittels, mit dem sich das Ion umsetzt. Die sw-amperometrischen Titrationskurven haben die üblichen Formen amperometrischer Kurven. Der Titrationsendpunkt liegt bei der Peakhöhe Null, wenn das Titriermittel elektrochemisch inaktiv ist.

Über oszillographische SWP hat *Okamoto* (1966) berichtet.

Anstelle einer linear ansteigenden Gleichspannung wurde auch eine Treppenstufenspannung verwendet, die mit Rechteckimpulsen überlagert wurde (*Ramaley* und *Krause*, 1969a). Dabei entfällt auf jeden treppenstufenförmigen Spannungsanstieg eine Rechteckperiode. Das Polarogramm unterscheidet sich für diese methodische Variante nicht vom Square wave-Polarogramm. Bei voltammetrischer Arbeitsweise mit einem hängenden Quecksilbertropfen wurden abhängig vom Elektronenumsatz Erfassungsgrenzen zwischen $1 \cdot 10^{-7}$ m ($z = 1$) und $2,5 \cdot 10^{-8}$ m ($z = 3$) erreicht. Der Unterschied im Nachweisvermögen für reversible und irreversible Systeme ist derselbe wie in der Square wave-Polarographie (*Ramaley* und *Krause*, 1969b).

3.3.3.   Oberwellenwechselstrompolarographie

Die Oberwellenwechselstrompolarographie (engl. higher harmonics ac-polarography) leitet sich unmittelbar von der Wechselstrompolarographie ab und beruht auf der Nichtlinearität der Faradayschen Impedanz der Elektrode.

Wenn ein nichtlinearer Widerstand (Abb. 3.3b)) von einem sinusförmigen Wechselstrom durchflossen wird, gilt nicht das Ohmsche Gesetz, sondern der Zusammenhang zwischen Strom und Spannung läßt sich durch eine ganze rationale Funktion ausdrücken:

$$I_\sim = a_0 + a_1 U_\sim + a_2 U_\sim^2 + a_3 U_\sim^3 + \dots a_n U_\sim^n \qquad (3.26)$$

($a_0, a_1 \dots a_n$ = Koeffizienten).

Setzt man in diese Funktion für $U_\sim$ die Gleichung

$$U_\sim = E_m + V_0 \sin \omega t \qquad (3.27)$$

ein, erhält man aus Gl. (3.26) bis zum quadratischen Glied:

$$I_\sim = a_0 + a_1 E_m + a_1 V_0 \sin \omega t + a_2 E_m^2 + 2a_2 E_m V_0 \sin \omega t$$
$$+ a_2 V_0^2 \sin^2 \omega t, \qquad (3.28)$$

$$I_\sim = (a_0 + a_1 E_m + a_2 E_m^2) + (a_1 V_0 \sin \omega t + 2a_2 E_m V_0 \sin \omega t)$$
$$+ a_2 V_0^2 \sin^2 \omega t. \qquad (3.29)$$

Mit $\sin^2 \omega t = \frac{1}{2}(1 - \cos 2\omega t)$ folgt:

$$I_\sim = (a_0 + a_1 E_m + a_2 E_m^2) + (\tfrac{1}{2}a_2 V_0^2) + (a_1 V_0 \sin \omega t + 2a_2 E_m V_0 \sin \omega t)$$
$$- (\tfrac{1}{2}a_2 V_0^2 \cos 2\omega t). \qquad (3.30)$$

Gl. (3.30) belegt, daß an der von einem Sinusstrom durchflossenen Faradayschen Impedanz außer der Konstanten a_0 ein Gleichstrom (1. Klammer) entsprechend dem vorgegebenen mittleren Elektrodenpotential E_m, ein Gleichrichtungsstrom (2. Klammer), ein Wechselstrom mit der Grundfrequen $v\omega$ (3. Klammer) und ein Wechselstrom mit der Frequenz 2ω, (4. Klammer) – eine Oberwelle oder höhere Harmonische – auftritt. Quantitativ gilt Gl. (3.30) nur für $V_0 \ll RT/zF \leqq 5$ mV bei $n = 2$ und $T = 298$ K.

Wenn also die Quecksilbertropfelektrode mit einer Sinusspannung der Grundfrequenz f bzw. ω polarisiert wird, dann erscheinen Spannungen und Ströme mit höheren Harmonischen der Grundfrequenz.

Die Abb. 3.23 gibt die Form der Polarogramme für die 1. und 2. Oberwelle (2. und 3. Harmonische) bei normaler und phasenempfindlicher Registrierung wieder. Um diese Polarogramme aufnehmen zu können, muß in den Wechselstrompolarographen (Abb. 3.18) nach dem abgestimmten Verstärker ein Bandpaßfilter (*Kalvoda*, 1975) eingebaut werden, das die Grundfrequenz f unterdrückt und nur die Frequenzen $2f$ bzw. $3f$ hindurchläßt.

Für analytische Untersuchungen hat vorrangig die Wechselstrompolarographie mit 2. Harmonischer (1. Oberwelle) Bedeutung erlangt (*Bauer*, 1959/1960), deren Empfindlichkeit die der normalen Wechselstrompolarographie wesentlich übertrifft (mindestens um den Faktor 10 bis 20). Diese Empfindlichkeitserhöhung kommt dadurch zustande, daß sich die Doppelschichtkapazität der Elektrode gegenüber der polarisierenden Wechselspannung wie ein linearer Widerstand verhält und demzufolge der Kapazitätsstrom kaum Oberwellenanteile besitzt. Da das Bandpaßfilter nur die höheren Harmonischen passieren, wird der Kapazitätsstrom eliminiert.

Für die Konzentrationsabhängigkeit des Faradayschen Wechselstromes der 2. Harmonischen gilt stark vereinfacht G. (3.31):

$$I(2\omega t) = k_1 z^3 c \sqrt{\omega} \, \Delta U_\sim^2. \qquad (3.31)$$

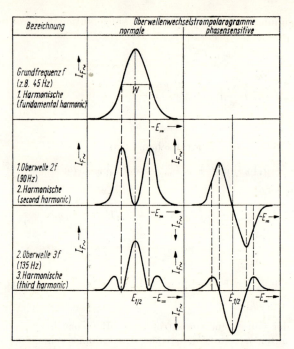

Abb. 3.23. Oberwellenwechselstrompolarogramme für die 1., 2. und 3. Harmonische

Für die höheren Harmonischen ist der Strom durch Gl. (3.32) gegeben:

$$I(m\omega t) = k_2 \, \Delta U_{\sim}^{m+1}. \tag{3.32}$$

In den Gln. (3.31) und (3.32) bedeuten k_1 und k_2 Konstanten, die u. a. von D, T, R und F abhängen, während m die fortlaufende Zahl der Harmonischen ist. Im Wechselstrompolarogramm mit 2. Harmonischer sind beide Peaks konzentrationsproportional.

Die höheren Harmonischen treten grundsätzlich erst bei größeren Wechselspannungsamplituden nennenswert in Erscheinung.

Für kleine Frequenzen f nimmt $I_\sim$ zunächst mit $\sqrt{f}$ zu und sinkt bei höheren f-Werten wieder ab. Damit verschlechtert sich das Nutz-/Störsignal-Verhältnis. Um entsprechend empfindlich messen zu können, muß die optimale Arbeitsfrequenz ermittelt werden.

Lineare Konzentrationsabhängigkeit ist in der Oberwellenwechselstrompolarographie nur für relativ kleine Konzentrationen zu erwarten. Bei höheren Konzentrationen nimmt die Faradaysche Impedanz und damit die effektive Wechselspannung ab. Die Beziehung zwischen Peakhöhe und Konzentration weicht für höhere Harmonische mit zunehmendem m immer stärker vom linearen Verlauf ab.

Wie sich der Oberwellengehalt in Abhängigkeit von z ändert, hat *Neeb* (1962) gemessen. Tab. 3 gibt auszugsweise Werte einiger Elektrodenreaktionen wieder. Übereinstimmend mit der Theorie steigt der Oberwellengehalt mit z an.

Allgemein wird angenommen, daß der Kapazitätswechselstrom durch die Elektrodendoppelschicht oberwellenfrei ist. Experimente zeigten aber, daß diese Annahme nur in eng begrenzten Potentialbereichen des Leitelektrolyten annähernd gilt.

Tabelle 3

Oberwellengehalt für verschiedene Elektrodenreaktionen nach *Neeb* (1962)

Element	Tl^+	Cd^{2+}	In^{2+}
Leitelektrolyt	1 m $HClO_4$ + 0,02 m HCl	1m $HClO_4$ + 0,02 m HCl	0,5 m HCl
Konzentration	22,8 µg/ml	10 µg/ml	9,3 µg/ml
Oberwelle: 1.	32,5	43,1	68,0
2.	10,5	24,1	43,5
3.	0,9	7,4	18,0
4.		3,2	10,2
5.		0,8	4,9
6.			2,3
7.			0,8
8.			0,3

Arbeitsfrequenz: 45 Hz; $\Delta U_\sim = 36$ mV
Oberwellengehalte in [%] des mit der Grundfrequenz erhaltenen Spitzenstromes

Beim elektrokapillaren Nullpunkt wurde in verschiedenen Leitelektrolyten deutlich die 1. Oberwelle festgestellt. Analytische Messungen erfordern deshalb eine sorgfältige Auswahl des Leitelektrolyten.

Über die vorteilhafte analytische Anwendung der phasenselektiven Wechselstrompolarographie mit 1. Oberwelle bei tropfzeitsynchronisierter schneller Spannungssteigerungsrate berichteten *Blutstein* und *Bond* (1974). Sie erreichten in 10^{-6} m Lösung extrem hohe Reproduzierbarkeit (besser als 1%).

Oberwellenwechselstrompolarographie läßt sich nicht nur mit Sinusspannungen, sondern auch mit Sägezahn-, Dreieck- und verschiedenen Formen von Rechteckspannungen betreiben. Für die phasenselektive Detektion höherer Harmonischer eignen sich entsprechend ausgelegte Lock-in-Verstärker in Verbindung mit phasenempfindlichen Gleichrichtern (*Bond* und *Flego*, 1975). Dabei gaben positive Rechteckspannungen für die phasensensitive Registrierung der 3. Harmonischen gegenüber den anderen oben genannten Spannungsformen relativ große Signale.

3.3.4. Hochfrequenzpolarographie

Für die in diesem Abschnitt besprochene Methode wurde bisher nur ein kommerzielles Gerät angeboten, der „High Sensitive Polarograph" PA-202 der Fa. Yanagimoto (Japan), der als Gleichstrom-, Square wave- und Hochfrequenzpolarograph betrieben werden kann. In der Regel sind die angewendeten Hochfrequenzpolarographen Eigenbaugeräte.

Trotzdem soll hier die Hochfrequenzpolarographie aus zwei Gründen abgehandelt werden: Einmal sollen Kenntnisse über Grundlagen und Anwendungsmöglichkeiten Faradayscher Gleichrichtungsverfahren vermittelt werden, und zum anderen ist es nicht ausgeschlossen, daß bei dem hohen Stand der Elektronik eines Tages die Hochfrequenzpolarographie in elektrochemischen Gerätesystemen realisiert wird. Außerdem ist die Hochfrequenzpolarographie auch im Eigenbau mit Operationsverstärkern leichter zugänglich geworden als vor Jahren.

Im Abschn. 3.3.3. ist bereits dargelegt worden, daß die Nichtlinearität der Strom-Potential-Beziehung Faradayscher Elektrodenprozesse Ursache für das Auftreten von Oberwellen im Strom bei der Polarisation einer Elektrode mit Wechselspannung ist. Wie Gl. (3.30) zeigt, enthält aber das Signal außer der Grund- und Oberwelle noch ein zeitunabhängiges Glied ($\frac{1}{2}a_2 V_0^2$), das den von *Doss* und *Agarwal* entdeckten Faradayschen Gleichrichtungseffekt (*Doss* und *Agarwal*, 1950, 1951a, 1951b, 1952) repräsentiert, der von *Delahay* und Mitarbeitern (*Delahay, Senda, Weis*, 1961; *Senda, Imai, Delahay*, 1961) umfassend untersucht worden ist. Oberwelle und Faradaysche Gleichrichtung sind zwei voneinander unabhängige Erscheinungen und werden als „second order"-Effekte bezeichnet.

Zur Erklärung des Faradayschen Gleichrichtungseffektes gehen wir davon aus, daß entweder die Gleichrichtungsspannung E_{FR} oder der Gleichrichtungsstrom I_{FR} gemessen werden kann:
Für ein Redoxgleichgewicht

$$O + z\,e^- \underset{k_{ox}}{\overset{k_{red}}{\rightleftharpoons}} R \tag{3.33}$$

gibt bekanntlich die Nernstsche Gleichung den Zusammenhang zwischen Gleichgewichtspotential E_e und Konzentrationsverhältnis $c = c_{ox}/c_{red}$ wieder.

$$E_e = E^\ominus + \frac{RT}{zF} \ln \frac{c_{ox}}{c_{red}}. \tag{3.34}$$

Um die Faradaysche Gleichrichtungsspannung E_{FR} für ein definiertes Konzentrationsverhältnis messen zu können, stellt man dieses entsprechend Gl. (3.34) präparativ ein und sorgt dafür, daß es sich während der Messung nicht durch Gleichstromfluß ändert. Polarisiert man nun die Elektrode mit einem Wechselstrom kleiner Amplitude, so verschiebt sich das mittlere Elektrodenpotential E_m in bezug auf E_e, weil die während der negativen und positiven Halbwelle des Wechselstromes gleich großen Änderungen im Konzentrationsverhältnis (c' und c'') auf Grund des nichtlinearen Zusammenhanges zwischen c und E_e unterschiedlich große Verschiebungen des Elektrodenpotentials in negativer und positiver Richtung bewirken. Das mittlere Elektrodenpotential entspricht bei Polarisation mit Wechselstrom nicht mehr dem von der Nernstschen Gleichung vorgeschriebenen Wert für das präparativ eingestellte und während der Messung aufrechterhaltene Konzentrationsverhältnis. Die Differenz $E_m - E_e$ der Elektrodenpotentiale mit und ohne Wechselstrompolarisation heißt Faradaysche Gleichrichtungsspannung E_{FR}. In Abb. 3.24 ist stark schematisiert die Entstehung von $-E_{FR}$ dargestellt.

Bei der Messung des Faradayschen Gleichrichtungsstromes I_{FR} hält man das mittlere Elektrodenpotential E_m während der Polarisation mit Wechselstrom konstant. Das führt dazu, daß während der negativen und positiven Halbwelle des Wechselstromes das Konzentrationsverhältnis c in unterschiedlichem Maße verschoben wird. Der dafür notwendige Gleichstrom muß von derselben äußeren Spannungsquelle geliefert werden, die E_m auf dem Sollwert hält. Dieser Gleichstrom ist in Größe und Verlauf jenem Strom gleich, der bei Polarisation der Elektrode mit der Gleichspannung E_{FR} fließen würde und wird demzufolge Faradayscher Gleichrichtungsstrom I_{FR} genannt.

Gegenüber der direkten Messung von E_{FR} wird bei I_{FR}-Messungen das jeweilige Konzentrationsverhältnis c an der Elektrode durch Variation von E_m eingestellt.

Grundsätzlich gilt, daß jede periodische Polarisationsspannung (Sinus-, Rechteck-, Dreieckspannung) an der Arbeitselektrode infolge der Nichtlinearität des Elektroden-

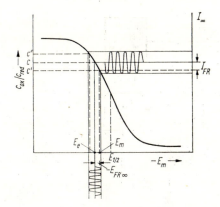

Abb. 3.24. Schematische Darstellung der Entstehung des Faradayschen Gleichrichtungseffektes

vorganges eine Gleichrichtungsspannung bzw. einen Gleichrichtungsstrom erzeugt. Gleichrichtungseffekte treten bei reversiblen und irreversiblen Elektrodenprozessen auf, weil Hin- und Rückreaktion immer Unterschiede aufweisen, wenn eine der folgenden Ungleichungen erfüllt ist:

$$C_{ox} \neq C_{red}; \quad D_{ox} \neq D_{red}; \quad \alpha \neq 1 - \alpha.$$

Dem ausgeprägt nichtlinearen Zusammenhang zwischen Strom und Potential bei Faradayschen Elektrodenvorgängen steht ein im wesentlichen linearer Zusammenhang zwischen kapazitivem Strom und Potential gegenüber. Aus diesem Grund sind voltammetrische Methoden, die den Faradayschen Gleichrichtungseffekt nutzen, nur geringfügig mit kapazitiven Störsignalanteilen behaftet. Dadurch ist die Möglichkeit gegeben, einerseits sehr kleine Konzentrationen in der Spurenanalytik zu bestimmen und andererseits bei der Untersuchung elektrodenkinetischer Probleme hochfrequente Polarisationswechselspannungen (bis in den MHz-Bereich) anzuwenden und damit sehr schnelle Teilschritte von Elektrodenreaktionen zu studieren.

Die Hochfrequenz- oder Radiofrequenzpolarographie nutzt die Messung von I_{FR} für analytische Zwecke (*Barker*, 1954; *Wolff* und *Nürnberg*, 1967; *Brocke* und *Nürnberg*, 1967).

Die Basis für den Hochfrequenzpolarographen (*Barker*, 1958b) bildet der Square wave-Polarograph. Abb. 3.25 gibt das Blockschaltbild des Hochfrequenzpolarographen nach *Barker* wieder. Der Hochfrequenzgenerator liefert eine einstellbare Sinusspannung im Frequenzbereich 0,1 bis 6,4 MHz, die in einem abgestimmten Verstärker und Modulator mit der vom Square wave-Polarographen stammenden Rechteckspannung von 225 Hz zu 100% amplitudenmoduliert wird. Damit wird eine Polarisationsspannung aus Hf-Impulspaketen mit der Halbperiode ϑ (1/450 s = 2,22 ms) erhalten (s. a. Abb. 3.26b)). Über einen Koppelkondensator oder besser ein Hochpaßfilter wird die Polarisationsspannung durch ein Relais an die Quecksilbertropfelektrode angelegt. Das vom Square wave-Polarographen gesteuerte Relais bewirkt, daß die Quecksilbertropfelektrode nur während der Zeit t_f mit der hochfrequenten Sinusspannung beaufschlagt ist (vgl. Abb. 3.26a). Dadurch werden die Erwärmung der Meßlösung und das Auftreten hoher Stromdichten beim Tropfenbeginn vermieden. Die kapazitive bzw. über ein Hochpaßfilter vorgenommene Einspeisung der Polarisationsspannung verhindert, daß der Gleichrichtungsstrom in den Wechselstromkreis gelangt. Demgegen-

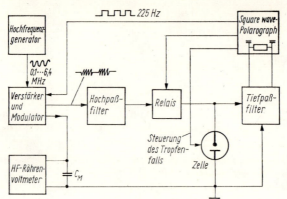

Abb. 3.25. Blockschaltbild des Hochfrequenzpolarographen nach *Barker*

über bewirkt das Tiefpaßfilter zwischen Meßzelle und Square wave-Polarograph, daß der Faradaysche Gleichrichtungsstrom von der hochfrequenten Wechselspannung abgetrennt wird. Der Faradaysche Gleichrichtungsstrom hat dieselbe Frequenz wie die HF-Impulsfolge (225 Hz) und kann somit vom Square wave-Polarographen als Wechselstrom registriert werden. Die Amplitude V_0 der HF-Impulse über der Phasengrenze Elektrode//Lösung kann nach Gl. (3.35) aus dem gemessenen Spannungsabfall V_M

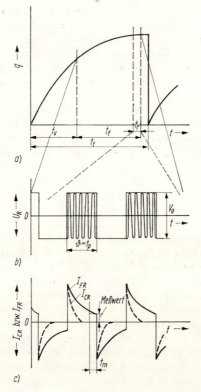

Abb. 3.26. Schematische Darstellung des Verlaufs der Signale in der Hochfrequenzpolarographie
a) Oberfläche-Zeit-Verlauf der QTE; b) amplitudenmodulierte HF-Polarisationsspannung; c) Verlauf des Faradayschen Gleichrichtungsstromes I_{FR} und des Kapazitätsgleichrichtungsstromes I_{CR}.
t_l: Gesamtzeit, in der die QTE mit HF-Spannung polarisiert wird; $t_m = t_p - (11/12)t_p$

über den Kondensator C_M und aus der differentiellen Doppelschichtkapazität C_D der Elektrode berechnet werden:

$$V_o = V_M \frac{C_M}{C_D} . \qquad\qquad (3.35)$$

Der Tropfenfall der Quecksilbertropfelektrode wird vom Square wave-Polarographen synchronisiert. Gleichzeitig liefert dieser auch die linear ansteigende Gleichspannung.

Die Abb. 3.26 gibt schematisch den Verlauf der Signale in der Hochfrequenzpolarographie wieder. Nach der Verzögerungszeit t_v (≈ 1 s) wird während der Zeit t_f ($\approx 1,5$ s) die Quecksilbertropfelektrode mit der HF-Spannung polarisiert. Dabei findet die Polarisation nur über die Polarisationszeit t_p statt, die der Halbperiode ϑ der Rechteckimpulse (2,22 ms) gleicht. Das Signal I_{FR} wird innerhalb der Meßzeit t_m gewonnen, die $1/12\vartheta$ (0,185 ms) am Ende des polarisierenden Pulses beträgt.

Auf Grund der geringen Nichtlinearität der Doppelschichtkapazität fließt auch ein geringfügiger Kapazitätsgleichrichtungsstrom I_{CR}, der von I_{FR} abgetrennt werden muß. Das Signalbild (Abb. 3.26c) läßt den unterschiedlichen zeitlichen Verlauf von I_{CR} und I_{FR} erkennen, der zur Trennung beider Signale ausgenutzt wird. Durch Messung von I_{FR} am Ende des HF-Paketes ($1/12\vartheta$) wird der schneller als I_{FR} abklingende Kapazitätsgleichrichtungsstrom I_{CR} eliminiert.

Das Polarogramm ist in der Hochfrequenzpolarographie nicht so einfach zu deuten, weil mehrere Parameter seine Gestalt bestimmen. Nach der von *Barker* eingeführten normierten Darstellung (Abb. 3.27) wird auf der Abszisse der Parameter P und auf der Ordinate der Parameter S, eine dem Gleichrichtungssignal I_{FR} proportionale

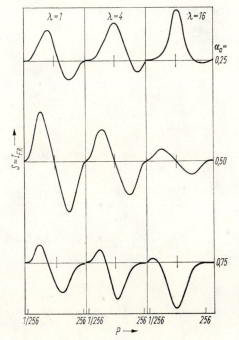

Abb. 3.27. Normierte Hochfrequenzpolarogramme. Weitere Erklärungen im Text

Größe, aufgetragen:

$$P = \exp\left(E_m - E_{1/2}\right) \frac{zF}{RT},$$ (3.36)

$$S = \frac{RT E_{FR}}{zF V_0^2} \frac{P}{(1 + P)^2}.$$ (3.37)

Zur Bedeutung von S sei auf Abschn. 4.1. (Hochfrequenzpolarographie) verwiesen. Weiterhin wird die Form des Polarogrammes von dem dimensionslosen Parameter $\lambda = k_{1/2}^{-1} \sqrt{\omega D_{ox}}$ und dem scheinbaren (apparenten) Durchtrittsfaktor α_a bestimmt. Die Größe $k_{1/2}$ ist die Geschwindigkeitskonstante der Durchtrittsreaktion beim Halbstufenpotential $E_{1/2}$ der entsprechenden gleichstrompolarographischen Stufe.

In Abb. 3.27 sind mögliche Polarogrammformen in Abhängigkeit von λ und α_a dargestellt. Im Falle von $\alpha_a = 0.5$ und $\lambda = 1$ hat das Hochfrequenzpolarogramm die Form der 2. Ableitung einer gleichstrompolarographischen I-E-Kurve. Aus der Gestalt des Polarogrammes läßt sich somit qualitativ ablesen, wie der Elektrodenprozeß kinetisch beeinflußt ist.

Praktisch zeichnet in der Hochfrequenzpolarographie der Square wave-Polarograph den hochfrequenzpolarographischen Strom I_{HF} gegen das mittlere Elektrodenpotential $-E_m$ auf. I_{HF} ist der Mittelwert aus den integrierend gespeicherten I_{FR}-Werten, die innerhalb der Meßzeit t_m gewonnen werden. Bei dieser Aufzeichnungsart besteht das HF-Polarogramm aus einem positiven und einem negativen Peak oder aus einem von beiden. Entspricht das Polarogramm exakt der 2. Ableitung einer I-E-Kurve, gibt der Schnittpunkt mit der Abszisse das Halbstufenpotential an (Abb. 3.28). Erscheint nur ein positiver oder negativer Peak, liegt das Peakmaximum bzw. Peakminimum beim Halbstufenpotential. In allen anderen Fällen stimmen weder die Peakspitzenpotentiale noch die Abszissenschnittpunkte mit $E_{1/2}$ überein.

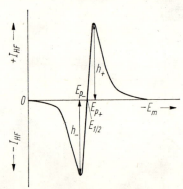

Abb. 3.28. Schematische Darstellung eines registrierten Hochfrequenzpolarogrammes

Zur quantitativen Analyse wertet man den hochfrequenzpolarographischen Peakspitzenstrom aus. Stark vereinfacht gilt die Beziehung:

$$I_{HF} = \frac{z^2 F^2}{4RT} K(-E_{FR}) c_{ox}.$$ (3.38)

Die Konstante K enthält eine Vielzahl von Größen, die aus Gl. (4.48) zu entnehmen sind.

Praktisch wertet man HF-Polarogramme nicht nach Gl. (3.38) aus, sondern man trägt – wie in der Polarographie üblich – die Peakhöhen h_+ bzw. h_- (s. Abb. 3.28) gegen die Konzentration auf. Da HF-Polarogramme frequenzabhängig sind, muß die Frequenz bei quantitativen Analysen konstant gehalten werden.

Mit der HF-Polarographie lassen sich Depolarisatorkonzentrationen bis etwa 10^{-8} m für reversible und bis etwa 10^{-7} m für irreversible Systeme bestimmen. Die um eine Zehnerpotenz höhere Empfindlichkeit der HF-Polarographie gegenüber der Square wave-Polarographie ist unter anderem darauf zurückzuführen, daß die störende Kapillarresponse, die in I_{CR} enthalten ist, eliminiert ist. Der Kapillareffekt ist als veränderliche Kapazität elektronisch gesehen ein lineares Bauelement und liefert kaum einen Faradayschen Gleichrichtungseffekt. Experimentell mit der HFP ermittelte Erfassungsgrenzen gibt *Kuhnhardt* (1973) an. Die obere Grenzkonzentration ist durch die Bedingung

$$c \leqq \frac{2}{z^2} \cdot 10^{-4} \ [\text{mol/l}] \tag{3.39}$$

festgelegt, die für Elektrodenprozesse gilt, die bei Meßzeiten $t_m \geqq 10^{-3}$ s reversibel sind.

Die lineare Konzentrationsabhängigkeit hochfrequenzpolarographischer Peaks erfordert, daß auch folgende Bedingungen eingehalten werden:

1. Zwischen der Faradayschen Impedanz und der Doppelschichtkapazität soll die Beziehung

$$Z_F \gg \frac{1}{\omega C_D} \tag{3.40}$$

gelten, damit der polarisierende Wechselstrom praktisch ganz über die Doppelschicht fließt. Die an der Phasengrenze anliegende Wechselspannungsamplitude ist dann durch

$$V_0 = I_- \frac{1}{\omega C_D} \tag{3.41}$$

gegeben.

2. Für analytische Messungen ist die Gültigkeit von Gl. (3.41) insofern wichtig, da nur dann Proportionalität zwischen Gleichrichtungssignal und Depolarisatorkonzentration besteht, wenn V_0 konzentrationsunabhängig ist.

3. Zwischen I_{FR} und V_0 besteht die Beziehung

$$I_{FR} = K' V_0^2, \tag{3.42}$$

die nur eingehalten wird, wenn $V_0 \leqq RT/zF$ ist. Demzufolge können an die QTE nicht beliebig große Wechselspannungsamplituden angelegt werden. Experimentell konnte nachgewiesen werden, daß für analytische Untersuchungen bei einer Frequenz von $f = 100$ kHz V_0-Werte von maximal 50 bis 60 mV, in Einzelfällen bis 200 mV, zulässig sind, ohne daß Aufheizerscheinungen an der QTE zu beobachten sind (*Kuhnhardt*, 1973).

Die Tatsache, daß ein elektrochemischer Vorgang in der HFP durch einen positiven und einen negativen Peak bzw. einen von beiden angezeigt ist, bietet für die analytische Praxis mehr Meßmöglichkeiten. Darüber hinaus wächst auch das Auflösungsvermögen für aufeinanderfolgende Elektrodenvorgänge.

3.4.   Spezielle Methoden

3.4.1.   Elektrosorptionsanalyse

Durch Elektrosorptionsanalyse mit der Wechselstrompolarographie – von *Breyer* auch als Tensammetrie bezeichnet – lassen sich zahlreiche organische Stoffe (Tenside) durch Adsorption an der Phasengrenze Elektrode // Elektrolyt bestimmen.

Da die Elektrosorptionsanalyse von organischen Substanzen zu einem umfangreichen Spezialgebiet geworden ist, muß der Interessent auf die Fachliteratur, insbesondere auf die ausgezeichnete Monographie von *Jehring* (1974) verwiesen werden. Hier kann die Methode nur vom Prinzip her kurz gestreift werden.

Organische Molekeln werden durch Wechselwirkungskräfte, wie sie an ungeladenen und schwach geladenen Elektroden herrschen, an deren Oberfläche adsorbiert. Dabei nimmt die Dielektrizitätskonstante der elektrochemischen Doppelschicht (Kondensator) ab und der Ladungsabstand vergrößert sich. Die Folge ist eine Kapazitätserniedrigung der Doppelschicht.

Registriert man Kapazitäts-Potential-Kurven (C-E-Kurven) bei Elektrosorption organischer Substanzen an der Elektrodenoberfläche, so findet man eine vom Bedeckungsgrad Θ der Elektrode abhängige Kapazitätserniedrigung. Beim Potential maximaler Adsorption E_{ad} erreicht die Kapazitätserniedrigung ihren größten Wert und geht bezogen auf E_{ad} in positiver und negativer Richtung zurück. Neben diesem Kapazitätsminimum zeigen die C-E-Kurven auch Kapazitätsmaxima, die das Adsorptionsgebiet eingrenzen. Sie werden durch Zusatzkapazitäten verursacht, die sich der Kapazitätserniedrigung überlagern und in der C-E-Kurve dort auftreten, wo sich der Bedeckungsgrad mit dem Potential ($d\Theta/dE$) am stärksten ändert. Das Wechselstrompolarogramm zeigt bei Elektrosorption einer organischen Verbindung einen Adsorptions- und einen Desorptionspeak, zwischen denen das Adsorptionsgebiet liegt (Abb. 3.29a). Mit zunehmender Konzentration verschieben sich das Adsorptions- und das Desorptionspotential (E_+ bzw. E_-) zu positiven bzw. negativen Werten. Die Peakhöhen steigen an, und die Kapazitätserniedrigung nimmt ebenfalls zu, nähert sich aber für hohe Konzentrationen einem Grenzwert. Die Tropfzeit der QTE hat keinen Einfluß auf die Peaks, wenn die Tensidkonzentration relativ groß ist ($c > 10^{-4}$m). In Lösungen mit niedrigen Konzentrationen wirkt sich eine Tropfzeitverlängerung wie eine Konzentrationserhöhung aus. Ad- und Desorptionspeaks verschwinden bei hohen Frequenzen der Wechselspannung, weil eine Frequenzerhöhung die Zusatzkapazität vermindert.

Bei Anwesenheit mehrerer grenzflächenaktiver Stoffe in der Lösung tritt entweder Mischadsorption oder Adsorptionsverdrängung auf. Im ersten Fall erscheinen die Kapazitätsmaxima aller Tenside oder überlagerte gemeinsame Maxima; im zweiten Fall wird der Partner A aus der Adsorptionsschicht verdrängt und nur B liefert Kapazitätsmaxima.

Potentialabhängige Strukturänderungen können im Adsorptionsgebiet auf Grund von Kapazitätsänderungen Peaks hervorrufen. Ein Beispiel dafür ist die Umorientierung von Molekeln (Abb. 3.29b).

Zur quantitativen Stoffbestimmung wird die Höhe des Ad- oder Desorptionspeaks oder die Kapazitätserniedrigung in Abhängigkeit von der Konzentration aufgetragen und aus der so erhaltenen Eichkurve die unbekannte Konzentration ermittelt. Die Eichkurven verlaufen oft nicht linear. Deshalb ist die Eichzusatzmethode meist nicht anwendbar.

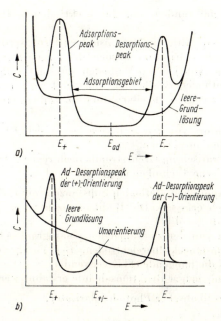

Abb. 3.29. Kapazitäts-Potential-Kurven. (Elektrosorptionsanalyse mit Wechselstrompolarographie)
a) schematische Darstellung von Ad- und Desorptionspeak; b) Kapazitäts-Potential-Kurve bei Orientierung in der Adsorptionsschicht (nach *Jehring*, 1974)

Die Erfassungsgrenze für Tenside liegt etwa bei 10^{-6} m (Tropfzeit der QTE 1 bis 3 s). Empfindlichkeitssteigerungen sind durch langsam tropfende Elektroden, stationäre Quecksilberelektroden und empfindlichere Meßtechniken (Oberwellenwechselstrompolarographie, SWP, HFP, PP) möglich.

Die Elektrosorptionsanalyse bietet auch die Möglichkeit, die Molmasse wasserlöslicher Makromoleküle zu bestimmen. Mitunter sind die Potentiale der Desorptionspeaks von Makromolekülen konzentrationsunabhängig, aber abhängig von der Molmasse (*Jehring*, 1974).

3.4.2. Photopolarographie

Das Wesen dieser Methode besteht darin, daß der Depolarisator durch kontinuierliche Einstrahlung von Licht oder durch einen Lichtblitz erzeugt wird und für die Dauer der Lichteinstrahlung in einen stationären Zustand übergeht, in dem er polarographisch erfaßt wird (*Berg*, 1960a bis e, 1967). Nach Erlöschen der Lichteinwirkung kann der Photodepolarisator wieder verschwinden, was insbesondere nach Blitzbestrahlung zutrifft, so daß der Ausgangszustand wieder hergestellt wird.

Die Bestrahlung der Substanz wird mit UV-Licht vorgenommen, was eine spezielle Kombination von Bestrahlungseinrichtung und Meßzelle erfordert. Konstruktive Details hat *Berg* (1964) beschrieben. Hier sei nur so viel gesagt, daß die Meßzelle aus Quarz gefertigt und wassergekühlt sein muß. Als Lichtquelle für kontinuierliche Bestrahlungen dient ein Quecksilberhochdruckbrenner. Bei Blitzbestrahlungen werden mit edelgasgefüllten Entladungsröhren Energien von 60 bis 6000 Joule übertragen.

Nach der Bestrahlung muß die Lösung schnell durchmischt werden, um den Konzentrationsausgleich zwischen den Gefäßwänden und der Elektrodenoberfläche zu schaffen.

Darüber hinaus muß der Sauerstoff sorgfältig aus der Lösung entfernt werden.

Zur Messung des gebildeten Photodepolarisators werden die Gleichstrompolarographie, die Single sweep-Polarographie, Multi sweep-Methoden und die Oszillopolarographie angewendet. Welche dieser Methoden zweckmäßig eingesetzt wird, hängt von der Lebensdauer des photochemisch erzeugten Depolarisators ab. Dabei gelten etwa folgende Faustregeln:

a) Bei Halbwertszeiten des Depolarisators von $\tau_{1/2} > 15$ min lassen sich DC-Polarogramme in bestimmten Zeitabständen aufnehmen.

b) Wenn $\tau_{1/2} > 15$ s ist, wird potentiostatisch im Grenzstrombereich registriert.

c) Für $\tau_{1/2} < 15$ s müssen oszillographische Techniken eingesetzt werden.

Generell lassen sich mit den polarographischen Methoden Substanzen mit Halbwertszeiten bis in den Nanosekundenbereich erfassen. Die Radikalkonzentration je Blitz liegt etwa in der Größenordnung von 10^{-5} mol/l.

Als Meßelektroden dienen abhängig von der zu wählenden polarographischen Methode schnelltropfende oder strömende Quecksilberelektroden. Bei Voranreicherung des Photodepolarisators wird ebenfalls die hängende QTE verwendet.

Im folgenden sollen noch kurz die möglichen Reaktionsabläufe erwähnt werden:

a) Durch Photoreaktion entsteht ein radikalischer Photodepolarisator.

$$A \xrightarrow{h\nu} A^*.$$

b) Es existiert ein phototropes Gleichgewicht mit nachfolgender elektrochemischer Durchtrittsreaktion.

$$A + B \underset{}{\overset{h\nu}{\rightleftharpoons}} C + D,$$
$$D + z\,e^- \rightarrow D^{z^-}.$$

Da D photochemisch nachgeliefert wird, ist ein photokinetischer Strom zu beobachten. Als Photogegenreaktion kann der Vorgang

$$D^{z^-} \xrightarrow{h\nu} D + z\,e^-$$

ablaufen.

c) Der Durchtrittsreaktion ist eine Photoreaktion nachgelagert.

$$D + z\,e^- \rightarrow D^{z^-},$$
$$D^{z^-} \xrightarrow{h\nu} E.$$

Gegenüber den spektroskopischen Methoden bietet die Photopolarographie Vorteile, wenn intensiv gefärbte Lösungen zu messen sind. Die Nachweisgrenze für Radikalkonzentrationen dürfte bei beiden Methoden ähnlich sein. Für den Nachweis von Radikalen mit sehr kurzer Lebensdauer ist die Spektroskopie zweifelsohne um Zehnerpotenzen empfindlicher.

3.4.3.   Inverse Voltammetrie

Die einfache Handhabung und hohe Empfindlichkeit hat die inverse Voltammetrie zu einer häufig angewendeten Methode in der modernen Spurenanalyse werden lassen. Ihre methodische Entwicklung begann Ende der fünfziger Jahre nahezu gleichzeitig in den USA, in verschiedenen europäischen Ländern und der UdSSR (*Nikelly*, 1957; *DeMars*, 1957; *Kalvoda*, 1957; *Kemula*, 1958, 1959; *Sinjakova*, 1960; *Vinogradova*, 1960; *Stromberg*, 1960; *Neeb*, 1959).

Wissenschaftstheoretische Untersuchungen (*Orient*, 1975) belegen anhand von 978 Publikationen im Zeitraum von 1954 bis 1971 für die Jahre von 1956 bis 1968 einen exponentiellen Verlauf, der in der Folgezeit in einen Sättigungswert einmündet. Inzwischen sind eine Monographie (*Neeb*, 1969) und umfassende Übersichtsartikel (*Monien*, 1970a, b, 1971; *Drescher*, 1974) erschienen, die für das vertiefte Eindringen in die Methode zur Verfügung stehen.

Die inverse Voltammetrie ist durch eine Anreicherungselektrolyse für den zu bestimmenden Stoff an einer stationären Elektrode kleiner konstanter Oberfläche bei konstantem Potential und Wiederauflösung der gebildeten Elektrolyseprodukte gekennzeichnet. Registriert wird die Stromspannungskurve des Wiederauflösungsvorganges, der in umgekehrter Richtung zur Elektrolyse abläuft.

Der entscheidende Vorgang in der inversvoltammetrischen Arbeitstechnik ist die Anreicherung des zu bestimmenden Stoffes an der Elektrode, während die nachfolgende Wiederauflösung des vorher abgeschiedenen Depolarisators mit beliebigen polarographischen und voltammetrischen Methoden (DCP, ACP, SWP, PP und DPP, Single sweep- und Oszillopolarographie, Chronopotentiometrie u. a.) beobachtet werden kann. Neben der DCP gewinnt in letzter Zeit die DPP als Bestimmungsmethode zunehmend an Bedeutung (s. Abschn. 7.). Gegenüber der klassischen Gleichstrompolarographie liefert die inverse DCP mit Voranreicherung bei gleichbleibendem Grundstrom bis zu 3 Zehnerpotenzen größere Faradaysche Ströme. Durch die weitaus empfindlichere Detektion mit der DPP wird der ppb-Bereich erschlossen.

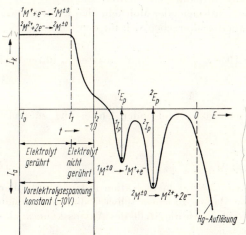

Abb. 3.30. Gesamtstromverlauf einer inversvoltammetrischen Bestimmung (Erläuterung im Text)

Abb. 3.30 zeigt den Gesamtstromverlauf am Beispiel der Bestimmung zweier Metallkationen. Der linke Teil des Diagrammes gibt den Anreicherungsvorgang wieder, während der rechte die inversvoltammetrische Bestimmung darstellt. Zur Zeit t_0 wird die Meßzelle an die Vorelektrolysespannung von $-1{,}0$ V angeschlossen und die Lösung bis zum Zeitpunkt t_1 elektrolysiert (Vorelektrolysezeit). Darauf folgt eine Ruheperiode bis t_2, in der der katodische Stromfluß bis auf einen kleinen Betrag abfällt; denn der

Elektrolyt wird nicht mehr gerührt. Durch Einschalten eines Gleichstrompolarographen wird nun der Spannungsbereich von $-1,0$ bis 0 V durchfahren und die anodische Auflösung der Elektrolyseprodukte registriert. Das erhaltene Polarogramm wird durch die Spitzenpotentiale E_P und die Spitzenstromstärken I_P der Peaks der vorliegenden Ionen charakterisiert. Zwischen der Spitzenstromstärke I_P und der Konzentration c des zu bestimmenden Ions in der Lösung besteht bei konstanten Anreicherungsbedingungen lineare Abhängigkeit. Unbekannte Metallionengehalte lassen sich über Eichkurven oder mittels Eichzusatzmethode bestimmen. Simultanbestimmungen mehrerer Kationen verlangen eine Spitzenpotentialdifferenz $\Delta E_P > 150$ mV.

Die inverse Voltammetrie mit linearer Spannungsänderung ist wegen ihrer einfachen Instrumentierung am verbreitetsten. Als Arbeitselektrode können neben der hängenden Quecksilbertropfenelektrode (HQTE), Kohlepaste- und Glaskohlenstoffelektroden, Metallelektroden oder verschiedene Metallfilmelektroden verwendet werden, auf die im Abschn. 5.1. näher eingegangen wird.

Wie in der Gleichstrompolarographie üblich, wird eine großflächige, unpolarisierbare und durch den Elektrolysestrom belastbare Gegenelektrode mit der Arbeitselektrode zur polarographischen Zelle verbunden. Eine Referenzelektrode wird bei potentiostatischer Elektrolyse und Aufnahmetechnik eingeführt.

Bei Anwendung der Gleichstrommethode sollte der eingesetzte Polarograph sowohl den konstanten Elektrolysestrom liefern als auch das Polarographieren von negativen zu positiven Potentialen gestatten. Ein gesonderter Elektrolysestromkreis ist meist beim Einsatz anderer Aufnahmetechniken als der DCP erforderlich. Sinnvoll ergänzt wird jede polarographische Anordnung durch einen Zeitkreis, der nach entsprechender Zeitvorwahl die Anreicherungselektrolyse beendet und nach Ablauf der eingestellten Ruheperiode den Polarographen zur Aufnahme einschaltet.

Abhängig von den zu bestimmenden Ionen oder Molekeln, den Elektrodenreaktionen und dem verwendeten Elektrodenmaterial ergeben sich für den Anreicherungsvorgang verschiedene Möglichkeiten:

1. Reduktion zum Metall an der HQTE oder an Kohleelektroden unter Bildung von Amalgamen bzw. Metallfilmen

$$M^{n+} + n\,e^- \rightarrow M^{\pm 0}.$$

2. Wertigkeitswechsel des Kations mit nachfolgender Umsetzung zu einer schwerlöslichen Verbindung

$$M^{n+} \mp m\,e^- \rightarrow M^{(n \pm m)+},$$

$$M^{(n \pm m)+} + (n \pm m)\,A^- \rightarrow MA_{(n \pm m)} \downarrow.$$

Das durch Reduktion oder Oxydation gebildete Kation mit neuer stabiler Wertigkeitsstufe setzt sich mit einem Anion zu einer schwerlöslichen Verbindung um, z. B. mit OH^--Ionen zu Hydroxiden. An die Stelle des Anions kann auch ein organischer Komplexbildner RH treten.

$$M^{(n \pm m)+} + (n \pm m)\,RH \rightarrow MR_{(n \pm m)} \downarrow + (n \pm m)\,H^+.$$

3. Oxydation des Elektrodenmaterials und Reaktion mit Anionen

$$M^{\pm 0} \rightarrow M^{n+} + n\,e^-,$$

$$M^{n+} + A^{n-} \rightarrow MA \downarrow.$$

Durch anodische Oxydation von Quecksilber oder Silber lassen sich alle die Ionen bestimmen, die als schwerlösliche Verbindungen an der Elektrodenoberfläche angereichert werden können. Organische Verbindungen mit aktiven Thiogruppen sind auf diesem Wege ebenfalls der Bestimmung zugänglich.

4. Adsorption an der Elektrode

Organische Molekeln können an der Oberfläche von Quecksilber- und Silberelektroden adsorbiert werden. Sind sie elektrochemisch aktiv, ist anschließend ihre voltammetrische Bestimmung möglich.

$$HR_{Lsg} \rightarrow HR_{Elek, ad} \xrightarrow{\text{Red}} R^-_{Elek, ad} + H^+.$$

Reagieren Ionen aus der Lösung mit den adsorptiv angereicherten Molekeln unter Komplexbildung, so kommt es zu einer beträchtlichen Konzentrationserhöhung der betreffenden Ionen in der Adsorptionsschicht. Die nachfolgende normale voltammetrische Aufnahme (ansteigende negative Spannung) führt zu wesentlich vergrößerten Signalen (*Sohr*, 1966).

$$HR_{Elek, ad} + M^{n+} \rightarrow MR_{Elek, ad} + H^+,$$

$$MR_{Elek, ad} + n \, e^- \rightarrow M^{\pm 0} + R^-_{Elek, ad}.$$

Strenggenommen handelt es sich bei dieser methodischen Variante nicht um inverse Voltammetrie, denn der Bestimmungsvorgang stellt nicht die Umkehrung der Elektrolyse dar. Da aber ein Anreicherungsvorgang bei offenem Stromkreis oder bei konstantem Potential vorgenommen wird, ordnet man diese Bestimmungsart der Inversvoltammetrie zu.

5. Indirekte Verfahren

Die indirekte inversvoltammetrische Bestimmung eines Elementes ist an eine chemische Reaktion gebunden, bei der ein durch Inversvoltammetrie erfaßbares Ion freigesetzt wird. Am bekanntesten sind Verdrängungsreaktionen aus Komplexen:

$$M^{n+} + MR^{2-} \rightarrow M^{m+} + MR^-,$$

$$M^{m+} + m \, e^- \rightarrow M^{\pm 0}.$$

Voraussetzung dafür ist ein genügend großer Unterschied der Stabilitätskonstanten der beteiligten Komplexe. Stöchiometrische Umsetzungen sind erwünscht, aber nicht Bedingung, weil in jedem Fall geeicht werden muß.

Weiter ist die indirekte Bestimmung eines Kations oder Anions dadurch möglich, daß es mit einem inversvoltammetrisch erfaßbaren Anion bzw. Kation zu einer schwerlöslichen Verbindung oder einem elektrochemisch inaktiven Komplex umgesetzt und der verbleibende Restgehalt nach Anreicherung voltammetriert wird.

$$M^+ + A^- \rightarrow MA \downarrow,$$

$$M^+_{Rest} + e^- \rightarrow M^{\pm 0}.$$

Nachweisvermögen und Reproduzierbarkeit der Inversvoltammetrie werden von einer Reihe Faktoren beeinflußt. Entscheidend ist in dieser Hinsicht die sorgfältige Wahl der Anreicherungsbedingungen und ihre Einhaltung bei wiederholten Messungen. Das Vorelektrolysepotential wird in der Regel um 0,2 bis 0,4 V negativer als das Halbstufenpotential des zu bestimmenden Elementes gewählt. Um optimale Spitzenströme zu erzielen, muß die Abhängigkeit zwischen Spitzenstromstärke und Vorelektrolysepotential genauer untersucht werden. Potentiostatische Vorelektrolyse wirkt sich günstig auf die Reproduzierbarkeit aus.

Einen wesentlichen Faktor im Anreicherungsprozeß stellt natürlich die stabile, reproduzierbare Arbeitselektrode dar. Überhaupt ist auf eine stabile Elektrodenanordnung (insbesondere der Arbeitselektrode) gegenüber der Rührvorrichtung in der Meßzelle zu achten. Da die Anreicherung an der HQTE durch Rühren gefördert wird, sollte unbedingt der Einfluß der Rührgeschwindigkeit auf den Abscheidungsprozeß bekannt sein.

Die Vorelektrolysedauer muß der zu bestimmenden Konzentration angepaßt werden. In der Regel reichen 1 bis 5 min aus. Vorelektrolysezeiten bis 120 min bleiben Sonderfällen vorbehalten. Bei derartig extremen Anreicherungszeiten muß ein merklicher Blindwertanstieg einkalkuliert werden, falls nicht besonders hochreine Leitelektrolyte eingesetzt werden.

Wie allgemein in der Polarographie sind Konzentration und Zusammensetzung der Grundlösung für die zu bestimmenden Ionen zu optimieren. Der Senkung des Blindwertes mittels besonders gereinigter Leitsalze muß entsprechende Aufmerksamkeit geschenkt werden.

Obwohl Temperaturerhöhung zu einer größeren Anreicherung an der Arbeitselektrode führt, wird meist bei Zimmertemperatur gearbeitet, um Verdunstungsverluste der Lösung zu vermeiden.

Bei Einhaltung der geschilderten Arbeitsbedingungen werden mit der inversen Voltammetrie Erfassungsgrenzen von 10^{-7} bis 10^{-8} g-Atom/l, bezogen auf 5 min Anreicherungszeit, erreicht.

Störungen inversvoltammetrischer Bestimmungen werden dadurch hervorgerufen, daß abgeschiedene Metalle abhängig von ihrer Löslichkeit im Quecksilber der Arbeitselektrode entweder Amalgame oder unlösliche Kristallite bilden. Die Löslichkeit der Metalle in Quecksilber schwankt stark, etwa von 1 bis 2 Masse-% bis zu 10^{-6} Masse-%. In Quecksilber schwer lösliche Metalle reagieren bevorzugt zu Amalgamen. Scheiden sich an der HQTE beim Anreicherungspotential gleichzeitig mehrere Metalle ab, können intermetallische Verbindungen entstehen, an denen auch Quecksilber beteiligt sein kann. Sie vermindern den Spitzenstrom oder bringen ihn gar zum Verschwinden. Ursache dafür ist die Löslichkeit der intermetallischen Verbindungen im Quecksilber; denn bei Überschreiten ihres Löslichkeitsproduktes fallen sie aus. Es sind deshalb um so größere Störungen zu erwarten, je kleiner das Löslichkeitsprodukt und je größer die Metallionenkonzentration in der Lösung ist. Mit abnehmender Ionenkonzentration in der Lösung treten Störeinflüsse durch Amalgambildung und intermetallische Verbindungen nicht mehr auf.

Sauerstoff muß in der inversen Voltammetrie ebenfalls aus den Lösungen entfernt werden. Seine Reduktion zu OH^--Ionen kann Hydroxid-Niederschläge auf der Elektrode erzeugen, die die Auflösung des zu bestimmenden Metalls behindern, so daß die Stromspannungskurven schlecht ausgeprägt sind.

3.4.4.   Polarographische Mikroanalyse

Bei wissenschaftlichen Untersuchungen stehen häufig nicht beliebig große Substanzmengen für Messungen zur Verfügung. Daraus resultiert der Zwang, mit kleinen Mengen an Untersuchungsmaterial ein Optimum an Informationen zu erreichen. Die polarographische Mikroanalyse ist in diesem Sinne keine spezielle Methode, wohl aber eine besondere Arbeitstechnik, die sich von der Polarographie im Makromaßstab wesentlich unterscheidet.

Mikroanalyse mit polarographischen Methoden bedeutet, in kleinen Volumina zu messen. Dazu werden Mikrozellen und spezielle Kapillaren für die QTE gebraucht. Eine Einteilung der analytischen Arbeitsbereiche nach dem Volumen und den methodenbedingt erfaßbaren Absolutmengen gibt Tab. 4 an.

Tabelle 4

Analytische Arbeitsbereiche und methodenbedingt erfaßbare Absolutmengen

Analytischer Arbeitsbereich	Volumen v_0 [ml]	Methode	Erfassungsgrenze [mol l^{-1}]	Erfaßbare Absolutmenge[1] [mol v_0^{-1}]	[ng]
Makro	5	DCP	10^{-5}	$5 \cdot 10^{-8}$	5000
		SWP	10^{-7}	$5 \cdot 10^{-10}$	50
		DPP	10^{-8}	$5 \cdot 10^{-11}$	5
Halbmikro	0,5	DCP	10^{-5}	$5 \cdot 10^{-9}$	500
		SWP	10^{-7}	$5 \cdot 10^{-11}$	5
		DPP	10^{-8}	$5 \cdot 10^{-12}$	0,5
Mikro	0,05	DCP	10^{-5}	$5 \cdot 10^{-10}$	50
		SWP	10^{-7}	$5 \cdot 10^{-12}$	0,5
		DPP	10^{-8}	$5 \cdot 10^{-13}$	0,05

[1] Bezogen auf eine Molmasse von 100 g.

Beim polarographischen Arbeiten mit kleinen Volumina sind eine Reihe Faktoren zu beachten, die im folgenden kurz behandelt werden sollen:

1. Die Elektrolyse in μl-Mengen führt zu einem merklichen Verbrauch an Depolarisator. Die Aufnahme mehrerer Polarogramme mit einer Zellenfüllung ist in der Regel nicht möglich. Die Konzentrationsänderung in der Analysenlösung ist durch

$$c_t = c_0 \exp\left(-\frac{kt}{zFv_0}\right). \tag{3.43}$$

gegeben. Dabei bedeutet c_t die momentane Konzentration zur Elektrolysezeit t.

2. Die Analysenlösung kann mit dem Gefäßmaterial in Wechselwirkung treten. Einmal besteht die Gefahr, daß die zu bestimmende Substanz teilweise an den Gefäßwänden adsorbiert wird, zum anderen, daß unerwünschte Depolarisatoren aus dem Material der Meßzelle in die Lösung diffundieren.

3. Oberflächenkräfte können die Diffusion des Depolarisators zur QTE behindern. Damit wäre die lineare Abhängigkeit zwischen Diffusionsgrenzstrom und Konzentration nicht mehr erfüllt.
   Auch die Oberflächenspannung des Quecksilbers gegenüber der Lösung ändert sich mit dem anliegenden Potential. Dadurch tritt Gestaltwandel der freien Oberfläche des Bodenquecksilbers ein.

4. Kleine Gegenelektroden können polarisiert werden, wodurch das Polarogramm verfälscht wird.

5. Der Zellenwiderstand darf nicht ansteigen; er soll niedrig bleiben. Das ist besonders dann wichtig, wenn beispielsweise mit der SWP gearbeitet wird.

6. Sekundärprozesse – Reaktionen mit Quecksilber oder Lösungspartnern – können gegenüber dem bekannten Polarogramm in der Makroanalyse Abweichungen hervorrufen.

Als Werkstoffe für mikropolarographische Meßzellen haben sich Quarzglas, Piacryl und Teflon bewährt. Die Zellentypen sind außerordentlich mannigfaltig (*Zagorski*, 1964). Ihre Konstruktion wird vom jeweiligen speziellen Anwendungszweck bestimmt. Günstig ist, wenn die Zelle vollständig mit Analysenlösung gefüllt wird, so daß keine Gasphase vorhanden ist. Dadurch werden unerwünschte Einflüsse von Oberflächen-kräften vermieden. Eine Halbmikrozelle nach *Berg* (1955) zeigt Abb. 5.8b).

Für die QTE sind Spitzkapillaren und kegelförmige Kapillaren, die zugleich als Verschluß der Meßzelle dienen, gut geeignet. Des weiteren werden Smoler-Kapillaren (s. Abschn. 5.1.1.), die seitlich in das Meßgefäß eingeführt werden, angewendet. Hinsichtlich Reproduzierbarkeit der Meßergebnisse wurden mit tropfzeitgeregelten QTE die besten Erfolge erzielt.

Die Forderung, daß die Gegenelektrode nicht polarisiert werden darf, macht die Meßzelle kompliziert. Diaphragmen dürfen den Widerstand der Zelle nicht zu sehr erhöhen und nicht zuviel Elektrolyt aus der Salzbrücke hindurchlassen, weil sonst die Analysenlösung in ihrer Zusammensetzung verändert und eventuell verunreinigt wird. Die Durchflußmenge an Brückenelektrolyt soll 1% des Meßvolumens nicht übersteigen.

Welche polarographische Methode zur Bestimmung eingesetzt wird, ist von der analytischen Aufgabenstellung abhängig. Allgemeine Richtlinien existieren dafür nicht. Die mit verschiedenen Methoden gegebenen Möglichkeiten sind noch nicht systematisch untersucht und miteinander verglichen.

Einsatzgebiete der polarographischen Mikroanalyse bestehen in der Kriminalogie und Archäologie, im Umweltschutz, bei der Untersuchung biologischer Materialien, dünner Schichten und von Korrosionsprodukten. Bei der Untersuchung von Materialien aus den genannten Gebieten kann die Aufgabenstellung für die Mikroanalyse zugleich auch die Durchführung einer Spurenanalyse beinhalten.

4. Theoretische Grundlagen

4.1. Methoden mit linear ansteigender Polarisationsspannung

Gleichstrompolarographie

Für den Diffusionsstrom an der Quecksilbertropfelektrode gilt im nichtstationären Zustand Gl. (2.17), die den von *Ilkovič* für die Diffusionsschichtdicke δ eingeführten Faktor $\sqrt{\dfrac{3}{7}}$ enthält, der der Abnahme der Diffusionsschichtdicke mit dem Tropfenwachstum Rechnung trägt.

Setzt man in Gl. (2.17) für q die Beziehung (3.10) ein, so bekommt man die Ilkovič-Gleichung für den momentanen Strom (4.2), die die Stromstärke in allen Punkten der reversiblen polarographischen Kurve wiedergibt.

$$I_{D,t} = 0{,}85 m^{2/3} t^{2/3} zFD(c - c^0) \sqrt{\frac{7}{3\pi Dt}} , \qquad (4.1)$$

$$I_{D,t} = 0{,}732 zFD^{1/2} m^{2/3} t^{1/6} (c - c^0). \qquad (4.2)$$

Die Größe c^0 ist potentialabhängig. Bei genügend negativen bzw. positiven Potentialen einer Reduktions- bzw. Oxydationsstufe verarmt die Elektrodenoberfläche an Depolarisator, so daß $c_0 = 0$ wird und man aus Gl. (4.2) die Gleichung für den momentanen Diffusionsgrenzstrom erhält.

$$I_{D,gr} = 0{,}732 zFD^{1/2} m^{2/3} t^{1/6} c. \qquad (4.3)$$

In der Regel wird aber nicht der maximale Diffusionsgrenzstrom nach Gl. (4.3) gemessen, sondern der über die Tropfenzacken gemittelte

$$I_{D,gr} = \frac{1}{t_t} \int_0^{t_t} I_{D,gr} \, dt = \frac{6}{7} \cdot 0{,}732 zFD^{1/2} m^{2/3} t_t^{-1} c [t^{7/6}]_0^{t_t}. \qquad (4.4)$$

Durch Ausrechnen von Gl. (4.4) erhält man die Ilkovič-Gleichung für den mittleren Diffusionsgrenzstrom:

$$I_{D,gr} = 0{,}627 zFD^{1/2} m^{2/3} t_t^{1/6} c. \qquad (4.5)$$

Die einzelnen Größen haben folgende Dimensionen: D [cm^2 s^{-1}], m [g s^{-1}], t_t [s], c [mol cm^{-3}], $I_{D,gr}$ [A].

Für die analytische Auswertung registrierter Polarogramme ist es günstig, die Faraday-Konstante in die numerische Größe einzubeziehen:

$$I_{D,gr} = 607 zD^{1/2} m^{2/3} t_t^{1/6} c. \qquad (4.6)$$

Die Dimensionen für die Größen in Gl. (4.6) sind: D [cm^2 s^{-1}], m [mg s^{-1}], t_t [s], c [mmol l^{-1}], $I_{D,gr}$ [μA].

Anhand von Gl. (4.6) lassen sich eine Reihe von Aussagen treffen:

1. Der mittlere Diffusionsgrenzstrom ist potentialunabhängig und proportional der Depolarisatorkonzentration in der Lösung, wenn z, D, m und t_t konstant sind. Die konstanten Größen und der Zahlenfaktor lassen sich als Ilkovič-Konstante $\bar{z}$

$(\bar{\varkappa} = 607zFD^{1/2}m^{2/3}t_t^{1/6})$ zusammenfassen, so daß Gl. (4.6) auch in der Form

$$I_{D,gr} = \bar{\varkappa}c \tag{4.7}$$

geschrieben werden kann.

2. $I_{D,gr}$ ist von den Parametern der Kapillare abhängig. Als Kapillarenkonstante K_{QTE} bezeichnet man die Größe

$$K_{QTE} = m^{2/3}t_t^{1/6}. \tag{4.8}$$

Da die Ausflußrate m von der Quecksilbersäule über der Kapillarenmündung (Höhe des Quecksilberniveaus im Vorratsbehälter) abhängt, gilt auch

$$m = kH. \tag{4.9}$$

Die Tropfzeit der Kapillare ist durch den Quotienten aus Tropfenmasse und Ausflußrate bestimmt.

$$t_t = \frac{m_a}{m}. \tag{4.10}$$

Für K_{QTE} folgt somit:

$$K_{QTE} = (kH)^{2/3}\left(\frac{m_a}{m}\right)^{1/6} = (kH)^{2/3}\left(\frac{m_a}{kH}\right)^{1/6} = k'\sqrt{H}. \tag{4.11}$$

Setzt man Gl. (4.11) in Gl. (4.6) ein, ergibt sich:

$$I_{D,gr} = 607zD^{1/2}k'c\sqrt{H} = k''\sqrt{H}. \tag{4.12}$$

Der mittlere Diffusionsgrenzstrom ändert sich nach Gl. (4.12) bei konstanter Depolarisatorkonzentration linear mit der Wurzel aus der Behälterhöhe. Auf diese Weise können diffusionsbedingte Ströme von anderen unterschieden werden.

3. In Gl. (4.6) lassen sich z, D und der Zahlenfaktor zur Diffusionsstromkonstanten I^* zusammenfassen:

$$I^* = 607zD^{1/2} = \frac{I_{D,gr}}{m^{2/3}t_t^{1/6}c}. \tag{4.13}$$

Wenn I^* bekannt oder berechenbar ist, kann mittels Gl. (4.13) bzw. Gl. (4.14) eine „absolute Konzentrationsbestimmung" – allerdings mit begrenzter Reproduzierbarkeit – vorgenommen werden.

$$c = \frac{I_{D,gr}}{I^*K_{QTE}}. \tag{4.14}$$

4. Aus Gl. (4.6) geht auch hervor, daß $I_{D,gr}$ um so größer wird, je größere Werte der Elektronenumsatz z erreicht.

Trägt man I_D gegen t für den Einzeltropfen auf, erhält man die I-t-Kurve des Momentanstromes, die parabolisch verläuft.

Zur Berechnung von $I_{D,gr}$ braucht man den Diffusionskoeffizienten, der für polarographische Bedingungen (Überschuß an LE) im allgemeinen nicht bekannt ist. Nach *Nernst* läßt sich der Diffusionskoeffizient bei unendlicher Verdünnung D_∞ aus der Formel

$$D_\infty = \frac{RT}{zF^2}\lambda_\infty \tag{4.15}$$

berechnen. Dazu ist die Äquivalentleitfähigkeit bei unendlicher Verdünnung λ_∞ erforderlich. D_∞ stellt allerdings nur einen Näherungswert dar.

Für ungeladene Moleküle läßt sich D nicht nach Gl. (4.15), sondern aus der Stokes-Einstein-Gleichung berechnen.

$$D = \frac{RT}{N_A} \frac{1}{6\pi\eta r}. \qquad (4.16)$$

Der Molekülradius kann aus der Molmasse und der Dichte ermittelt werden.

$$r = \sqrt[3]{\frac{3M}{4\pi N_A d}}. \qquad (4.17)$$

Gl. (4.17) gilt nur für kugelförmige Teilchen, die größer als die Lösungsmittelmoleküle sind.

Andererseits kann natürlich die Ilkovič-Gleichung dazu dienen, „polarographische" Diffusionskoeffizienten zu bestimmen, vorausgesetzt, daß alle übrigen Größen bekannt sind bzw. sorgfältig konstant gehalten werden. *v. Stackelberg* (*Strehlow*, 1951; *v. Stackelberg*, 1953) hat auf diese Weise D-Werte mit der korrigierten Ilkovič-Gleichung gemessen. Die Ergebnisse zeigen, daß der Diffusionskoeffizient meist mit steigender Leitelektrolytkonzentration bzw. Ionenstärke abnimmt. Die D_∞-Werte sind in der Regel größer als die D-Werte unter polarographischen Bedingungen.

Selbstverständlich ist der Diffusionsgrenzstrom temperaturabhängig. Er steigt mit der Temperatur an. In Gl. (4.6) sind D, m und t_t temperaturbeeinflußte Größen. Berechnungen haben ergeben, daß der Temperaturkoeffizient von $I_{D,gr}$ 1,7%/Grad zwischen 20 und 50 °C beträgt. Bei quantitativen Messungen ist es deshalb erforderlich, die Temperatur auf $\pm 0{,}5$ °C konstant zu halten, wenn der Fehler bei der Messung von $I_{D,gr}$ $< 1\%$ sein soll.

Viskositätsabhängige Größen sind D, t und m. Allgemein gilt, daß

$$I_{D,gr} \sqrt{\eta} = \text{konst} \qquad (4.18)$$

ist. Diese Beziehung wurde experimentell mehrfach bestätigt.

Die Ilkovič-Gleichung hat für reversible und irreversible Systeme Gültigkeit.

Ohne daß die Ilkovič-Gleichung an Bedeutung verloren hätte, sind in der Vergangenheit eine Reihe Korrekturen vorgenommen worden, weil einige Annahmen, die von *Ilkovič* bei der Ableitung der Gleichung gemacht worden sind, nicht zutreffen.

So hatte *Ilkovič* postuliert, daß die Krümmung der Elektrodenoberfläche vernachlässigt werden kann und nur die lineare Diffusion berücksichtigt werden muß. Das bedeutet aber, daß die Dicke der Diffusionsschicht gegenüber dem Radius der kugelförmigen Elektrode sehr klein ist. In Wirklichkeit liegt aber sphärische Diffusion vor. Für diesen Fall hat *Koutecky* (1952, 1953) die exakte Gleichung des momentanen Diffusionsstromes und des mittleren Diffusionsgrenzstromes abgeleitet:

$$I_{D,t} = 706zD^{1/2}m^{2/3}t^{1/6}c[1 + 39D^{1/2}m^{-1/3}t^{1/6} \\ + 150(D^{1/2}m^{-1/3}t^{1/6})^2], \qquad (4.19)$$

$$\bar{I}_{D,gr} = 607zD^{1/2}m^{2/3}t_t^{1/6}c[1 + 34D^{1/2}m^{-1/3}t_t^{1/6} \\ + 100(D^{1/2}t_t^{1/6}m^{-1/3})^2]. \qquad (4.20)$$

Weiterhin sind Gleichungen aufgestellt worden, die den Verarmungseffekt berücksichtigen (*Hans*, 1953, 1954). Dabei wird dem Umstand Rechnung getragen, daß die dem ersten Quecksilbertropfen nachfolgenden bereits in eine an Depolarisator verarmte Lösung wachsen.

Die abschirmende Wirkung der Kapillare ist ebenfalls berechnet worden (*Mairanovskij*, 1955).

Für die reversible katodische Stufe haben *Heyrovsky* und *Ilkovič* (1935) folgende Beziehung abgeleitet:

$$E = E^{\ominus} - \frac{RT}{zF} \ln \frac{I_D}{I_{D,gr} - I_D} \sqrt{\frac{D_{ox}}{D_{red}}} \, . \tag{4.21}$$

Da man annehmen kann, daß für die meisten Depolarisatoren die Diffusionskoeffizienten der oxydierten und reduzierten Form gleich sind, folgt:

$$E = E^{\ominus} - \frac{RT}{zF} \ln \frac{I_D}{I_{D,gr} - I_D} \, . \tag{4.22}$$

Gl. (4.22) stellt die einfachste mathematische Formulierung für die reversible katodische Stufe dar. Die Stromstärken zwischen $I_D = 0$ und $I_D = I_{D,gr}$ entsprechen realen Potentialwerten im Polarogramm. Dem Punkt auf der polarographischen Kurve, der durch den Ordinatenwert

$$I_D = \tfrac{1}{2} I_{D,gr} \tag{4.23}$$

gekennzeichnet ist, entspricht auf der Abszisse ein Potentialwert, der Halbstufenpotential $E_{1/2}$ genannt wird. Ersetzt man in Gl. (4.22) I_D durch Gl. (4.23), so folgt

$$E^{\ominus} = E_{1/2} \, . \tag{4.24}$$

Das Halbstufenpotential eines reversiblen Redoxvorganges ist also gleich dem Standard-Redoxpotential, wenn das Reaktionsprodukt nicht mit dem Elektrodenquecksilber zu Amalgam reagiert. Bildet sich dagegen ein Amalgam, erhält man das Standard-Redoxpotential der Amalgamelektrode. Gl. (4.22) läßt sich mit Hilfe von Gl. (4.24) in Gl. (4.25) überführen:

$$E = E_{1/2} - \frac{RT}{zF} \ln \frac{I_D}{I_{D,gr} - I_D} \, . \tag{4.25}$$

In dieser Form gibt die Heyrovsky-Ilkovič-Gleichung die gleichstrompolarographische *I-E*-Kurve wieder.

Aus Gl. (4.25) läßt sich der Diffusionsstrom explizit als Funktion des Potentials ausdrücken:

$$I_D = \frac{I_{D,gr}}{\exp[2\xi] + 1} \, , \tag{4.26}$$

$$2\xi = \frac{zF}{RT}(E - E_{1/2}) \, . \tag{4.27}$$

Unter Zuhilfenahme der Tangens-hyperbolicus-Funktion

$$1 - \tanh\xi = \frac{2}{1 + \exp 2\xi}$$

erhält man schließlich die für die Darstellung und Berechnung günstigste Form der Stromspannungskurve

$$I_D = \frac{I_{D,gr}}{2}(1 - \tanh\xi) \, . \tag{4.28}$$

Trägt man nach Eliminierung aus Gl. (4.28) auf der Ordinate $1 - \tanh \xi$ und auf der Abszisse die Potentialdifferenzen $+(E - E_{1/2})$ bis $-(E - E_{1/2})$ auf, bekommt man die bekannte gleichstrompolarographische Kurve. Aus Gl. (4.28) kann man die 1. Ableitung der I-E-Kurven bilden. Sie lautet:

$$1 - \tanh^2 \xi = 4 \cdot \frac{I_D}{I_{D,gr}} \left(\frac{I_D}{I_{D,gr}} - 1 \right). \tag{4.29}$$

Das Halbstufenpotential ist für jeden Depolarisator eine im gewählten Leitelektrolyten charakteristische Größe. Für einen reversiblen Prozeß ist $E_{1/2}$ in Anwesenheit eines Leitelektrolytüberschusses unabhängig von der Depolarisatorkonzentration, der Kapillarkonstanten, der Tropfzeit und der Stromstärke. Abhängig ist $E_{1/2}$ vom Charakter des Leitelektrolyten, vom pH-Wert der Lösung (vorrangig bei organischen Depolarisatoren), von den Diffusions- und Aktivitätskoeffizienten der reduzierten und oxydierten Form des Depolarisators und von der Temperatur. Ausführliche Untersuchungen über das Halbstufenpotential stammen von *Vlček* (1954).

Bei irreversiblem Verlauf des Elektrodenprozesses nimmt die Steilheit der polarographischen Stufe ab. Anstelle von Gl. (4.25) tritt dann die Beziehung

$$E = E_{1/2, \text{irr.}} + \frac{RT}{\alpha z F} \ln \frac{I_{D,gr} - I_D}{I_D}. \tag{4.30}$$

Für reversible anodische I-E-Kurven hat Gl. (4.31) Gültigkeit:

$$E = E_{1/2} - \frac{RT}{zF} \ln \frac{I'_{D,gr} - I_D}{I_D}. \tag{4.31}$$

Rein anodische Stufen liegen unter der Null-Linie des Registriergerätes. Der anodische Diffusionsgrenzstrom ist in Gl. (4.31) durch Strich gekennzeichnet.

Die I-E-Kurve reversibler anodisch-katodischer Stufen ist durch

$$E = E_{1/2} + \frac{RT}{zF} \ln \frac{I_{D,gr} - I_D}{I_D - I'_{D,gr}} \tag{4.32}$$

bestimmt. Sie stellt die allgemeinste Gleichung für jedes reversible Redoxsystem dar, aus der sich der jeweilige Spezialfall (katodische oder anodische Stufe) ableiten läßt.

Single sweep-Polarographie

Für den elektrolytischen Strom in der Single sweep-Polarographie gilt die Randles-Sevčik-Gleichung (*Randles*, 1948; *Sevčik*, 1948). Danach ist die Peakspitzenstromstärke für streng reversible Elektrodenreaktionen durch

$$I_P = 2{,}69 \cdot 10^5 q z^{3/2} D^{1/2} v^{1/2} c \tag{4.33}$$

gegeben. Für die einzelnen Größen gelten folgende Dimensionen: I_P [A], q [cm^2], D [cm^2 s^{-1}], v [V s^{-1}], c [mol cm^{-3}]. Die Konstante $k_1 = 2{,}69 \cdot 10^5$ (für 25 °C) berechnete *Matsuda* (1955) für eine einfache Reaktion mit Produkten, die im Quecksilber oder im Elektrolyten löslich sind.

Bei der Ableitung von Gl. (4.33) wurde lineare Diffusion vorausgesetzt, so daß die Gleichung strenggenommen nur für planare Elektroden gilt. Wenn aber die Elektrolyse nur wenige Sekunden dauert, wie es bei der Single sweep- und den Multi sweep-Methoden der Fall ist, tritt der Unterschied zwischen linearer und spärischer Diffusion nicht hervor. Experimentelle und nach Gl. (4.33) berechnete Ergebnisse stimmen gut überein.

Der Peakspitzenstrom steigt mit der Spannungsanstiegsrate an. Jedoch läßt sich die Empfindlichkeit durch zunehmend größere Werte von v nicht beliebig erhöhen, weil sich damit das Nutz-/Störsignal-Verhältnis verschlechtert. Das Verhältnis I_F/I_C ist um so besser, je kleiner v ist.

Die Konzentrationsproportionalität des Peakspitzenstromes erstreckt sich in der Single sweep-Polarographie von 10^{-2} bis 10^{-6} m.

Unter Berücksichtigung der sphärischen Diffusion, wie sie real an der Quecksilbertropfelektrode und an der hängenden Quecksilbertropfenelektrode stattfindet, leitete *Nicholson* (1964) für reversible Elektrodenreaktionen folgende Gleichung für die *I-E*-Kurve ab:

$$I = 602 z^{3/2} q D^{1/2} v^{1/2} c \left[\chi(E) \sqrt{\pi} + 0{,}160 \left(\frac{1}{r} \sqrt{\frac{D}{zv}} \right) \Phi(E) \right]. \tag{4.34}$$

Gl. (4.34) enthält den Elektrodenradius r und die potentialabhängigen Funktionen $\chi(E)$ und $\Phi(E)$, die berechnet und tabelliert vorliegen (*Nicholson*, 1964). Aus Gl. (4.34) folgt die Peakspitzenstromstärke, wenn für $\chi(E) \sqrt{\pi} = 0{,}4463$ und für $\Phi(E) = 0{,}7516$ eingesetzt wird:

$$I_P = 602 z^{3/2} q D^{1/2} v^{1/2} c \left[0{,}4463 + 0{,}160 \left(\frac{1}{r} \sqrt{\frac{D}{zv}} \right) 0{,}7516 \right]. \tag{4.35}$$

Die gültigen Maßeinheiten sind für Gl. (4.35): I_P [A], q [cm^2], D [cm^2 s^{-1}], v [v s^{-1}], c [mol l^{-1}], r [cm].

Zwischen dem Peakspitzenpotential und dem Halbstufenpotential besteht die Beziehung

$$E_P = E_{1/2} \mp \frac{0{,}0295}{z} \text{ [V; 25 °C]}. \tag{4.36}$$

Das negative Vorzeichen gilt für katodische, das positive für anodische Peaks. Im Falle reversibler Elektrodenreaktion unterscheiden sich die Peakspitzenpotentiale beider Peaks um $59/z$ [mV] voneinander. Für irreversible Vorgänge steigt der Wert an. Außerdem besteht die Möglichkeit, einen Elektrodenvorgang dadurch auf Reversibilität zu prüfen, indem man I_P gegen $\sqrt{v}$ aufträgt. Schon bei geringer Irreversibilität weicht die erhaltene Kurve vom linearen Verlauf ab.

Adsorptiv bedingte Peakspitzenströme lassen sich von diffusionsbedingten dadurch unterscheiden, daß erstere linear von v, letztere aber linear von $\sqrt{v}$ abhängen.

Für irreversible Durchtrittsreaktionen geht Gl. (4.33) in Gl. (4.37) über (*Delahay*, 1953):

$$I_P = 2{,}99 \cdot 10^5 q z (\alpha z_\alpha)^{1/2} D^{1/2} v^{1/2} c. \tag{4.37}$$

Der Durchtrittsfaktor α $(0 < \alpha < 1)$ und die Anzahl z_α der beim langsamsten Teilschritt des Elektrodenprozesses ausgetauschten Elektronen $(0 < z_\alpha \leqq z)$ bedingen, daß irreversible Peaks kleiner als reversible sind. Während für die Gestalt der Peaks das Produkt αz_α maßgebend ist, wird ihre Potentiallage durch die Geschwindigkeitskonstante der heterogenen Durchtrittsreaktion bestimmt.

Die exakte Gleichung für irreversible Elektrodenreaktionen unter Beachtung der sphärischen Diffusion hat ebenfalls *Nicholson* (1964) aufgestellt:

$$I = 602 z (\alpha z_\alpha)^{1/2} q D^{1/2} v^{1/2} c \left[\chi(\alpha, E) \sqrt{\pi} + 0{,}160 \left(\frac{1}{r} \sqrt{\frac{D}{\alpha z_\alpha v}} \right) \Phi(\alpha, E) \right]. \tag{4.38}$$

Die vom Durchtrittsfaktor und vom Potential abhängigen Funktionen sind wiederum tabellierte Größen (*Nicholson*, 1964). Die Peakspitzenstromstärke wird erhalten, wenn in Gl. (4.38) für $\chi(\alpha, E) \sqrt{\pi} = 0{,}4958$ und für $\Phi(\alpha, E) = 0{,}694$ eingesetzt wird.

Während im reversiblen Fall für das Peakspitzenpotential die Beziehung (4.36) Gültigkeit besitzt, läßt sich E_P für irreversible Elektrodenreaktionen durch

$$E_P = E^\ominus - \frac{RT}{\alpha z_\alpha F} \left(0{,}780 + \ln \sqrt{\frac{\alpha z_\alpha F v D}{RT}} - \ln k^\ominus \right) \qquad (4.39)$$

ausdrücken. Der Durchtrittsfaktor α und die Standardgeschwindigkeitskonstante $k^\ominus$ für $E^\ominus$ bestimmen als kinetische Parameter die Potentiallage der Peaks. Mit zunehmender Irreversibilität verbreitern sich die Peaks, und damit verringert sich die Möglichkeit, benachbarte Peaks zu trennen.

Für einen völlig irreversiblen Elektrodenprozeß an einer planaren Elektrode ist der Peakspitzenstrom vereinfacht durch

$$I_P = 0{,}227 q z F k^\ominus c \exp\left[-\frac{\alpha z_\alpha F}{RT} (E_P - E^\ominus) \right] \qquad (4.40)$$

gegeben. Die Abhängigkeit von I_P von der Spannungsanstiegsrate ist in E_P enthalten [s. Gl. (4.39)].

Multi sweep-Polarographie

Eichkurven, die mit der Multi sweep-Polarographie aufgenommen werden, zeigen einen flacheren Verlauf, als er der Randles-Sevčik-Gleichung entspricht. Der für die vorgegebene Konzentration zu kleine Peakspitzenstrom beweist, daß Gl. (4.33) nicht mehr gilt. Der Grund ist darin zu suchen, daß die Ausgangsbedingung, nämlich daß beim Anlegen des Impulses an der Elektrode noch kein Konzentrationsgefälle vorhanden ist, nicht erfüllt ist und die Zeit zwischen den einzelnen Impulsen nicht ausreicht, einen Konzentrationsausgleich herbeizuführen. Der Konzentrationsgradient wird in der Multi sweep-Polarographie von Impuls zu Impuls größer (Verarmungseffekt).

Inverse Voltammetrie

Die Peakspitzenstromstärke inversvoltammetrischer Peaks läßt sich nicht mit Hilfe der Randles-Sevčik-Gleichung [Gl. (4.33)] berechnen, weil im Falle der hängenden Quecksilbertropfenelektrode die sphärische Diffusion berücksichtigt werden muß. Es gelten deshalb die von *Nicholson* (1964) abgeleiteten Gln. (4.34) bzw. (4.35) für reversible Elektrodenvorgänge. Dementsprechend ist Gl. (4.38) für irreversible Elektrodenreaktionen anzuwenden.

Das Peakspitzenpotential berechnet man im reversiblen Fall aus Gl. (4.36), im irreversiblen aus Gl. (4.39).

Bei Anwendung amalgamierter planarer Elektroden stellt die Randles-Sevčik-Gleichung eine gute Näherung dar, wenn das abgeschiedene Metall im Quecksilber homogen verteilt ist und die Elektrodenreaktion reversibel verläuft. Für völlig irreversible Elektrodenprozesse an einer planaren Elektrode wird der Peakspitzenstrom durch Gl. (4.40) wiedergegeben.

4.2.   Methoden mit rechteckförmiger Polarisationsspannung

Square wave-Polarographie

Die mit Rechteckimpulsen arbeitenden polarographischen Methoden besitzen gemeinsame theoretische Grundlagen. In der Square wave-Polarographie ist der Faradaysche Wechselstrom durch Gl. (4.41) gegeben:

$$I_{SW} = \pm \frac{z^2 F^2}{RT} q c_{ox} \frac{P}{(1 + P)^2} \Delta U_R \sqrt{\frac{D_{ox}}{\pi}} \sum_{m=0}^{\infty} \frac{(-1)^m}{\sqrt{m\vartheta + t_i}}, \tag{4.41}$$

$$P = \exp \frac{zF}{RT} (E - E_{1/2}). \tag{4.42}$$

Wenn $P = 1$ wird, geht I_{SW} in den Peakspitzenstrom I_P über:

$$I_P = \pm \frac{z^2 F^2}{4RT} q c_{ox} \Delta U_R \sqrt{\frac{D_{ox}}{\pi\vartheta}} \sum_{m=0}^{\infty} \frac{(-1)^m}{\sqrt{m + \beta}}. \tag{4.43}$$

Die Größe $\beta = t_i/\vartheta$ entspricht dem Bruchteil der Halbperiode der Rechteckspannung in dem keine Messung des Faradayschen Wechselstromes erfolgt. Je nach Gerätetyp liegt β zwischen 9/12 und 11/12.

Ersetzt man in Gl. (4.43) q durch Gl. (3.10) mit $t = t_v$ und faßt die numerischen Größen zusammen, erhält man für I_P:

$$I_P = 4,51 \cdot 10^5 z^2 m^{2/3} t_v^{2/3} \vartheta^{-1/2} D_{ox}^{1/2} \Delta U_R c_{ox} \sum_{m=0}^{\infty} \frac{(-1)^m}{\sqrt{m + \beta}}. \tag{4.44}$$

In dieser Gleichung sind außer dem Summenglied nur noch meßbare oder tabellierte Parameter enthalten. Die Lösung des Summengliedes ist über eine alternierende Reihenentwicklung möglich, die für β-Werte von 0,6 bis 1,0 von *Barker* (1958c) durchgeführt wurde (Einzelheiten s. *Geißler*, 1970). Nach Gl. (4.44) läßt sich die Peakspitzenstromstärke stets nur gerätebezogen berechnen.

Aus der Gl. (4.43) für den Peakspitzenstrom einer reversiblen Elektrodenreaktion in der SWP geht hervor, daß dieser bei konstanter Depolarisatorkonzentration in der Lösung von z^2 und ΔU_R abhängt. Große Peaks werden demnach dann registriert, wenn z und ΔU_R hohe Werte annehmen, aber die Bedingung $\Delta U_R \leqq 50$ mV erfüllt wird.

Den peakförmigen Verlauf des SW-Polarogrammes drückt in Gl. (4.41) der Quotient $P/(1 + P)^2$ aus. Formt man den Quotienten in den Hyperbelkosinus $1/4 \cosh^2 \xi$ um, führt diesen in die Gl. (4.41) ein und dividiert durch Gl. (4.43), so bekommt man die Beziehung

$$\frac{I_{SW}}{I_P} = \frac{1}{\cosh^2\xi}. \tag{4.45}$$

Mit Hilfe von Gl. (4.45) läßt sich der Verlauf der sw-polarographischen Stromspannungskurve graphisch darstellen.

Die Gleichungen für schwach und stark irreversible Elektrodenprozesse sind ebenfalls von *Barker* abgeleitet worden. Sie sind dadurch gekennzeichnet, daß eine Reihe kinetischer Parameter in Gl.(4.41) eingehen (s. *Geißler*, 1970).

Hochfrequenzpolarographie

Die Hochfrequenzpolarographie ist mit der sw-polarographischen Meßtechnik eng verwandt. Zwischen den Strömen in der HFP und SWP besteht die Beziehung

$$\frac{I_{HF}}{I_{SW}} = - \frac{E_{FR\infty}}{\Delta U_R} . \tag{4.46}$$

Durch Einsetzen von Gl. (4.41) in Gl. (4.46) ergibt sich für I_{HF}:

$$I_{HF} = \frac{z^2 F^2}{RT} q c_{ox} \frac{P}{(1 + P)^2} (-E_{FR\infty}) \sqrt{\frac{D_{ox}}{\pi}} \sum_{m=0}^{\infty} \frac{(-1)^m}{\sqrt{m\vartheta + t_i}} . \tag{4.47}$$

Mit $\dfrac{P}{(1 + P)^2} = \dfrac{1}{4 \cosh^2 \xi'}$ und $\beta = \dfrac{t_i}{\vartheta}$ folgt aus Gl. (4.47):

$$I_{HF} = \frac{z^2 F^2}{4RT} q c_{ox} \frac{(-E_{FR\infty})}{\cosh^2 \xi'} \sqrt{\frac{D_{ox}}{\pi\vartheta}} \sum_{m=0}^{\infty} \frac{(-1)^m}{\sqrt{m + \beta}} , \tag{4.48}$$

$$\xi' = \frac{zF}{2RT} (E_m - E_{1/2}). \tag{4.49}$$

Um I_{HF} bestimmen zu können, braucht man einen entsprechenden Ausdruck für $-E_{FR\infty}$. Dieser lautet:

$$-E_{FR} = - \frac{zF}{4RT} V_0^2 \left[2\alpha - 1 - \frac{2X + 8X^2}{1 + 4X + 8X^2} (2\alpha - 1 - \tanh \xi') \right]. \tag{4.50}$$

In Gl. (4.50) ist X durch folgenden Ausdruck bestimmt:

$$X = \frac{k_{1/2}}{\sqrt{2\omega D}} \frac{\cosh \xi'}{\exp \left[(2\alpha - 1) \xi' \right]} . \tag{4.51}$$

Dividiert man Gl. (4.50) mit $\cosh^2 \xi'$ und setzt den Ausdruck

$$- \frac{1}{\cosh^2 \xi'} \left[2\alpha - 1 - \frac{2X + 8X^2}{1 + 4X + 8X^2} (2\alpha - 1 - \tanh \xi') \right] = -S, \tag{4.52}$$

dann läßt sich in Gl. (4.48) $\dfrac{-E_{FR\infty}}{\cosh^2 \xi'}$ durch $\dfrac{zF V_0^2}{4RT} (-S)$ ersetzen, so daß für I_{HF} erhalten wird:

$$I_{HF} = \frac{z^3 F^3}{16 R^2 T^2} V_0^2 (-S) q c_{ox} \sqrt{\frac{D_{ox}}{\pi\vartheta}} \sum_{m=0}^{\infty} \frac{(-1)^m}{\sqrt{m + \beta}} . \tag{4.53}$$

Durch Einführen von Gl. (3.10) für q mit $t = t_r + t_f$ geht Gl. (4.53) in Gl. (4.54) über.

$$I_{HF} = \frac{0,85 F^3}{16 R^2 T^2 \sqrt{\pi}} V_0^2 (-S) z^3 m^{2/3} (t_v + t_f)^{2/3} c_{ox} \sqrt{\frac{D_{ox}}{\vartheta}} \sum_{m=0}^{\infty} \frac{(-1)^m}{\sqrt{m + \beta}} . \tag{4.54}$$

Ausrechnen der numerischen Größen ergibt für I_{HF}:

$$I_{HF} = 4{,}386 \cdot 10^6 V_0^2 z^3 m^{2/3} (t_v + t_f)^{2/3} \vartheta^{-1/2} D_{ox}^{1/2} c_{ox} (-S) \sum_{m=0}^{\infty} \frac{(-1)^m}{\sqrt{m + \beta}} . \tag{4.55}$$

6*

Die Gültigkeit von Gl. (4.55) ist an folgende Voraussetzungen gebunden:

1. Da der Gl. (4.55) die Gleichung für square wave-polarographisch reversible Reaktionen zugrunde liegt, ist die Gleichung für den Faradayschen Gleichrichtungsstrom auch nur für solche Elektrodenreaktionen anwendbar, die sehr schnell ablaufen, also nach Verstreichen von $\beta = t_i/\vartheta$ diffusionskontrolliert sind.

2. Vor- oder nachgelagerte chemische Reaktionen, die den Elektrodenvorgang komplizieren, sind nicht berücksichtigt. Dasselbe gilt für die Adsorption des Depolarisators an der Elektrodenoberfläche. Demzufolge hat Gl. (4.55) nur für einfache Elektrodenreaktionen Gültigkeit, wiewohl die genannten Vorgänge die Gestalt des HF-Polarogrammes entscheidend beeinflussen.

3. I_{HF} hängt mit z^3 vom Elektronenumsatz und mit V_0^2 von der Amplitude der polarisierenden HF-Spannung ab. Der Faktor S drückt in komplexer Form den Einfluß der kinetischen Parameter der Elektrodenreaktion ($k_{1/2}, \alpha$), der Kreisfrequenz (ω) der polarisierenden Wechselspannung und des Elektrodenpotentials (ξ') aus [vgl. Gln. (4.52) und (4.51)].

4. Der hochfrequenzpolarographische Strom ist der Konzentration der oxydierten Form des Depolarisators in der Lösung proportional. Dasselbe gilt auch für die Peakhöhen h_+ und h_-.

Kalousek-Polarographie

Gestützt auf die Arbeiten von *Kambara* und *Barker* hat *Kinhard* (1967) für den Strom I_K in der Kalousek-Polarographie unter der Annahme linearer Diffusion an einer planaren Elektrode die Beziehung

$$I_K = zFqc_{red,2}^0 \sqrt{\frac{D_{red}}{\pi t_i}} - zFqD_{red} \sum_{m=1}^{j} \frac{(-1)^{m+1} c_{red,2}^0 - c_{red,1}^0}{\sqrt{\pi D_{red}(t_i - m\vartheta)}} \tag{4.56}$$

abgeleitet. In dieser Gleichung bedeuten $c_{red,1}^0$ und $c_{red,2}^0$ die Konzentrationen der reduzierten Depolarisatorform an der Elektrodenoberfläche während der anodischen bzw. katodischen Halbperiode der Rechteckspannung. Die Größe j ist das größte ganzzahlige kleiner oder gleich β (s. S. 82), und m ist die Zahl der Halbperioden seit Polarisationsbeginn.

Für die QTE muß Gl. (4.56) korrigiert werden. Es gilt für die Kalousek-Polarographie Typ I und II:

$$I_K = zFqc_{red,2}^0 \sqrt{\frac{7D_{red}}{3\pi t_i}} - zFq(c_{red,2}^0 - c_{red,1}^0) \sqrt{\frac{7D_{red}}{3\pi t_i}} \sum_{m=1}^{j} \frac{(-1)^{m+1}}{\sqrt{1 - \left(\frac{m}{\beta}\right)^{7/3}}} \cdot \tag{4.57}$$

Da Gl. (4.57) nur für lineare, aber nicht für sphärische Diffusion zutrifft, stellt sie keine vollständige Lösung für die Berechnung des Kalousek-Stromes dar. Wenn aber der Tropfenradius im Verhältnis zur Diffusionsschichtdicke groß ist, kann die Gleichung gut angewendet werden.

Daß sich der Kalousek-Strom als algebraische Summe aus einer DC- und einer SW-Komponente zusammensetzt, belegt der 1. Term in Gl. (4.57), der einer modifizierten Ilkovič-Gleichung entspricht, und der 2. Term, der der Barker-Gleichung für die SWP ähnelt.

Die Stromspannungskurve ist in der Kalousek-Polarographie durch

$$E_1 - E_{1/2} = \frac{RT}{zF} \ln \frac{I_{D,gr} - I_K}{I_a - I_K} \qquad (4.58)$$

bestimmt. Dabei bedeutet E_1 das Potential der Quecksilbertropfelektrode während der anodischen Halbperiode der Rechteckspannung und I_a den maximalen anodischen Strom.

Pulspolarographische Methoden

Für den Strom I_{PP} in der normalen Pulspolarographie hat *Barker* die Beziehung

$$I_{PP} = zFqc_{ox} \frac{1}{1 + P} \sqrt{\frac{D_{ox}}{\pi t}} \qquad (4.59)$$

abgeleitet. Dabei wurde die QTE während der Pulsdauer t_p als planare Elektrode angenommen. In die Exponentialfunktion P, die durch Gl. (4.42) definiert ist, muß anstelle von E das Pulspotential eingesetzt werden. Weiterhin geht für t in Gl. (4.59) die Zeit ein, die vom Anlegen des Pulses bis zur Messung des Stromes verstreicht, also gilt $t = t_p/2$. Die Elektrodenoberfläche q ist diejenige zu Beginn der Strommessung, d. h. zur Zeit $t_v + t_p/2$ (vgl. auch Abb. 3.10a, b und f).
Wenn das Pulspotential negativer als $E_{1/2}$ wird, geht P gegen Null; es wird der Grenzstrom $I_{PP,gr}$ erreicht.

$$I_{PP,gr} = zFqc_{ox} \sqrt{\frac{D_{ox}}{\pi t}}. \qquad (4.60)$$

Gl. (4.60) ist mit der Cottrell-Gleichung identisch. Dividiert man die Gleichung für $I_{PP,gr}$ durch die Ilkovič-Gleichung für $I_{D,gr}$, so erhält man unter Berücksichtigung der entsprechenden Zeitgrößen

$$I_{PP,gr} = I_{D,gr} \sqrt{\frac{6t_t}{7t_p}}. \qquad (4.61)$$

Nimmt man an, daß sich t_t und t_p um den Faktor 100 unterscheiden, folgt aus Gl. (4.61), daß $I_{PP,gr}$ etwa um den Faktor 9 größer ist als $I_{D,gr}$.
  Bereits von *Barker* wurde für die derivative Pulspolarographie die Gleichung für die Stromdifferenz ΔI angegeben.

$$\Delta I = \frac{z^2 F^2}{RT} qc_{ox} \Delta U_P \frac{P}{(1 + P)^2} \sqrt{\frac{D_{ox}}{\pi t}}. \qquad (4.62)$$

Auch in diesem Fall wurde die QTE innerhalb der Pulsdauer t_p als planar angenommen. Darüber hinaus ist die Gültigkeit von Gl. (4.62) auf Pulsamplituden $\Delta U_P < RT/zF$ ($(25 \cdot 68/z)$ mV bei 25 °C) eingeschränkt.
Mit $P = 1$ erreicht ΔI ein Maximum, so daß für den Peakspitzenstrom ΔI_P folgt:

$$\Delta I_P = \frac{z^2 F^2}{4RT} qc_{ox} \Delta U_P \sqrt{\frac{D_{ox}}{\pi t}}. \qquad (4.63)$$

Da aber Pulsamplituden bis 200 mV von praktischem Interesse sind, leiteten *Parry* und *Osteryoung* (1965) die für große Pulsamplituden in der derivativen Pulspolarographie gültige Gleichung ab. Der Peakspitzenstrom ist dann durch

$$\Delta I_\mathrm{P} = zFqc_\mathrm{ox}\left(\frac{\sigma - 1}{\sigma + 1}\right)\sqrt{\frac{D_\mathrm{ox}}{\pi t}} \tag{4.64}$$

bestimmt. Die Größe σ ist durch die Exponentialfunktion

$$\sigma = \exp\frac{zF}{2RT}\,\Delta U_\mathrm{P} \tag{4.65}$$

gegeben. Bei Berechnungen mit den Gln. (4.62) bis (4.64) ist zu beachten, daß die richtigen Zeitgrößen für t eingesetzt werden. Nach Gl. (4.64) hängt ΔI_P von ΔU_P und z ab. Der Peakspitzenstrom wird um so größer, je größer der Quotient $(\sigma - 1)/(\sigma + 1) = \mathrm{B}$ und der Elektronenumsatz z werden. Der maximal erreichbare Peakspitzenstrom wird für $\mathrm{B} = 1$ gemessen. Die Anteile von B am Peakspitzenstrom hat *Parry* (1965) in Abhängigkeit vom Elektronenumsatz und von der Pulsamplitude berechnet und tabelliert. So wird $\mathrm{B} \approx 1$ für $z = 1$ bei $\Delta U_\mathrm{P} = 200$ mV, aber für $z = 3$ bei $\Delta U_\mathrm{P} = 100$ mV. Das besagt zugleich, daß größere Pulsamplituden als 100 mV für Elektrodenvorgänge mit $z = 3$ den Peakspitzenstrom nicht weiter erhöhen.

Für die Differenzpulspolarographie ist der Strom durch Gl. (4.65 a) gegeben:

$$I_\mathrm{P} = zFqc_\mathrm{ox}\sqrt{\frac{D_\mathrm{ox}}{\pi t}}\left[\frac{P_1(1 - \sigma^2)}{(1 + P_1)\,(1 + \sigma^2 P_1)}\right], \tag{4.65 a}$$

$$\sigma^2 = \exp\frac{zF}{RT}\,\Delta U_\mathrm{P}, \tag{4.65 b}$$

$$P_1 = \exp\frac{zF}{RT}\,(E_\mathrm{A} - E_{1/2}). \tag{4.65 c}$$

In der Gl. (4.65 c) ist E_A das variable Potential vor dem Anlegen des Pulses ΔU_P. Für t ist in Gl. (4.65 a) $t = t_{\mathrm{v},2} + t_\mathrm{p}$ einzusetzen. Auch für q ist diese Zeitbeziehung in Gl. (3.10) zu berücksichtigen.

Für die Halbwertsbreite des Peaks in der Differenzpulspolarographie gilt Gl. (3.20). Zwischen dem Peakspitzenpotential und dem Halbstufenpotential besteht die Beziehung

$$E_\mathrm{P} = E_{1/2} - \frac{\Delta U_\mathrm{P}}{2}. \tag{4.66}$$

Für kleine Werte von ΔU_P ist E_P nahezu $E_{1/2}$. Je größer aber ΔU_P wird, um so mehr verschiebt sich der Peak zu negativen Potentialen.

Die Peakkurve wird in der Differenzpulspolarographie durch die Gleichung

$$E_z = E_\mathrm{P} + \frac{2RT}{zF}\ln\left[\left(\frac{I_\mathrm{P}}{I}\right)^{1/2} \pm \left(\frac{I_\mathrm{P} - I}{I}\right)^{1/2}\right] \tag{4.67}$$

beschrieben.

4.3.   Methoden mit sinusförmiger Polarisationsspannung

Wechselstrompolarographische Methoden

Nach einer Übersicht von *Bond* (1972) lassen sich ac-polarographische Elektrodenprozesse in reversible, quasi-reversible und irreversible sowie solche Prozesse einteilen, die mit einer chemischen Reaktion gekoppelt sind. Die Theorie reversibler und quasi-reversibler Elektrodenreaktionen und der Systeme mit gekoppelter chemischer Reaktion ist ausführlich von *Smith* (1966) diskutiert worden.

Im Rahmen dieses Buches kann entsprechend ihrer analytischen Bedeutung nur auf die reversiblen Prozesse in der ACP eingegangen werden. Für den Faradayschen Wechselstrom der 1. Harmonischen bei kleinen Wechselspannungsamplituden wurde folgende Beziehung abgeleitet (*Underkofler*, 1965):

$$I_{\omega t} = \frac{z^2 F^2 (\omega D_{ox})^{1/2}}{4RT \cosh^2 \xi} q_t c_{ox} \Delta U_{\sim} \sin\left(\omega t + \frac{\pi}{4}\right). \tag{4.68}$$

Der Index ωt drückt in diesem Fall aus, daß es sich um die 1. Harmonische handelt. Mit q_t wird die Elektrodenoberfläche zur Zeit t bezeichnet. Wenn $\cosh^2 \xi$ den Wert 1 annimmt, erhält man den Peakspitzenstrom:

$$I_{P,\omega t} = \frac{z^2 F^2}{4RT} (\omega D_{ox})^{1/2} q_t c_{ox} \Delta U_{\sim} \sin\left(\omega t + \frac{\pi}{4}\right). \tag{4.69}$$

Die gesamte *I-E*-Kurve der 1. Harmonischen wird durch die Beziehung

$$E_{=} = E_{1/2} + \frac{2RT}{zF} \ln\left[\left(\frac{I_{P,\omega t}}{I_{\omega t}}\right)^{1/2} \pm \left(\frac{I_{P,\omega t} - I_{\omega t}}{I_{\omega t}}\right)^{1/2}\right] \tag{4.70}$$

wiedergegeben. Trägt man $E_{=}$ auf der Ordinate und

$$\lg\left[\left(\frac{I_{P,\omega t}}{I_{\omega t}}\right)^{1/2} - \left(\frac{I_{P,\omega t} - I_{\omega t}}{I_{\omega t}}\right)^{1/2}\right]$$

auf der Abszisse auf, ergibt sich eine Gerade mit dem Richtungsfaktor $118/z$ [mV] (bei 25 °C, für $\Delta U_{\sim} \leqq 8/z$ [mV]). Wenn in Gl. (4.70) $I_{\omega t} = I_{P,\omega t}$ wird, so gilt $E_{=} = E_{1/2} = E_P$. Gl. (4.70) läßt sich deshalb auch für das Peakspitzenpotential formulieren:

$$E_P = E_{1/2} + \frac{118}{z} \lg\left[\left(\frac{I_{P,\omega t}}{I_{\omega t}}\right)^{1/2} \pm \left(\frac{I_{P,\omega t} - I_{\omega t}}{I_{\omega t}}\right)^{1/2}\right]. \tag{4.71}$$

Für die analytisch nutzbare 2. Harmonische (1. Oberwelle) wird der Strom nach

$$I_{2\omega t} = \frac{z^3 F^3 (2\omega D_{ox})^{1/2}}{16(RT)^2 \cosh^3 \xi} q_t c_{ox} \Delta U_{\sim}^2 \sinh \xi \sin\left(2\omega t - \frac{\pi}{4}\right) \tag{4.72}$$

berechnet.

Oszillopolarographie

In der Oszillopolarographie existieren – wie bereits dargelegt (s. Abb. 3.16) – drei Kurventypen. Für die *E-t*-Kurve hat *Micka* (1957) die Gleichung für die Reduktion eines reversiblen Depolarisators abgeleitet, die hier im einzelnen nicht abgehandelt werden soll. Die Knicke, die in der *E-t*-Kurve bei Abscheidung eines Depolarisators auftreten, sind durch eine Haltezeit t_h gekennzeichnet, während der sich das Potential nur unbedeutend ändert. Die Gleichung für die Haltezeit lautet:

$$\sin(\omega t_h + \sigma_0) = z_{red} F \omega^{1/2} I_0^{-1} (c_{red} D_{red}^{1/2} + c_{ox} D_{ox}^{1/2}) + \sin \sigma_0. \tag{4.73}$$

σ_0 bedeutet hier den Phasenwinkel zu Beginn der Reduktion des Depolarisators.

Für die $(\mathrm{d}E/\mathrm{d}t)$-*t*- und die $(\mathrm{d}E/\mathrm{d}t)$-*E*-Kurve gilt dieselbe Gleichung:

$$\left(\frac{\mathrm{d}E}{\mathrm{d}t}\right) = \frac{4RT I_0 \omega^{1/2} \cos \sigma}{z^2 F^2 (c_{red} D_{red}^{1/2} + c_{ox} D_{ox}^{1/2}) + C_D \omega^{1/2}}. \tag{4.74}$$

σ ist der Phasenwinkel im Inflexionspunkt der Kurve vom positiven zum negativen Ast. Aus Gl. (4.74) lassen sich für das Oszillopolarogramm [(dE/dt)-E-Kurve] folgende Schlußfolgerungen ziehen:

Zunehmende Stromstärke und Frequenz ($\omega = 2\pi f$) des Polarisationsstromes vergrößern den (dE/dt)-Wert (Einschnitt wird kleiner).

Mit abnehmendem Phasenwinkel σ (betrifft die Ränder des Oszillopolarogrammes) werden die Einschnitte kleiner.

Je größer die Depolarisatorkonzentration wird, um so größer wird der Einschnitt (der (dE/dt)-Wert nimmt ab).

4.4.   Polarographische Maxima

In dc-polarographischen Kurven steigt mitunter der Diffusionsstrom mit fortschreitendem Potential über den erwarteten Diffusionsgrenzstrom an und fällt dann auf diesen ab. Es bilden sich sog. Maxima, die in positive und negative Maxima 1. Art und Maxima 2. Art eingeteilt werden (Abb. 4.1).

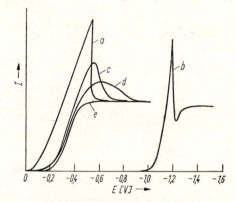

Abb. 4.1. Schematische Darstellung von Maxima 1. und 2. Art.
a positives Maximum 1. Art, *b* negatives Maximum 1. Art, *c* Maximum 2. Art in verdünntem Leitelektrolyten; *d* Maximum 2. Art in konzentriertem Leitelektrolyten, *e* Gleichstrompolarogramm ohne Maximum

Erstere sind dadurch gekennzeichnet, daß sie entweder im positiven oder im negativen Ast der Elektrokapillarkurve (bezogen auf den elektrokapillaren Nullpunkt) liegen. Positive Maxima 1. Art sind durch einen allmählichen Anstieg und einen scharfen Abbruch charakterisiert. Am ausgeprägtesten treten sie in verdünnten LE in Erscheinung. Mit zunehmender LE-Konzentration werden sie kleiner und verschwinden schließlich ganz. Dabei werden sie zu positiveren Potentialen verschoben. Negative Maxima 1. Art haben ein nadelförmiges Aussehen und erscheinen in einem eng begrenzten Potentialbereich. Auch sie werden mit wachsender Konzentration an LE kleiner und bleiben letztlich vollständig aus. Änderungen ihrer Potentiallage oder ihrer Form werden dabei nicht beobachtet.

Die Ursachen von Maxima 1. Art sind drei Jahrzehnte diskutiert worden. Nach der Grenzflächenspannungstheorie von *Stackelberg* (1960) wird ihre Entstehung wie folgt erklärt:

Stromdichteunterschiede auf der Oberfläche des Quecksilbertropfens rufen örtlich unterschiedliche Grenzflächenspannungen hervor. Verursacht werden diese Stromdichtedifferenzen dadurch, daß die Tropfkapillare gegenüber den Stromlinien eine abschirmende Wirkung ausübt. Wenn nun das Elektrodenpotential im positiven Ast der Elektrokapillarkurve liegt, tritt am Tropfenhals (Kapillarenmündung) eine niedrigere Stromdichte auf als am Tropfenscheitel. Die dadurch bedingte Differenz in der Grenzflächenspannung führt zu einer Strömung des Quecksilbers vom Hals zum Scheitel. Die angrenzende Lösung gerät dabei ebenfalls in eine vom Scheitel aus abwärts gerichtete Bewegung, und die polarographische *I-E*-Kurve weist ein positives Maximum 1. Art auf. Mit dem Abbrechen des Maximums unterbleiben auch die Strömungsvorgänge. Das kann beim Fall eines Tropfens geschehen.

Beim negativen Maximum 1. Art liegen die Verhältnisse genau umgekehrt. Die Lösung strömt zum Tropfenscheitel und weiter zum Tropfenhals.

Außerdem gilt, daß an den Stellen geringerer Stromdichte die Oberflächenkonzentration des Depolarisators größer ist als an Orten mit höherer Stromdichte. Solche Bezirke auf der Elektrodenoberfläche sind gegenüber der Lösung positiver geladen.

Maxima 1. Art lassen sich am besten durch Zugabe hochmolekularer amphoterer Stoffe zur Analysenlösung unterdrücken. Sie werden an der Elektrodenoberfläche adsorbiert und verhindern die Strömungsvorgänge. Die Wirkung von Maximadämpfern auf die *I-E*-Kurve muß untersucht werden, weil sie u. U. Polarogramme hervorrufen können, die falsch interpretiert werden.

Völlig andere Ursachen haben Maxima 2. Art (*Krjukowa*, 1948). Sie entstehen infolge überhöhter Ausflußgeschwindigkeit des Quecksilbers aus der Kapillare. Dabei bilden sich im Quecksilbertropfen Wirbel, die die angrenzende Lösung mitreißen. Der erhöhte Stofftransport führt zu einem übernormalen Stromanstieg.

Maxima 2. Art geben sich durch ihre gerundete Form zu erkennen. In verdünnten Lösungen ähneln sie den Maxima 1. Art. Beim Null-Ladungspotential und in konzentrierten Leitelektrolyten ist die Stromerhöhung am größten. Die Stromstärke eines Maximums 2. Art ist der Depolarisatorkonzentration direkt proportional.

Maxima 2. Art lassen sich vermeiden, wenn die Ausströmungsgeschwindigkeit des Quecksilbers so eingestellt wird, daß die Oberflächenbewegung des Quecksilbertropfens kaum merkbar ist.

4.5.   Reaktionskinetische Ströme

Als polarographische Grenzstromtypen sind Diffusionsströme, reaktionskinetische und Adsorptionsströme zu unterscheiden. Die katalytischen Ströme sind ebenfalls unter die reaktionskinetischen Ströme einzuordnen.

Bei kinetischen Strömen wird der Grenzstrom durch die Geschwindigkeit einer in Elektrodennähe ablaufenden chemischen Reaktion bestimmt, die der Durchtrittsreaktion vorangeht oder nachfolgt.

Im Falle einer vorgelagerten Reaktion entsteht aus einer elektrochemisch inaktiven eine polarographisch aktive Form der betreffenden Substanz, die an der QTE reduziert oder oxydiert wird. Als Beispiel sei die Reduktion von Formaldehyd zu Methanol genannt. Formaldehyd liegt in der Lösung hydratisiert vor und steht mit der nicht hydratisierten Form in einem dynamischen Gleichgewicht. Durch Reduktion des nicht-hydratisierten Formaldehyds zu Methanol wird das Gleichgewicht gestört und die aktive Form mit einer definierten Geschwindigkeit nachgeliefert.

$$H_2C(OH)_2 \xrightarrow{k} H_2C{=}O + H_2O$$

Der kinetische Strom I_{kin} wird also durch die Geschwindigkeitskonstante k bestimmt.

Bei den der Durchtrittsreaktion nachgelagerten chemischen Reaktionen sind zwei Typen zu unterscheiden:

a) Das Produkt des Elektrodenvorganges wird unter Mitwirkung einer in der Lösung anwesenden Substanz chemisch zur elektrochemisch aktiven Form regeneriert.

b) Das Produkt der Elektrodenreaktion wird durch eine chemische Reaktion in eine polarographisch inaktive Form umgewandelt.

Der erstgenannte Reaktionstyp nachgelagerter chemischer Reaktionen erzeugt die katalytischen Ströme I_{kat}, von denen zwei Arten bekannt sind.

Der an der QTE reduzierte Depolarisator reagiert mit einem elektrochemisch inaktiven oder erst bei viel negativerem Potential reduzierbaren Oxydationsmittel unter Bildung der oxydierten Depolarisatorform. Ein Beispiel dafür ist das System $Fe^{3+}/Fe^{2+}/H_2O_2$:

$$Fe^{3+} + e^- \rightarrow Fe^{2+},$$

$$Fe^{2+} + H_2O_2 \xrightarrow{k} Fe^{3+} + OH^- + \cdot OH,$$

$$Fe^{2+} + \cdot OH \rightarrow Fe^{3+} + OH^-.$$

Das elektrochemisch gebildete Eisen(II)-Ion katalysiert die Umsetzung von H_2O_2 zu OH^--Ionen unter Rückbildung von Eisen(III)-Ionen, die erneut elektrochemisch reduziert werden. Auf diese Weise kann eine geringe Menge Fe^{3+}-Ionen beachtliche Ströme liefern. Aufbauend auf katalytischen Reaktionen lassen sich hochempfindliche spurenanalytische Verfahren entwickeln.

Die katalytischen Wasserstoffwellen kommen dadurch zustande, daß polarographisch inaktive Katalysatoren die Wasserstoffüberspannung an der QTE herabsetzen und das Potential der H^+-Abscheidung zu positiveren Werten verschieben. Die Stärke des katalytischen Stromes hängt innerhalb gewisser Grenzen von der Konzentration des Katalysators ab. So kann die Wasserstoffabscheidung in eine katalytische Vorwelle und in die nichtkatalysierte Wasserstoffstufe aufgespalten werden. Katalytische Wasserstoffwellen werden durch Platinmetalle in saurer Lösung, durch Cystine oder SH-Gruppen enthaltende Verbindungen in Gegenwart von Kobaltsalzen und durch organische Stickstoffbasen, insbesondere Alkaloide, in gepufferten Lösungen hervorgerufen.

Der zuletzt genannte Typ einer nachgelagerten chemischen Reaktion ist nicht allzu häufig. In diesem Fall bleibt die Stromstärke durch die Umwandlung des Elektrolyseproduktes in eine elektrochemisch inaktive Form unbeeinflußt. Lediglich das Halbstufenpotential wird verschoben.

Adsorptionsströme I_{ad} entstehen in der Gleichstrompolarographie, wenn der Depolarisator oder sein elektrochemisches Umwandlungsprodukt an der QTE adsorbiert werden. Bei Adsorption des ursprünglichen Depolarisators bilden sich zwei Stufen aus: die diffusionsbedingte Stufe und die Adsorptionsstufe. Die erste Stufe entspricht der Reduktion des freien Depolarisators, die zweite dem adsorbierten, weil zusätzlich die Adsorptionsenergie aufgewendet werden muß.

Im Falle der Adsorption der reduzierten Form des Depolarisators wird zuerst die Adsorptionsstufe, die einen geringeren Energieaufwand erfordert, und danach die Diffusionsstromstufe beobachtet.

Kinetische Ströme sowie Diffusions- und Adsorptionsströme lassen sich durch ihre unterschiedliche Abhängigkeit von der Höhe des Quecksilberbehälters H der QTE unterscheiden (Abb. 4.2). Während I_D linear von $\sqrt{H}$ abhängt, ist I_{ad} direkt proportional H. Im Gegensatz dazu sind kinetische Ströme unabhängig von $\sqrt{H}$ bzw. H.

Eine weitere Unterscheidungsmöglichkeit bietet die Abhängigkeit des Stromes von der Depolarisatorkonzentration (Abb. 4.2). Diffusionsströme zeigen die bekannte lineare Abhängigkeit von c. Adsorptionsströme erreichen einen Grenzwert, der durch die vollständige Bedeckung der Elektrodenoberfläche mit dem adsorbierbaren Stoff gegeben ist. Katalytische Ströme weisen keinen linearen Verlauf mit der Konzentration auf.

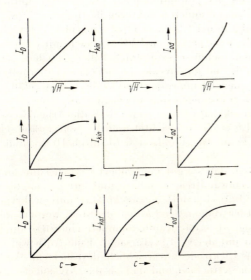

Abb. 4.2. Abhängigkeit des Diffusionsstromes I_D, des kinetischen Stromes I_{kin} und des Adsorptionsstromes I_{ad} von der Niveaugefäßhöhe der QTE ($\sqrt{H}$ bzw. H) (obere und mittlere Diagrammreihe). Konzentrationsabhängigkeit des Diffusionsstromes, des kinetischen Stromes und des Adsorptionsstromes (untere Diagrammreihe)

Kinetische Ströme sind stark pH-abhängig. Ihr Temperaturkoeffizient ist wesentlich größer als für Diffusionsströme ($1/I_{kin} \cdot dI_{kin}/dT \approx 5$ bis 20%).

5. Technik polarographischer Messungen

5.1. Arbeitselektroden

5.1.1. Quecksilbertropfelektroden

Als Arbeitselektrode dient in der Polarographie die QTE. Ihre Ausführungsformen sind mannigfaltig und werden von der gewählten polarographischen Methode, der Meßzelle, dem Untersuchungsobjekt und anderen Faktoren bestimmt.

Eine einfache QTE, wie sie häufig in der Gleichstrompolarographie verwendet wird, besteht aus einer Glaskapillare, die über passenden PVC-Schlauch mit einem Niveaugefäß verbunden ist. Die Schlauchanschlüsse sind mit Schellen gesichert. Die QTE ist blasenfrei mit Quecksilber gefüllt und im Niveaugefäß mit einem Platindraht kontaktiert. Die Tropfkapillare ist in einer Klemme, das Quecksilbervorratsgefäß in einem Stativring gehaltert. Beide Haltevorrichtungen sind an einem Stativ von 120 cm Höhe befestigt. Die Kapillare ist unverrückbar so eingespannt, daß die Arbeitsweise der in den Elektrolyten eintauchenden Elektrode beobachtet und die polarographische Zelle nach unten weggefahren werden kann. Die Tropfzeit wird durch Heben und Senken des Niveaugefäßes eingestellt.

Eine solche QTE hat den Vorteil, daß sie gut kontrolliert werden kann und kaum Fehlerquellen besitzt, wenn eine einwandfreie Kapillare und gut gereinigtes Quecksilber verwendet werden. Außer Betrieb muß sie zweckmäßig aufbewahrt werden. Keinesfalls darf das Tropfen der Elektrode in der Lösung abgestellt werden, weil dann in unkontrollierbarer Weise Flüssigkeit in das Kapillareninnere eindringt, die Störungen beim nachfolgenden Arbeiten mit der QTE verursacht. Eine Aufbewahrungsart besteht darin, daß die tropfende Elektrode mit reichlich destilliertem Wasser abgespült, sorgfältig mit Filterpapier getrocknet und danach das Niveaugefäß bis zum Aufhören des Tropfens abgesenkt wird. Noch besser ist es, die abgetrocknete noch tropfende Elektrode in Quecksilber einzutauchen und dann abzustellen oder ständig eine minimale Menge Hg ausfließen zu lassen.

Die QTE kann auch durch einen Einweghahn zwischen Kapillare und Niveaugefäß an- und abgestellt werden. Bei Glashähnen muß das Küken einen guten Sitz haben und darf nur an den äußersten Rändern gefettet werden. Zweckmäßig sind Hahnküken mit eingeschliffenen Rillen, die nach innen wanderndes Fett aufnehmen und eine Verunreinigung des Quecksilbers verhindern. Teflonhähne oder -küken sind solchen aus Glas vorzuziehen.

Besonderer Wert ist auf hohe Reinheit des Quecksilbers zu legen. Rohquecksilber wird zunächst durch Filtrieren durch eine Fritte oder ein Filter mit einem feinen Loch in der Spitze von groben Verunreinigungen befreit. Danach reinigt man das Quecksilber 3- bis 5mal mit 10- bis 12%iger HNO_3 in einem Rieselturm, der etwa 1 m lang und zur Vergrößerung der Weglänge und besseren Verteilung des Quecksilbers wechselseitig eingebuchtet ist. Das Quecksilber wird am Kopf des Rieselturmes in ein Vorratsgefäß mit G2-Frittenboden und Normalschliff, das gerade in die Salpetersäure eintaucht, aufgegeben. Nach dem Säurefreiwaschen des Quecksilbers mit destilliertem Wasser (ebenfalls im Rieselturm) wird es mit Filterpapier getrocknet und bidestilliert[1].

---

[1] Bidestille vom VEB Jenaer Glaswerke Schott & Gen., DDR-6900 Jena.

Gebrauchtes Quecksilber wird nach der angegebenen Technologie gereinigt, wobei der erste Schritt – Entfernung grober Verunreinigungen – entfällt. Hochreines Quecksilber kann elektrolytisch gewonnen werden (*Geißler* und *Kuhnhardt*, 1970).

Als Kapillaren werden Thermometerkapillaren einwandfreier Beschaffenheit (unter dem Mikroskop geprüft) und konstanten Innendurchmessers eingesetzt. Abhängig vom Einsatzzweck werden Kapillaren mit Innendurchmessern von 0,03 bis 0,1 mm verwendet. Sie werden bei der gewünschten Länge mit dem Glasschneider eingeritzt und gebrochen. Die Bruchfläche muß rechtwinklig zur Kapillarenachse liegen und völlig glatt sein. Die kreisrunde Kapillarenöffnung darf keine Radialrisse besitzen (Prüfung unter dem Mikroskop), weil sonst mit zunehmender Polarisation der Elektrode verstärkt Flüssigkeit in die Kapillare eindringt, was zu gestörter Tropfenbildung bis hin zur Unterbrechung der Hg-Säule führt. Für die Square wave-Polarographie und die Hochfrequenzpolarographie gelten diese Gesichtspunkte für die Auswahl der Kapillare in besonderem Maße (*Geißler* und *Kuhnhardt*, 1970).

Abhängig von der Problemstellung werden Tropfzeiten t_t zwischen 2 und 20 s angewendet. In der DCP wird die Tropfzeit zwischen 0,2 und 6 s gewählt, wobei Tropfzeiten unter 1 s für die Rapidmethoden mit einem elektronisch gesteuerten Tropfenabschläger (Abb. 5.1) bewerkstelligt werden. Außer für Rapidmethoden werden Tropfenabschläger prinzipiell in der Square wave-Polarographie, Hochfrequenzpolarographie und Differenzpulspolarographie benutzt. Normale Diffusionsströme werden in

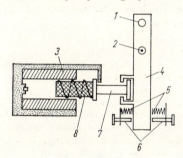

Abb. 5.1. Prinzipskizze eines Tropfenabschlägers.
1 Einspannvorrichtung für die QTE, *2* Drehpunkt, *3* Magnet, *4* Hebelarm, *5* Federn, *6* Einstellschrauben, *7* Hammer, *8* Spule

der Gleichstrompolarographie mit Kapillaren von 0,05 bis 0,07 mm Innendurchmesser, 120 bis 130 mm Länge und Tropfzeiten von 5 bis 6 s erhalten. Auch in der SWP werden mit Kapillaren genannten Durchmessers und 120 bis 160 mm Länge bei einer Tropfzeit von rund 4,5 s optimale Peakspitzenströme registriert.

Nach *v. Sturm* (1959) ist es besser, eine Kapillare durch ihren y-Wert ($y = m^{-1/3}t^{1/6}$) zu charakterisieren. Liegt y zwischen 0,9 und 1,1 (Idealfall $y = 1$), so werden immer optimale Stromspannungskurven aufgenommen.

Die pro Zeiteinheit aus einer Elektrode ausfließende Masse an Hg kann nach der Formel

$$m = \frac{v_0 d}{t} = \frac{\pi r^4 d \Delta P}{8l\eta} \tag{5.1}$$

berechnet werden. Praktisch wird die Ausflußrate m, die immer für die Berechnung von Strömen gebraucht wird, in der Weise bestimmt, daß in einer 1 bis 3 m KCl-Lösung bei kurzgeschlossenen Elektroden oder bei einem Potential von $-0,6$ V (elektrokapillarer Nullpunkt) die Hg-Tropfen innerhalb von 30 bis 60 s aufgefangen und nach dem Waschen und Trocknen gewogen werden. Division des Massewertes durch die Zeit ergibt die Ausflußrate.

Die Tropfzeit mißt man unter den gleichen Bedingungen wie die Ausflußrate mit einer Stoppuhr durch Auszählen der Tropfen.

Der Quecksilbertropfen führt beim Anwachsen eine radiale Oberflächenbewegung aus, d. h., es findet eine Quecksilberströmung vom Zentrum zur Peripherie statt. Ihre Geschwindigkeit ist unterschiedlich und liegt zwischen 0,01 und 1,0 mm/s. Wie theoretische Untersuchungen gezeigt haben, ist der Diffusionsstrom bei radialer Oberflächenbewegung des Quecksilbertropfens ein normaler Diffusionsgrenzstrom (*Krjukowa*, 1964).

Die QTE besitzt grundsätzlich eine negative Eigenschaft, die sich bei der Bestimmung sehr kleiner Konzentrationen im Bereich 10^{-7} bis 10^{-8} m bemerkbar macht. Der von *Barker* (1957) in der Square wave-Polarographie gefundene Kapillareffekt (capillary response) stellt eine unüberwindbare Störquelle bei allen QTE dar. Der Kapillareffekt beruht darauf, daß in die Kapillare ein Lösungsfilm hineinkriecht, der die Berührungsfläche zwischen Quecksilber und Lösung in unreproduzierbarer Weise verändert. Die Doppelschichtkapazität der Elektrode erhält damit eine inkonstante Zusatzkapazität, die Restströme in Größenordnung des Nutzsignals bei obengenannten Konzentrationen verursacht.

In Verbindung mit der Empfindlichkeitssteigerung polarographischer Methoden sind auch eine Reihe spezieller QTE entwickelt worden. Abb. 5.2. zeigt verschiedene Elektrodentypen. Die 90° abgebogene Elektrode nach *Smoler* oder auch die 45°-Elektrode besitzen den Vorteil, daß bei gleicher Ausflußgeschwindigkeit kürzere Tropfzeiten als mit normalen Elektroden erzielt werden.

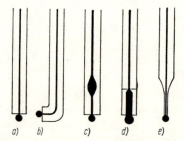

Abb. 5.2. Verschiedene Arten von Quecksilbertropfelektroden
a) normale Kapillare; b) Smoler-Elektrode; c) „bulb"-Kapillare nach *Barker*; d) Kapillare zur Hochfrequenzpolarographie (Mündungsstück 10 mm lang, 0,1 mm Innendurchmesser; Kapillarenoberteil 40 mm lang, 0,07 mm Innendurchmesser); e) Spitzkapillare zur Mikropolarographie

Sogenannte „bulb"-Kapillaren wurden für die SWP von *Barker* empfohlen, um den Kapillareffekt herabzusetzen. Spitzkapillaren werden vorwiegend in der Mikropolarographie gebraucht und dienen mitunter auch als Verschluß der polarographischen Mikrozelle. Rechtwinklige Spitzkapillaren werden ebenfalls bei mikropolarographischen Untersuchungen angewendet. Wesentliche Neuerungen bietet die QTE Model 303 SMDE (Static Mercury Drop Electrode) von Princeton Applied Research (PAR), USA. Die Elektrode besitzt nicht mehr die lange Schlauchverbindung zwischen Kapillare und Vorratsgefäß, sondern der Quecksilberfluß wird durch eine elektromechanische Vorrichtung kontrolliert, die durch elektrische Signale gestartet und gestoppt werden kann. Damit ist es möglich, die Elektrode tropfzeitgesteuert als QTE oder HQTE zu betreiben. Bei der Arbeitsweise als QTE wächst der Quecksilbertropfen zunächst auf optimale Größe an, bleibt dann durch Unterbrechung des Quecksilberzuflusses konstant und wird schließlich nach der Messung abgeschlagen. Das bedeutet, daß die Strommessung immer bei konstanter Elektrodenoberfläche vorgenommen wird. In der Differenzpulspolarographie bewirkt dieses Meßprinzip, daß Verzerrungen des Grundstromes infolge Änderung der Elektrodenoberfläche minimiert werden. Da die

Quecksilbertropfen viermal größer sind als bei konventionellen QTE, wird mit dieser QTE die Empfindlichkeit polarographischer Methoden erhöht. Auch die Eichkurven sollen eine geringere zeitliche Drift aufweisen. Der Quecksilberverbrauch der Elektrode ist minimal. Das Quecksilbervorratsgefäß läßt sich bequem nachfüllen. Sicherheitstechnische Probleme, wie sie von der QTE nach *Heyrovsky* bekannt sind, treten nicht auf.

Die QTE hat folgende prinzipielle Vorteile:

1. Der elektrochemische Prozeß findet stets an einer neuen von der vorangegangenen Polarisation unbeeinflußten, ideal glatten Elektrodenoberfläche statt, so daß aus der Meßlösung mehrfach reproduzierbare Polarogramme erhalten werden können.
2. Die Elektrode besitzt eine hohe Wasserstoffüberspannung (mehr als -1 V), so daß sie ohne störende Wasserstoffentwicklung auf sehr negative Potentiale polarisiert werden kann.
3. Es steht ein nutzbarer Spannungsbereich von $+0,4$ V (NKE) bis $-2,6$ V (NKE) zur Verfügung, der im Positiven durch die Hg-Auflösung und im Negativen durch die H_2O-Zersetzung bzw. die Abscheidung des Leitsalzkations begrenzt wird. In nichtwäßrigen Lösungsmitteln wird der Potentialbereich sogar bis -3 V ausgedehnt.
4. Die verbrauchte Stoffmenge ist praktisch vernachlässigbar klein. Die Stromspannungskurve kann wiederholt in gleicher Form und Größe aufgenommen werden.

5.1.2. Stationäre Quecksilberelektroden

Alle voltammetrischen Methoden mit Voranreicherung arbeiten mit stationären Elektroden mit konstanter reproduzierbarer Elektrodenoberfläche. Am häufigsten werden stationäre Quecksilberelektroden angewendet, die in drei Gruppen eingeteilt werden können:

a) stationäre Quecksilbertropfenelektroden,
b) großflächige stationäre Quecksilber-Pool-Elektroden,
c) Quecksilberfilmelektroden.

Quecksilbertropfenelektroden existieren im wesentlichen in zwei Ausführungsformen: einmal wird ein größerer Quecksilbertropfen an einen Platindraht aufgehängt, zum anderen wird aus einem Vorratsgefäß eine kleine Menge Quecksilber aus einer Kapillare herausgedrückt.

Die Elektrode mit aufgehängtem Hg-Tropfen wurde von *Gerischer* (1953) eingeführt. Dazu werden von einer konstant tropfenden QTE ein oder mehrere Tropfen in einem kleinem Löffelchen aufgefangen und an einem in Glas eingeschmolzenen Platindraht angehängt. Die Tropfengröße muß dabei so gewählt werden, daß der Pt-Draht (0,2 bis 0,5 mm ø, 0,2 bis 1 mm Länge) völlig bedeckt ist. Die Haftfestigkeit kann durch Anätzen des Pt-Stiftes mit Königswasser oder durch elektrolytisches Überziehen mit einem Quecksilberfilm verbessert werden. Mechanisch stabiler ist ein aufliegender Hg-Tropfen (*Neeb*, 1959). Abb. 5.3 gibt die beschriebenen Elektrodenkonstruktionen wieder.

Einen hängenden Quecksilbertropfen kann man auch erzeugen, indem man eine Tropfkapillare über einen Teflonhahn mit einem graduierten Glasrohr verbindet und durch Öffnen und Schließen des Hahnes die austretende Quecksilbermenge dosiert (Abb. 5.3c).

Häufig angewendet werden Extrusionselektroden (Elektroden mit einem Verdrängungskolben), die industriell hergestellt werden. Das Prinzip beruht darauf, daß ein Stahlstempel mit Feingewinde in ein Hg-Vorratsgefäß geschraubt wird und dabei eine kleine Quecksilbermenge verdrängt, die durch die mit dem Vorratsgefäß verbundene Kapillare austritt und einen stabilen Tropfen formt. In Abb. 5.3 ist eine Ausführungsform dieser Elektrodenart abgebildet. Die Extrusionselektroden erfordern eine luft-

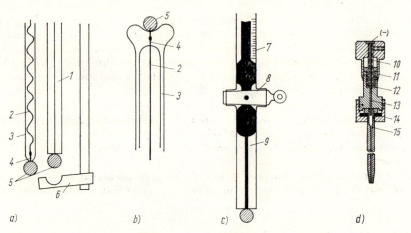

Abb. 5.3. Stationäre Quecksilbertropfenelektroden
a) hängender Tropfen nach *Gerischer*; b) liegende Tropfenelektrode nach *Neeb*; c) hängende Quecksilbertropfenelektrode mit Dosierhahn nach *Drescher* (1963); d) Extrusionselektrode (*v. Sturm*, 1962).
1 QTE, *2* Cu-Draht, *3* Glasrohr, *4* Pt-Draht, *5* Hg-Tropfen, *6* Auffangvorrichtung, *7* graduiertes Glasrohr, *8* PTFE-Hahn, *9* angesetzte Kapillare, *10* M4 × 0,35, *11* Mikrometerskala, *12* Gummidichtung, *13* Stahlnadel, *14* Gummipuffer, *15* Quecksilber

freie Hg-Füllung, damit stabile, reproduzierbare Tropfen erhalten werden. Ausführlich ist ihre Handhabung bei *Neeb* (1969) beschrieben. Im allgemeinen werden die Kapillaren mit Silikon hydrophobiert, damit die Reproduzierbarkeit der Elektrode nicht durch eindringende Lösung und Eindunstungsrückstände während der Aufbewahrung beeinträchtigt wird. Silikonisierte Kapillaren können in sauren und alkalischen Lösungen eingesetzt werden. In alkalischen Medien sind die Silikonfilme allerdings nicht beständig. Die Technik des Silikonisierens beschreibt ausführlich *Neeb* (1969).

Der Temperatureffekt bei Kapillaren wirkt sich auf die Größe der Tropfenoberfläche aus. Abhilfe schafft hier ein Luftthermostat für die gesamte Anordnung aus Meßzelle und Elektrode.

Auch das Rückstellvolumen, das sich durch Zurückziehen des Quecksilbers innerhalb der Kapillare nach Abschlagen des Tropfens bildet, muß reproduzierbar sein. Es wird durch die potentialabhängige Grenzflächenspannung beeinflußt.

Das am Hg-Tropfen abgeschiedene Metall diffundiert ins Tropfeninnere, was eine Abnahme der Spitzenstromstärke zur Folge hat. Andererseits findet auch Rückdiffusion statt, die vom Verhältnis Tropfendurchmesser zu Kapillarendurchmesser und von der

Zeit für die Rückdiffusion abhängt. Da sich das Metall im Quecksilber relativ schnell homogen verteilt, setzt die Rückdiffusion schon nach kurzen Elektrolysezeiten ein.

Allgemein gilt, daß bei Extrusionselektroden der Einfluß der Ruheperiode vor Aufnahme der Stromspannungskurve auf die Abnahme von I_P mit zunehmender Hg-Tropfengröße sinkt. Zur Erzeugung einer neuen Elektrodenoberfläche ohne vorher abgeschiedenes Metall müssen mehrere Tropfen abgeschlagen werden. Bei langen Anreicherungszeiten sind Elektroden mit abgeschlossenem Diffusionsraum zweckmäßig.

Pool-Elektroden werden hergestellt, indem Quecksilber in kleine Glasgefäße oder Teflonbohrungen eingebracht wird. Eine andere Konstruktion verwendet eine stehend angeordnete Teflonkapillare mit großer Bohrung, an die ein Hg-Reservoir über einen PVC-Schlauch angeschlossen ist. Durch Öffnen eines Ventils fließt das Quecksilber über den Kapillarenrand, und es entsteht eine neue Oberfläche.

Quecksilberfilme werden auf Platin-, Gold- und Silberstiften sowie Graphit elektrolytisch abgeschieden. Auf Grund ihres kleinen Volumens lassen Filmelektroden bei inversvoltammetrischen Methoden höhere Empfindlichkeiten erwarten, als mit anderen Elektrodentypen erreichbar sind. Darüber hinaus sollen benachbarte Peaks besser getrennt werden.

Die Herstellung von Filmelektroden erfordert, daß die Basiselektrode vollständig mit einem gleichmäßig dicken Hg-Überzug bedeckt wird, weil sonst in saurer Lösung infolge geringerer Überspannung am Grundmaterial Wasserstoffabscheidung eintritt. Das Material der Basiselektrode darf sich nicht mit Quecksilber legieren. Schließlich muß der Hg-Film reproduzierbar auf die Unterlage aufgebracht werden, weshalb die Präparationsvorschriften genau einzuhalten sind.

5.1.3.   Quecksilberstrahlelektroden

Diesen Elektrodentyp führte *Heyrovsky* (1943) in die Oszillopolarographie ein. Sein Prinzip beruht darauf, daß in der Meßlösung aus der Kapillare ein Quecksilberstrahl unter einem Winkel von 45° austritt, die Flüssigkeitsoberfläche durchbricht und außerhalb der Lösung in kleine Tropfen zerfällt. Einen konstanten Durchmesser des Quecksilberstrahles vorausgesetzt, kann die Elektrode als Zylinderelektrode betrachtet werden. Die Berührungszeit des Quecksilbers mit der Lösung liegt zwischen 0,01 und 0,001 s, so daß Nebenreaktionen an der Hg-Strahlelektrode kaum stattfinden können. Die fließenden Ströme (bis 1 mA) sind wesentlich größer als an der QTE. Die abgeschiedenen Stoffmengen sind deshalb nicht zu vernachlässigen. Die hohen Stromdichten polarisieren sowohl die GKE als auch die gesättigte Quecksilbersulfatelektrode. Als Referenzelektrode hat sich in diesem Fall 2%iges Cd-Amalgam (12 cm²) bewährt.

Die Hg-Strahlelektrode liefert zackenfreie Polarogramme und speziell in der Oszillopolarographie ein stehendes Oszillopolarogramm. Gegenüber stationären Elektroden besitzt sie alle Vorteile einer QTE, einschließlich guter Reproduzierbarkeit der Meßergebnisse. Nachteilig ist ihr enorm hoher Quecksilberverbrauch. Außerdem muß die weitlumige Kapillare (1 bis 2 mm Innendurchmesser) unter einem Winkel von 45° so in die Meßzelle eingesetzt werden, daß sich die Kapillarenmündung 4 mm unter der Flüssigkeitsoberfläche befindet.

Verbesserte Typen von Quecksilberstrahlelektroden stammen von *Fischerova* (1960) und *Woggon* (1962). Nähere Angaben sind bei *Kalvoda* (1965) zu finden.

5.1.4.   Festelektroden

Als Elektrodenmaterial für feste Elektroden werden reine Metalle (Pt, Au, Ag) sowie Graphitstäbe, imprägnierte Spektralkohlen, ummantelte Kohlepasten und Glaskohlenstoffstifte angewendet. Festelektroden dienen für voltammetrische Messungen im positiven Potentialbereich, in dem die QTE oxidiert wird, und zur Polarographie in Salzschmelzen. Weiterhin werden feste Elektroden in automatischen, voltammetrisch arbeitenden Geräten eingesetzt.

Die Festelektroden lassen sich in starre und bewegte (rotierende, vibrierende) einteilen. Beide Elektrodenarten liefern von Oszillationen freie Polarogramme. Die Stromspannungskurve starrer Festelektroden besitzt die in Abb. 5.4 wiedergegebene typische Form, die durch eine Abnahme des Diffusionsgrenzstromes gekennzeichnet ist. Ursache dafür ist das Anwachsen der Diffusionsschichtdicke mit der Zeit.

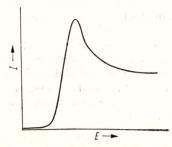

Abb. 5.4. Schematischer Verlauf der Stromspannungskurve an einer Festelektrode

Die meisten Schwierigkeiten bereitet beim Gebrauch fester Elektroden die reproduzierbare Wiederherstellung einer neuen, unveränderten Elektrodenoberfläche.

Reinmetallfestelektroden aus Pt, Au oder Ag werden entweder als kleine polarisierbare Stiftelektroden in Glas eingeschmolzen oder als in Epoxidharz eingebettete Drähte, die mit dem Elektrodenkörper aus Kunststoff und der Kittfuge plangeschliffen sind, hergestellt. Die Abscheidung eines Metalles an einer derartigen Arbeitselektrode führt zu ihrer Umfunktionierung in die betreffende Metallelektrode. Eine nachfolgend aufgenommene *I-E*-Kurve zeigt deshalb ein anderes Voltammogramm als mit der Originalelektrode. Hohe, nicht reproduzierbare Restströme können u. U. durch Reduktion von Verunreinigungen aus der Lösung verursacht werden. Zur Regenerierung der Elektrodenoberfläche wird die Metallschicht entweder mechanisch entfernt oder durch Gegenpolarisation elektrolytisch aufgelöst. Regenerierungsvorschriften sind aus obengenannten Gründen genau zu befolgen.

Neue Metallelektroden sind mit Oxiddeckschichten belegt, die das Null-Ladungspotential zu erheblich positiveren Werten verschieben (für Pt um fast $+1$ V, für Ag um $+0,56$ V; *Frumkin*, 1955), so daß eine Vorbehandlung wie bei einer gebrauchten Elektrode vorausgehen muß.

An Reinmetallelektroden werden edle Elemente (Ag, Au, Hg) und in Quecksilber schwer lösliche Elemente abgeschieden. Fällbare Anionen lassen sich auch an angreifbaren Metallelektroden elektrolytisch anreichern.

Graphit- und Spektralkohlestäbe eignen sich ebenfalls als Elektrodenmaterial. Durch Imprägnieren mit Wachs werden die porösen Stäbe luftfrei gemacht und isoliert (*Perone*, 1963 und 1966).

Die aktive Elektrodenoberfläche wird durch Anschleifen freigelegt. Anstelle von
Wachs kann die Präparation der Elektrode auch mit Epoxidharz vorgenommen werden (*Brainina*, 1966). Gut bewährt als Präparationsmittel hat sich ein Gemisch aus
Paraffin und 25 bis 30% Niederdruckpolyethylen (*Roizenblat*, 1966). Die vorbehandelten Graphit- oder Kohleelektroden werden in der Regel mit Glas-, Polyethylen- oder
PTFE-Rohr ummantelt und über Quecksilber oder Kohlepulver mit einem Kupferdraht kontaktiert.

Glaskohlenstoff hat gegenüber normalem Kohlenstoff als Elektrodenmaterial den
Vorteil, daß er durch seine hohe Dichte luftblasenfrei ist und keiner Vorbehandlung
bedarf. Als günstig hat sich das Einschrumpfen von Glaskohlenstiften in PTFE erwiesen. Dazu wird das PTFE-Rohr, das einen um 0,5 mm geringeren Innendurchmesser als der Glaskohlenstoffstift aufweist, im Trockenschrank auf 200 °C erhitzt und der
Elektrodenkörper in das Rohr gepreßt. Nach dem Erkalten ist der Stift dicht ein-

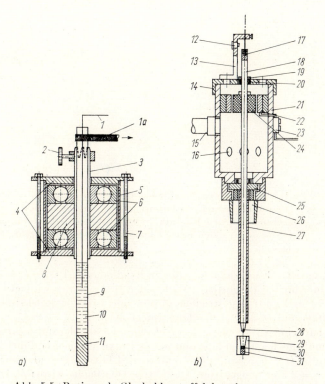

Abb. 5.5. Rotierende Glaskohlenstoffelektroden
a) nach *Geißler* (1975); b) nach *Dunsch* (1973). *1* Kupferdraht, *1a* Riemenantrieb,
2 Klemmschraube, *3* Metallrohr mit Spannvorrichtung, *4* Deckel, *5* Metallmantel,
6 Kugellager, *7* Schraubbolzen, *8* Metallzwischenring mit befestigtem Metallrohr, *9* Glasrohr, *10* Quecksilber, *11* Glaskohlenstoffstift, *12* Abgriff, *13* Kontakt-
bügel, *14* PVC-Deckel mit Belüftungslöchern, *15* Halterung, *16* Belüftungslö-
cher, *17* Kontakt (Silberwolle), *18* Achse, *19* Haltering, *20* Pendelkugellager,
21 PVC-Gehäuse, *22* Spulenkörper, *23* Anschluß für Verstärker, *24* Magnet,
25 Abdichtkappe, *26* Piacrylaufsatz, *27* Piacrylmantel der Elektrode, *28* Kon-
taktstift, *29* Elektrodenkörper (Teflon), *30* Silberwolle, *31* Elektrodenmaterial

geschrumpft. Die aktive Fläche wird vor der Bestimmung durch Polieren (Naßschleif-
papier, Korundpulver zur Metallographie, Filterpapier) vorbereitet. Eine Übersicht
über elektrochemische Reaktionen an Glaskohlenstoff gibt *Dunsch* (1974).

Rotierende Glaskohlenstoffelektroden wurden von *Geißler* (1975) und *Dunsch* (1973)
beschrieben (Abb. 5.5). Die Elektrode nach *Dunsch* hat den Vorteil, daß die eigentliche Elektrode sehr klein gehalten und leicht auswechselbar ist.

Kohlepasteelektroden werden aus spektralreinem Graphit- oder Kohlepulver und
wasserunlöslichen organischen Lösungsmitteln hergestellt. Die wasserunlösliche organische Phase muß geringe Flüchtigkeit, hohe Viskosität und elektrochemische In-
aktivität aufweisen. Als Lösungmittel werden Trimethylbenzen, Nujol, Silikonöl,
Ethylnaphthalen und α-Bromnaphthalen empfohlen. Für die Pastenherstellung ver-
reibt man z. B. 6 g Graphitpulver und 4 ml α-Bromnaphthalen oder 5 g Graphitpulver
und 2 ml Nujol intensiv miteinander. Die Paste wird in ein Glas- oder Kunststoffrohr

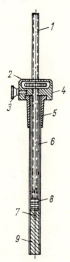

Abb. 5.6. Kohlepasteelektrode nach *Monien* (1967).
1 Gewindestange, *2* Halterung für Rändelschraube, *3* Klemmschraube für den Kontakt, *4* Messingknopf, *5* Polyethylenstopfen
NS 14,5, *6* silikonisiertes Glasrohr (15 cm), *7* Pt-Draht, *8* Teflon-
kolben, *9* Kohlepaste

eingefüllt und kontaktiert. Eine einfache, gut zu handhabende Pasteelektrode nach
Monien (1967) ist in Abb. 5.6 dargestellt. Nach jeder Bestimmung wird etwa 1 mm
Paste herausgedrückt und glatt abgestrichen. Rotierende Kohlepasteelektroden wur-
den von *Monien* (1971) und *Dunsch* (1975) konstruiert (Abb. 5.7).

Florence (1970) hat eine rotierende Quecksilberfilm-Glaskohlenstoffelektrode beschrieben, die sich mühelos herstellen läßt und in der Praxis vielfach bewährt hat.

Ein Glaskohlenstoffstift ($l = 5$ mm, $r = 1,5$ mm) wird mit Epoxidharz in ein Glasrohr ($l = 250$ mm, $r = 2$ mm) eingekittet. Die aktive Oberfläche wird mit Diamant-
staub metallographisch poliert. Kontamination der Oberfläche mit Adhäsiva ist zu
vermeiden.

Beim Einsatz der Elektrode scheidet man während der Vorelektrolyse gemeinsam mit
den zu bestimmenden Ionen einen Hg-Film ab, indem man der Analysenlösung vorher
0,1 ml 10^{-2} m Quecksilber(II)-nitratlösung zugibt. Die Dicke des Hg-Films beträgt
10^{-3} bis 10^{-2} mm. Die Voltammogramme werden wie üblich registriert.

Die Elektrode zeichnet sich durch sichere Handhabung, gute Reproduzierbarkeit der
Peaks, niedrige Erfassungsgrenze ($7 \cdot 10^{-10}$ mol/l Pb^{2+}) und einfache Regenerierung
(Abwischen mit Seidenpapier oder einem trockenen Tuch) aus.

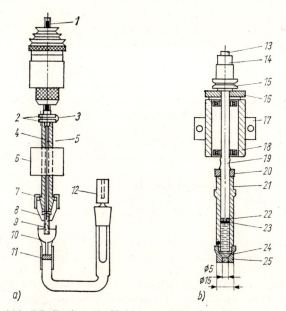

Abb. 5.7. Rotierende Kohlepasteelektroden
a) nach *Monien* (1971); b) nach *Dunsch* (1975).
1 Glasrohr mit Quecksilberfüllung, *2* Kupplungsscheiben, *3* Drahtverbindung,
4 Führungsrohr, *5* Pt-Draht (eingelötet), *6* Halterung mit Stiftlagern, *7* Überwurf-
mutter, *8* Gegenstück, *9* Kohlepasteelektrode, *10* Meßzelle, *11* Porzellanfritte,
12 Bezugselektrode, *13* Mitnehmer für Synchronmotor, *14* Messingabnehmer,
15 Riemenscheibe, *16* schraubbarer Deckel, *17* Halterung, *18* Aluminiumkörper,
19 Messingwelle mit Gewinde, *20* Gegenmutter, *21* Piacrylmantel, *22* Teflonring,
23 Kupferkontakt, *24* Kohlepaste, *25* abnehmbare Kappe

5.2.   Referenzelektroden

Die Referenzelektrode dient zur Bestimmung des Potentials der Arbeitselektrode
und in Zwei-Elektroden-Anordnungen zugleich auch als Gegenelektrode für den
Stromdurchgang. Beim potentiostatischem Arbeiten mit 3 Elektroden ist die Referenzelektrode nur Bezugssystem für die Einstellung der Arbeitselektrode auf den Sollwert
des Potentials.
Grundsätzlich gilt für alle polarographischen Methoden, daß die Referenzelektrode
unpolarisierbar und bei Zwei-Elektroden-Technik niederohmig sein soll. Hochohmige
Elektroden verursachen einen IR-Abfall, der die polarographische Kurve verzerrt.
Die Hg-Pool-Elektrode (s. Abb. 5.9b) wird am häufigsten als Gegenelektrode und
zugleich als Referenzelektrode gebraucht, wenn keine genauen Potentialsangaben ge-
fordert werden. Sie besteht einfach aus einer mehrere Quadratzentimeter großen
Hg-Schicht auf dem Boden der polarographischen Zelle. Kontaktiert wird entweder
mit einer in Glas eingeschmolzenen Pt-Stiftelektrode oder mit einem in die Zelle ein-
gelassenen Pt-Draht. Die Qualität des Quecksilbers muß dem der Quecksilbertropfelektrode entsprechen. Das Potential der Hg-Pool-Elektrode wird durch den verwendeten Leitelektrolyten bestimmt. Halbstufen- oder Peakspitzenpotentiale können da-

mit nicht gemessen werden. Die Vorteile der Hg-Pool-Elektrode sind ihr niedriger Ohmscher Widerstand, wenn sich auf der Quecksilberoberfläche keine hochohmigen Deckschichten ablagern, und ihre einfache Handhabung. Nachteilig ist der relativ hohe Quecksilberverbrauch zu werten.

Metallelektroden (Pt, Ag, W) in Blech- oder Stabform werden in der Polarographie beim Arbeiten mit 2 Elektroden selten als Gegenelektroden bzw. Referenzelektroden benutzt, Pt- oder Ag-Drahtspiralen gelegentlich. Kohleelektroden sollten nur dann verwendet werden, wenn sie in analoger Weise präpariert worden sind wie für den Einsatz als Festelektroden (s. Abschn. 5.1.4.). Andernfalls saugt die poröse Kohle Analysenlösung auf, mit der die nachfolgende Probe kontaminiert wird. Glaskohlenstoffelektroden dürften gegenüber normalen Kohleelektroden wesentlich vorteilhafter sein.

Mit Elektroden 2. Art wird das Potential der Arbeitselektroden genau gemessen. Abhängig von der Probelösung werden Kalomelelektroden (NKE, GKE), Silber-Silberchloridelektroden (NSSE, GSSE) und Quecksilbersulfatelektroden (QSE, GQSE) eingesetzt.

Wenn in die Analysenlösung ausfließende KCl- oder K_2SO_4-Lösung nicht stört, können die Referenzelektroden unmittelbar in die polarographische Zelle eintauchen. Andernfalls wird die Probelösung in der Zelle mit der Elektrode 2. Art über eine Elektrolytbrücke verbunden. Bei käuflichen Elektroden 2. Art sollte ihr Widerstand gemessen werden (IR-Abfall), wenn mit Zwei-Elektroden-Anordnung gearbeitet wird. Moderne Polarographen verfügen über einen Potentiostaten, so daß die Messung mit 3 Elektroden vorzuziehen ist. Eine niederohmige Referenzelektrode (nur $160\,\Omega$) ist von *Geißler* und *Kuhnhardt* (1970) beschrieben worden. Sie besitzt einen austauschbaren Stromschlüssel, der durch eine mikroporöse Polyurethanfolie einseitig abgedichtet ist.

Die Schenkelenden U-förmig gebogener Stromschlüssel aus Glasrohr werden durch Glasfritten (G2), PUR-Membranen oder Zellstoffstopfen verschlossen. Dabei ist auf niedrige Widerstandswerte zu achten. Großporige Fritten können ohne nennenswerte Widerstandserhöhung durch Kieselsäuregel undurchlässig gemacht werden, indem nacheinander Wasserglaslösung und konzentrierte Salzsäure hindurchgesaugt wird. Bewährt haben sich ferner teilweise oder vollständige Agar-Agar- bzw. Gelatinefüllungen mit KCl oder KNO_3 als Leitelektrolyt (z. B. 2 bis 3 g Agar-Agar in 100 ml 1 m KCl-Lösung). Aufbewahrt werden Stromschlüssel in ihren Leitsalzlösungen gleicher Konzentration. Weitere Hinweise über die Anfertigung von Stromschlüsseln gibt *Proszt* (1967).

5.3.   Meßzellen

Polarographische Meßzellen sind in überaus großer Zahl von einfachen bis zu komplizierten Konstruktionen beschrieben worden. In der Regel konstruiert der Anwender die Meßzelle selbst und läßt sie von einem Glasbläser anfertigen. Neuerdings werden aber industriell hergestellte polarographische Zellen als Zubehör zu den Polarographen angeboten. Sie sind besser durchkonstruiert und eignen sich gut für Routinemessungen.

Bei der Konstruktion und der Anfertigung polarographischer Meßzellen sollten folgende allgemeine Gesichtspunkte beachtet werden:

1. Die anzuwendende polarographische Methode ist entscheidend für die Konstruktion der Zelle. An eine Meßzelle zur SWP oder HFP werden andere Anforderungen gestellt als an eine solche zur Gleichstrompolarographie, beispielsweise darf das Queck-

silber der Quecksilbertropfelektrode nicht in das Bodenquecksilber tropfen (Kontaminationsgefahr).

2. Das zu untersuchende Probevolumen (Makro- oder Mikroanalyse) bestimmt wesentlich Form, Größe und Funktionsweise der Meßzelle.

3. Die Arbeitsaufgabe – fortlaufende Routineanalysen oder Einzelmessungen an speziellen Proben für Forschungsaufgaben – kann ebenfalls für die konstruktive Gestaltung der Polarographiezelle maßgebend sein.

Darüber hinaus gelten einige Konstruktionsprinzipien für alle Zellentypen:

Der Zellenwiderstand soll $< 300\,\Omega$ sein.

Eine Konusform ist wegen ihres variablen Volumens (Makro- und Halbmikroanalyse) anderen Bauformen vorzuziehen.

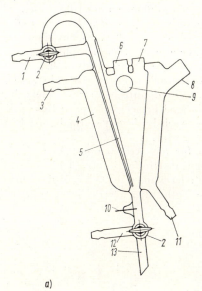

a)

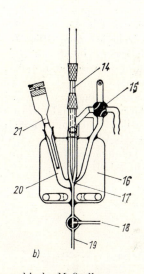

b)

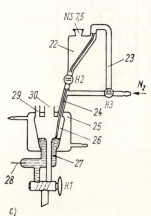

c)

Abb. 5.8. Polarographische Meßzellen
a) Meßzelle zur Routineanalytik; b) Halbmikrozelle nach *Berg*; c) Spezialzelle zur Hochfrequenzpolarographie nach *Kuhnhardt* (1973).
1 Gaseinleitung, *2* Dreiweghahn, *3* Ablauf zum Thermostaten, *4* Thermostatmantel, *5* Entlüftungsrohr, *6* QTE, *7* RE, *8* Thermometerstutzen, *9* Einfüllstutzen, *10* Pt-Draht, *11* Zulauf vom Thermostaten, *12* Anschluß für Bodenquecksilbervorratsgefäß, *13* Ablauf, *14* Spitzkapillare, *15* Gaseinleitung und Gasüberleitung, *16* Thermostatmantel, *17* Meßraum, *18* Anschluß für Bodenquecksilber, *19* Ablauf, *20* Elektrolytbrücke, *21* Referenzelektrode, *22* Gefäß zur Vorentlüftung der Probe, *23* Gaseinleiäng und Gasüberleitung, *24* Zuflußrohr für die Probe in die Meßzelle, *25* Thermostatmantel, *26* Meßzelle, *27* Bodenquecksilber, *28* Platindrahtkontakt, *29* Stutzen für Referenzelektrode oder Zusätze, *30* Stutzen für Quecksilbertropfelektrode, H1, H2, H3, Hähne

Der Deckel oder Kopf der Zelle sollte mit einer hinreichenden Anzahl Stutzen zum Einführen der QTE, der Referenz- und Gegenelektrode, von Entlüftungsröhrchen und eines Stromschlüssels versehen sein.

Die Handhabung der Zelle beim Füllen, Entleeren und Reinigen soll bequem sein.

Zweckmäßig ist ein System zum Entlüften der Probelösung und zum Überleiten von Schutzgas.

Ein Anschlußstutzen für ein Quecksilbervorratsgefäß zum Arbeiten mit der Hg-Pool-Elektrode ist günstig.

Eine einfache und sichere Halterung der Meßzelle muß gewährleistet sein.

Ob die Meßzelle mit einem Thermostatisierungsmantel ausgerüstet wird, richtet sich nach den Meßaufgaben und den Temperaturschwankungen der Umgebung.

Auf ältere polarographische Zellen, wie sie von *Heyrovsky, Lingane* und *Laitinen, Novak, Kalousek, Serak* u. a. verwendet worden sind, soll hier nicht eingegangen werden. Diese sind in den einschlägigen Lehrbüchern der Polarographie abgebildet. Eine Universalzelle hat *Berg* (1955) beschrieben. Für die Routineanalytik hat sich im Labor des Verfassers die in Abb. 5.8a) dargestellte Meßzelle über Jahre bewährt. Sie gestattet, mit Volumina zwischen 1 und 10 ml zu arbeiten. Gute industrielle Meßzellen bieten die Firmen Metrohm AG (Herisau, Schweiz) und Princeton Applied Research (Princeton, USA) an. Einen automatischen Probenwechsler fertigt erstmalig die Firma PAR zum Polarographen Model 374 mit Mikroprozessor.

Mikrozellen sind Sonderkonstruktionen für das Arbeiten mit Volumina von 500 bis 50 µl. Als Werkstoffe werden Glas oder Kunststoffe, bevorzugt Plexiglas, verarbeitet. Ihr Volumen wird meist durch Heben oder Senken des Niveaus des Bodenquecksilbers eingestellt. Ganz wesentlich ist die Entlüftung der Probe und ihr Schutz vor

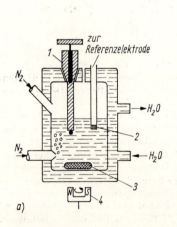
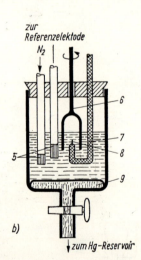

Abb. 5.9. Polarographische Meßzellen zur Inversvoltammetrie
a) mit hängender Quecksilbertropfenelektrode; b) mit Quecksilberfilmelektrode und Glockenrührer (nach *Neeb*, 1969).
1 HQTE, *2* Fritte, *3* Rührmagnet, *4* Magnetrührer, *5* Fritten, *6* Glockenrührer, *7* Hg, *8* Hg-Filmelektrode, *9* Pool-Elektrode

eindringender Luft. Vielfach wird auch von Oberflächenkräften Gebrauch gemacht, um in geringen Flüssigkeitsmengen polarographieren zu können. So wird das Haften von Tropfen an der Kapillare der QTE oder das Einsaugen kleiner Probenvolumina in enge Röhrchen ausgenutzt. Eine Halbmikrozelle in Glasausführung hat *Berg* (1955) konstruiert (Abb. 5.8b). Weitere Typen von Mikrozellen wurden von *Zagorski* (1964) beschrieben. Manche polarographischen Methoden erfordern spezielle Meßzellen. So wird in der SWP eine Zelle mit Auffangrohr für das Tropfelektrodenquecksilber verwendet, um die Kontamination der nachfolgenden Probelösung mit Depolarisatorspuren aus dem normalerweise mit dem Bodenquecksilber vermischten Quecksilber der QTE zu vermeiden (*Geißler* und *Kuhnhardt*, 1970).

Zur inversen Voltammetrie werden meist Zellen mit flachem Boden für den Betrieb eines Magnetrührers gewählt. Dafür geeignete elektrolytische Gefäße sind bei *Neeb* (1969) abgebildet. Zwei Beispiele zeigen die Abb. 5.9a) und b). Eine Spezialzelle zur HFP (Abb. 5.8c) benutzte *Kuhnhardt* (1973).

5.4. Apparativer Aufbau von Polarographen

5.4.1. Allgemeines

Der erste Polarograph zur automatischen Aufzeichnung von Stromspannungskurven wurde 1925 von *Heyrovsky* und *Shikata* (*Krjukowa*, 1964; *Proszt*, 1967) konstruiert. Dieser Grundtyp des Gleichstrompolarographen, der aus einer Kohlrauschwalze, einem empfindlichen Spiegelgalvanometer und einer photographischen Registriereinrichtung bestand, hat in vielfach verbesserten Ausführungsformen über 3 Jahrzehnte die polarographische Meßapparatur für die Forschung und Routineanalytik gebildet. Das letzte Gerät dieses Typs war der präzis arbeitende DC-Polarograph LP 55 (Laboratorni přistroje, Praha, ČSSR).

Die beiden Hauptnachteile des Heyrovskyschen Polarographen – das erschütterungsempfindliche Galvanometer und die komplizierte photographische Registrierung – konnten mit der rasch voranschreitenden Elektronik durch leistungsfähige Verstärker und Kompensationsbandschreiber beseitigt werden. Als Polarisationsspannungsquelle blieb die Kohlrauschwalze zunächst erhalten, wurde aber bald durch gekapselte Potentiometer abgelöst. DC-Polarographen nach dieser technischen Konzeption sind zuerst von Radiometer (Kopenhagen, Dänemark) gebaut worden (PO 1, 1938; Polariter PO 3, 1940; Polariter PO 4, 1956). Dieses Bauprinzip wurde auch im Leyboldt-Polarographen (Leyboldt, Köln, BRD) und in den Typen Orion KST, OH-101 und OH-102 (Radelkis, Budapest, UVR; ab 1958) verwirklicht. Ende der fünfziger Jahre erschienen der Tastpolarograph „Selector D" (Atlas-Werke, Bremen, BRD), in dem erstmalig das Tastprinzip realisiert wurde, und der Polarecord E 261 R (Metrohm AG, Herisau, Schweiz). Auf den dargelegten Prinzipien beruhende DC-Polarographen wurden in den USA von Sargent und Leeds-Northrup, in Japan von Shimadzu und in der UdSSR von ZLA (Zentrallabor für Automatisierung) hergestellt.

Die neu entwickelten polarographischen Methoden der fünfziger und sechziger Jahre, wie die ACP nach *Breyer* und die SWP nach *Barker*, blieben wegen ihres hohen elektronischen Aufwandes zunächst nur einem kleinen Anwenderkreis vorbehalten. Selbst als der Square wave-Polarograph produziert wurde (Mervyn Harwell Mark III, Großbritannien; Rechteckwellenpolarograph RPO 2, Forschungsinstitut für NE-

Metalle/PGH Radio-Fernsehen, Freiberg, DDR), waren die Stückzahlen der Geräte auf Röhrenbasis gering. Die Verbreitung der Methode wurde damit nicht gefördert. Im Gegensatz dazu nahm die Anwendung der Oszillopolarographie infolge der Produktion des Polaroskops P 576 (Krizik, Praha, ČSSR) nach 1950 stark zu.

Eine Wende im Polarographenbau brachte die Ablösung der Elektronenröhre durch den Transistor und die damit einhergehende Miniaturisierung der Bauelemente. Damit wurde es möglich, meßtechnisch aufwendige polarographische Methoden in Geräte umzusetzen, die genauso einfach zu handhaben sind wie ein DC-Polarograph.

Neuerdings steht mit dem Operationsverstärker (OV) in Form von integrierten Schaltkreisen ein außergewöhnlich vielseitiges elektronisches Bauelement zur Verfügung, und die Polarographie war das erste Gebiet in der chemischen Instrumentierung, auf dem der OV angewendet wurde. Mit Operationsverstärkern in integrierter Technik werden von führenden Herstellern elektronischer Geräte heute nicht mehr Einzweckpolarographen, sondern polarographische Analysatoren hergestellt, die ein ganzes System elektrochemischer Methoden in sich vereinigen (z. B. Polarographic Analyzer Model 174 A, PAR, USA).

5.4.2.   Elektronische Schaltkreise für polarographische Methoden

Die verschiedenen polarographischen und voltammetrischen Methoden unterscheiden sich elektronisch gesehen in der Art der angelegten Polarisationsspannung (Gleichspannung, Rechteckspannung usw.) und in der Messung der in der polarographischen Zelle fließenden Ströme. Grundsätzlich lassen sich daher alle Polarographen in einen Generator- und einen Meßteil zerlegen. Beide Funktionsteile enthalten Baugruppen, die mehreren Methoden gemeinsam sind oder die mit zusätzlichen Schaltkreisen gekoppelt die spezielle Methode aufzubauen gestatten. Abb. 5.10 zeigt im Blockschaltbild Generator- und Meßteil.

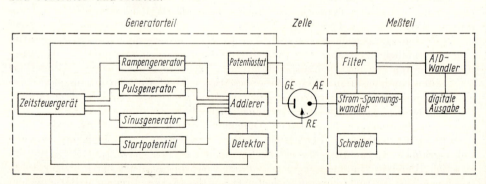

Abb. 5.10. Generator- und Meßteil eines Polarographen

Zunächst soll kurz der Generatorteil behandelt werden, der sich aus den in Tab. 5 aufgeführten Baugruppen zusammensetzt.

Signalgeneratoren erzeugen die an die QTE anzulegenden Polarisationsspannungsarten. Ein Rampen- oder Sägezahngenerator liefert die linear ansteigende Gleichspannung für die DCP und Single sweep-Polarographie, aber auch für andere polarographische Methoden, bei denen periodische Spannungsformen der Polarisationsgleichspannung überlagert werden. Für die SWP, HFP, PP und DPP wird ein Rechteckspannungsgenerator, für alle Methoden mit sinusförmiger Polarisationsspannung (ACP, OWP mit 2. Harmonischer) ein Sinusgenerator gebraucht. Mit einem Dreieckspannungsgenerator wird die Arbeitselektrode in der cyclischen Voltammetrie mit Dreieckspannung polarisiert.

Tabelle 5

Elektronische Baugruppen für Generator- und Meßteil

Generatorteil	Meßteil
Signal- oder Funktions-	Verstärker
generatoren	Filter
Addierer	Speicher
Potentiostat	Phasenschieber
Zeitsteuergerät mit	Ableitglieder
Detektor (Trigger)	Schreiber
	AD-Wandler
	digitale Ausgabeeinheit
	Mikroprozessor

Zur Modulation der linear ansteigenden Gleichspannung mit den verschiedenen Spannungsformen wird in der Square wave-Polarographie, Hochfrequenzpolarographie und Differenzpulspolarographie ein Addierer eingesetzt.

Moderne Polarographen enthalten stets einen Potentiostaten, der die Ist-Spannung an der Arbeitselektrode mit der Soll-Spannung in Übereinstimmung bringt.

Bei einigen Wechselstrommethoden wird die Polarisationsspannung nur zu bestimmten Zeiten an die QTE angelegt. Außerdem wird der Faradaysche Strom in festgelegten Zeitintervallen gemessen, wie bei der Besprechung der einzelnen Methoden dargelegt worden ist. Zeitsteuergeräte schalten diese zeitlichen Vorgänge, die synchron mit dem Tropfenleben ablaufen (Strobe- und Pulstechnik). Ein Detektor (Trigger) muß deshalb den Tropfenfall synchronisieren.

Zum Meßteil gehören die im rechten Teil von Tab. 5 aufgelisteten Baugruppen. Der Verstärker hat die Aufgabe, die kleinen Zellströme ohne Spannungsverluste in proportionale Meßspannungen umzuwandeln.

Um die Tropfenzacken in der DCP zu dämpfen, können einfache *RC*-Glieder verwendet werden. Besser sind aber aktive *RC*-Filter (*Kelley* und *Fisher*, 1956). Weiter dienen Filter dazu, hochfrequente Ströme von niederfrequenten abzutrennen (HFP).

Daß in der Oberwellenwechselstrompolarographie nur die 2. Harmonische gemessen wird, bewirkt ein entsprechendes frequenzselektives Filter.

In der Differenzpulspolarographie muß der zu einem bestimmten Zeitpunkt anstehende Meßwert gespeichert werden, um ihn vom nachfolgenden Meßwert subtrahieren zu können. Desgleichen sind Mittelwerte zu speichern, wenn sie für eine digitale Anzeige integriert werden sollen. Ein Beispiel dafür wäre die Integration eines cyclischen Voltammogrammes. Speicherschaltungen spielen deshalb bei den hochentwickelten polarographischen Methoden eine bedeutende Rolle.

Eine phasenempfindliche Gleichrichtung, wie sie beispielsweise in der phasensensitiven ACP höherer Harmonischer benutzt wird, erfordert einen Phasenschieber.

Bekanntlich lassen sich peakförmige Kurven besser ausmessen als dc-polarographische Stufen. Mit einem Ableitungsglied kann elektronisch leicht die 1. Ableitung der polarographischen Stufe gebildet werden.

Zur Registrierung der Polarogramme kommen sowohl Kompensationsbandschreiber und XY-Schreiber als auch Oszillographen in Betracht. Soll das Meßergebnis digital ausgegeben werden, muß ein Analog-Digital-Wandler zwischengeschaltet werden. Bei Anschluß eines Digitalvoltmeters als Ausgabe wird die AD-Wandlung im Anzeigegerät selbst vorgenommen.

Eine Übersicht über elektronische Baugruppen, die für verschiedene polarographische Methoden benötigt werden, gibt Tab. 6.

Tabelle 6

Baugruppenbedarf verschiedener polarographischer Methoden

Elektronische Baugruppe	DCP	SSP	CV	ACP	SWP	HFP	OWP	PP	DPP
Spannungsgeneratoren									
Rampengenerator	+	+		+	+	+	+	+	+
Rechteckspannungsgenerator					+	+		+	+
Sinusgenerator				+		+	+		
Dreieckspannungsgenerator			+						
Addierer				+	+	+	+	+	+
Potentiostat	+	+	+	+	+	+	+	+	+
Zeitsteuergerät		+			+	+		+	+
Verstärker	+	+	+	+	+	+		+	+
Filter							+		
Dämpfungsfilter	+	+							
Tiefpaßfilter						+			
Hochpaßfilter						+			
Speicher (sample and hold)			+					+	+
Phasenempf. Gleichrichter/Phasenschieber				+			+		
Schreiber	+	+	+	+	+	+	+	+	+

5.4.3.   Anwendung von Operationsverstärkern in Polarographen

Mit Hilfe von Operationsverstärkern lassen sich die unter 5.4.2. besprochenen Baugruppen für polarographische Meßgeräte in nahezu idealer Weise realisieren. Den Grundlagen der Operationsverstärker und ihren Anwendungsmöglichkeiten ist ein umfangreiches Schrifttum gewidmet (*Pabst*, 1971; *Bonfig* und *Gehrold*, 1970, 1971, 1973; *Völz*, 1974). Eine für den Chemiker ausgezeichnete Einführung in die Anwendung von OV in der instrumentellen Analyse hat *Kalvoda* (1975) verfaßt.

Im folgenden sollen einige Grundschaltungen vorgestellt werden, wie sie für den Aufbau von Polarographen benötigt werden. Ausführlicher werden die Schaltungen in der obengenannten Originalliteratur behandelt.

Abb. 5.11 zeigt Schaltungen für einen Rampen-, einen Sinus- und einen Rechteckgenerator.

Der Rampengenerator (engl. ramp- oder sweep generator) ist ein als Integrator geschalteter OV (FET-Verstärker), der eine linear ansteigende Gleichspannung bis zur Sättigungsspannung des OV (± 10 V) abgeben kann. Der Spannungsanstieg wird abgebrochen, wenn der Kondensator C_g im Rückkopplungskreis durch Schließen des Schalters S entladen wird.

Der abgebildete Sinusgenerator arbeitet mit der Frequenz $f = \frac{1}{2}\pi RC$. Der Oszillator ist niederfrequent bis 1 kHz ausgelegt. Die Sinus-Spannungsamplitude erreicht maximal die Sättigungsspannung des OV und wird durch den in der Rückkopplung liegenden Diodenbegrenzer DB mit Zenerdioden begrenzt.

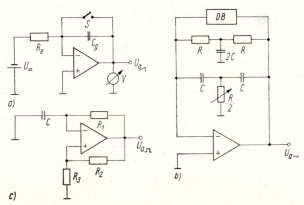

Abb. 5.11. Signalgeneratoren mit Operationsverstärkern
a) Rampengenerator; b) Sinusgenerator; c) Rechteckspannungsgenerator.
Das Schaltzeichen für den Operationsverstärker ist ein gleichseitiges Dreieck. Das Minuszeichen im Schaltzeichen bedeutet invertierender Eingang (Ausgangsspannung hat umgekehrtes Vorzeichen). Das Pluszeichen im Schaltzeichen bedeutet nichtinvertierender Eingang (Ausgangsspannung hat gleiches Vorzeichen)

Der astabile Multivibrator erzeugt Rechteckimpulse, wie sie in der SWP, PP und DPP gebraucht werden. Liegt am Ausgang der Schaltung die positive Sättigungsspannung U_s^+ an, so beginnt der Kondensator C über den Widerstand R_1 sich aufzuladen, bis die Spannung am invertierenden Eingang gleich der Spannung am nichtinvertierenden Eingang ist, die durch den Spannungsteiler R_1, R_2 festgelegt ist. In diesem Moment kippt der Multivibrator um, und am Ausgang erscheint die negative Sättigungsspannung U_s^-. Die positive Kondensatorspannung am nichtinvertierenden Eingang stabilisiert den negativen Zustand, bis sich der Kondensator umgeladen hat. Dann kippt der Multivibrator auf den positiven Spannungswert zurück.

Bei allen Wechselstrommethoden muß der linear ansteigenden Gleichspannung die entsprechende Wechselspannung überlagert werden. In der Addierschaltung (engl. adder) werden die einzelnen Spannungen $U_{e,1} \dots U_{e,n}$ an die Eingangswiderstände $R_{e,1} \dots R_{e,n}$ angelegt und summiert (Abb. 5.12a) Am Ausgang erscheint die modulierte Spannung.

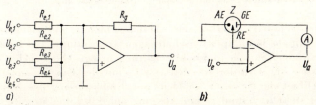

Abb. 5.12. Addierer (a) und Potentiostat (b).
A Amperometer

Die Arbeitsweise eines nichtinvertierenden Verstärkers als Potentiostat zeigt Abb. 5.12b). Dabei wird die Eigenschaft des OV ausgenutzt, daß im Knotenpunkt S (entspricht hier der Meßzelle Z) immer dieselbe Spannung anliegt wie am positiven Eingang.

Ein Stromverstärker mit Empfindlichkeitsregelung ist mit einem OV leicht zu konstruieren. Man verwendet einen invertierenden Verstärker mit regelbarem Rückkopplungswiderstand.

Zur Dämpfung der Tropfenzacken werden in der Polarographie nicht verzerrende Dämpfungsfilter benötigt. Darüber hinaus müssen bei den Wechselstrommethoden höher- oder niederfrequente Ströme mit Tief- oder Hochpaßfiltern ausgefiltert werden. Schaltungen für Dämpfungs-, Tief- und Hochpaßfilter gibt Abb. 5.13 wieder.

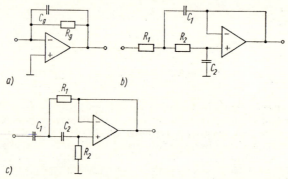

Abb. 5.13. Aktive Filter
a) Dämpfungsfilter für Tropfenzacken; b) Tiefpaßfilter; c) Hochpaßfilter

Für die ACP mit phasenempfindlicher Gleichrichtung wird ein Phasenschieber gebraucht, um den Kapazitätsstrom vom Faradayschen Strom abzutrennen. Eine dafür geeignete Schaltung ist in Abb. 5.14a) dargestellt. Sie erlaubt Phasenverschiebungen zwischen 0 und 180° mit Hilfe des regelbaren Widerstandes R_r.

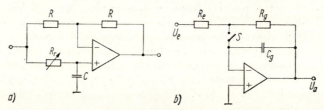

Abb. 5.14. Phasenschieber (a) und Sample-and-hold-Schaltung (b)

In der DPP ist, wie bereits erwähnt, eine Differenzbildung gespeicherter Signale erforderlich. Diese Aufgabe lösen Speicherschaltungen (engl. sample and hold circuits). Einen einfachen Typ einer Sample-and-hold-Schaltung bringt Abb. 5.14b). Wenn der Schalter S geschlossen ist, wird der Kondensator C_g mit der Eingangsspannung aufgeladen (sample). Öffnet der Schalter, so bleibt die Endspannung des Kondensators erhalten (hold) und steht unverändert am Ausgang an, d. h., die Ausgangsspannung entspricht der Eingangsspannung mit umgekehrtem Vorzeichen. Beim Schließen des Schalters beginnt der Vorgang erneut. Im Falle der DPP sind zwei Sample-and-hold-

Bausteine erforderlich, die die ankommenden Signale abwechselnd speichern und einem Differenzverstärker zuführen.

Beispiele für einfache Polarographen sind in Abb. 5.15 wiedergegeben. Ein Zwei-Elektroden-Polarograph zur DCP läßt sich aus einem Rampengenerator und einem Stromspannungsverstärker aufbauen (Abb. 5.15 a). Die Empfindlichkeit des Gerätes kann mit der Widerstandsdekade R_g geregelt werden, die mit der Kapazitätsdekade C_g auch die Tropfenzackendämpfung bewirkt.

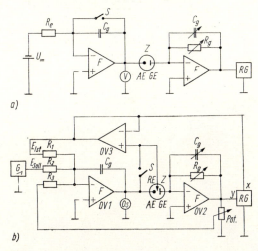

Abb. 5.15. Schaltungen für Gleichstrompolarographen
a) Zwei-Elektroden-Polarograph; b) Drei-Elektroden-Polarograph

Der Zwei-Elektroden-Polarograph läßt sich zu einem Drei-Elektroden-Polarographen umkonstruieren, wenn die Ausgangsspannung des Rampengenerators auf den Eingang eines summierenden Potentiostaten gegeben wird. Der OV 1 in Abb. 5.15 b) arbeitet als summierender Verstärker, der an der Arbeitselektrode durch Kompensation des IR-Abfalls die vorgewählte Soll-Spannung aufrechterhält.

5.4.4. Übersicht über Polarographen

Die Entwicklung und Produktion von Polarographen wurde in den letzten zehn Jahren wesentlich durch die Fortschritte der Mikroelektronik geprägt. Durch den Einsatz von integrierten Schaltkreisen, Mikroprozessoren und neuen Registriereinrich-

Tabelle 7
Polarographentypen aus der UVR und ČSSR

Methode	Radelkis (UVR) Typ	Laboratorni pristroje (ČSSR) Typ
Gleichstrompolarographie	OH-103[1]), OH-105[2]), OH-106[3])	LP 7e
Wechselstrompolarographie	OH-103, OH-105	
Cyclische Voltammetrie		LP 7e
Square wave-Polarographie	OH-104	

[1]) 100-mm-Schreiber.
[2]) 250-mm-Schreiber.
[3]) Programmierbarer Polarograph, 100-mm-Schreiber.

Tabelle 8

Übersicht über elektrochemische Meßsysteme

Hersteller	Zentrum für wissenschaftlichen Gerätebau der AdW (DDR)	Princeton Applied Research (USA)	
Gerätetyp Methoden	Gleich-Wechselstrom-Polarograph GWP 673	Electrochemistry System Model 170	Polarographic Analyzer Model 174 A
Gleichstrompolarographie	+	+	+
Rapidpolarographie	+		
Derivative Gleichstrompolarographie	+		
Cyclische Voltammetrie	+	+	
Inverse Voltammetrie	+	+	+²)
Single sweep-Polarographie	+		+
Tastpolarographie	+		+
Treppenstufenpolarographie	+		
Wechselstrompolarographie	+		
Phasenempf. Wechselstrompolarographie	+	+	+
Wechselstrompolarographie der 2. Harmonischen	+		
Phasenempf. Wechselstrompolarographie der 2. Harmonischen	+		
Pulspolarographie		+	+
Differenzpulspolarographie	+¹)	+	+
Chronopotentiometrie	+	+	
Chronoamperometrie	+	+	
Coulometrie bei kontrolliertem Potential	+	+	
Coulometrie bei kontrolliertem Strom	+	+	
Phasenwinkelmessung	+		
Kapillarkurvenregistrierung	+		
Potentiometrie		+	
Chronocoulometrie		+	+
Sondereinrichtungen	Tropfzeitmessung, Tropfzeittrigger		

¹) In Vorbereitung.
²) Direkte Inversvoltammetrie, Differenz-Puls-Inversvoltammetrie.
³) Katodisch-anodisch; katodische und anodische Differenz-Puls-Inversvoltammetrie; Mikroprozessor.

tungen [Transient-Recorder (*Betty*, 1977), Boxcar-Integrator¹)] eröffnet sich für die elektrochemischen Methoden allgemein und die Polarographie im besonderen ein breites Anwendungsfeld.

Es ist nicht beabsichtigt, in diesem Abschnitt eine Übersicht über möglichst viele Polarographentypen, ihre Gerätedaten und Hersteller zu geben. Auch auf Abbildungen von Polarographen wird verzichtet, weil diese relativ schnell veralten. Eine wertvolle Zusammenstellung über DC-Polarographen gibt *Meites* (1965). Über moderne elek-

¹) Boxcar-Integrator BCI 176, Akademie der Wissenschaften der DDR. Zentrum für wissenschaftlichen Gerätebau, 199 Berlin, DDR-1 Rudower Chaussee 6.

	Bruker-Physik AG (BRD)	Tacussel electronique (Frankreich)	Metrohm AG (Schweiz)	Radelkis (UVR)
Polarographic Analyzer Model 374	Universal Modular Polarograph E 310	Electrochem. System „Voctan" PRG 34	Polarecord E 506	Gleich-/Wechselstrompolarograph OH-105
+	+	+	+	+
			+	
	+	+		+
	+	+	+	
+[3])	+	+	+	+
+			+	
	+		+	
			+	
		+		+
	+	+	+	
				+
			+	
	+	+	+	
+	+	+	+	
	+	+		
			+	
			+	
			+	
		+		
		+		
	Kalousek-Umschalter, Boxcar, Transientrecorder		Anschlüsse für Oszilloskop und schnellen xy-Schreiber	

tronische Polarographen, insbesondere in der UdSSR entwickelte Geräte, berichtete *Salichdshanova* (1972). Eine Übersicht handelsüblicher Polarographen aus der UVR und ČSSR gibt Tab..7.

Universelle elektrochemische Analysensysteme, die die Mehrzahl der gegenwärtig nutzbaren Methoden beinhalten, sind in Tab. 8 aufgeführt. Sie sind vorrangig für elektrochemische Forschungsarbeiten gedacht, ausgenommen Model 374 von PAR.

Der „Polarophic Analyzer Model 374" (PAR) arbeitet mit einem Minicomputer. Auf einem Tastenfeld werden die Daten zur Steuerung des Gerätes nach einem vorgegebenen Eingabeverfahren eingetastet. Dabei wird jede Eingabe auf Richtigkeit geprüft. Andernfalls wird sie nicht angenommen. Nach dem Start des Gerätes steuert der Minicomputer den Ablauf der Analyse. Die anfallenden experimentellen Daten werden hinsichtlich ihrer Gültigkeit kontrolliert. Ungültige Werte, z. B. durch frühzeitigen Tropfenfall verursacht, werden aussortiert und die Messungen wiederholt. Alle gültigen Daten werden bezüglich des Rauschens minimiert, weiterverarbeitet und gespeichert, damit sie analog auf einem Schreiber ausgegeben werden können. Eine automatische Skalendehnung und Meßbereichseinstellung sorgt dafür, daß jeder Peak erfaßt wird. Das Polarogramm wird schließlich so ausgeschrieben, daß der größte Peak die Schreiberbreite voll ausfüllt.

Auf Befehl rechnet der Minicomputer anhand der abgespeicherten, vorher registrierten Eichwerte die Meßwerte in Konzentrationen um und schreibt diese aus. Durch Abspeichern des Polarogrammes einer Blindlösung werden die Blindwerte von den Analysenwerten subtrahiert und untergrundkorrigierte Peaks aufgezeichnet.

Ein vielseitiges Gerät für voltammetrische Meßmethoden auf Basis von Operationsverstärkern haben *Willems* und *Neeb* (1974) beschrieben. Es ermöglicht, DCP, Tastpolarographie, PP, SWP und ACP zu betreiben. Für die zeitgesteuerten Methoden übernimmt ein digitales Zeitsteuergerät die Schaltvorgänge.

Über einen Polarographen mit wahlweise analogem oder digitalem Ausgang hat *Vassos* (1973) berichtet. Der Polarograph ist für alle Zeitvorgänge digital aufgebaut, während Spannungsgenerator, Abtastung und Potentiostat wegen ihrer einfacheren Konstruktion analog ausgeführt sind. Durch Signalsummierung über 50% der Tropfzeit wurde ein günstiges Nutz-/Störsignal-Verhältnis erreicht.

Einer der ersten Polarographen in OV-Technik ist der DC-Polarograph Q-2792 von Oak Ridge National Laboratory (*Jones*, 1969). Außer dem normalen Polarogramm schreibt das Gerät auch die 1. und 2. Ableitung. Sein Auflösungsvermögen für Kurven der 1. Ableitung soll mit dem der ACP, SWP und PP vergleichbar sein. Bestechend ist, daß mit einer geregelten Tropfzeit von 0,5 s und mit einer Potentialanstiegsrate von 1 V/min in 30 s das Polarogramm einer 10^{-3} m Depolarisatorlösung mit einer relativen Standardabweichung von 0,2% registriert werden kann.

Ein „Push-Button Electrochemical Analyzer" mit digitaler Konzentrationsausgabe, die auf der Zählung und Anzeige von Stromimpulsen beruht, ist ebenfalls bekannt (*White*, 1972).

Interessant ist eine Schaltung zur phasenempfindlichen ACP mit relativ großen Wechselspannungsamplituden (15 bis 30 mV) von 200 Hz (*Kalvoda*, 1972). Die gewählten Parameter verbessern die Empfindlichkeit der Methode. Für ein höheres Auflösungsvermögen wird eine Wechselspannung von 4 mV angewendet.

Auch für die inverse Voltammetrie wurde eine automatische Apparatur entwickelt (*Booth*, 1970). Sie besteht aus Kippgenerator, Potentiostat und Stromanzeige. Die Operationen Probenaufgabe, Vorelektrolyse, anodische Auflösung u. a. werden von einem Nockenscheibenzeitgeber gesteuert. Schaltkreise zur programmgesteuerten cyclischen Voltammetrie stammen von *MCallister* und *Dryhurst* (1973).

6. Polarographische Stoffbestimmungen

6.1. Inhalt polarographischer Analysenvorschriften

Analysenvorschriften beschreiben Verfahren zur Bestimmung eines oder mehrerer Elemente in einer konkreten Matrix. Wenn sie ohne zusätzlichen Aufwand anwendbar sein sollen, müssen sie alle notwendigen Angaben für die praktische Handhabung enthalten und exakt abgefaßt werden. Vielfach sind publizierte Analysenvorschriften aus Unbedacht der Autoren oder aus Platzmangel in den Fachzeitschriften unzureichend. Eine standardisierte Form für polarographische Analysenvorschriften wäre außerordentlich zweckmäßig.

Im folgenden sollen einige Grundsätze zusammengefaßt werden, nach denen polarographische Analysenvorschriften abgefaßt werden sollten:

1. Beschreibung der Verfahrensgrundlagen
   - angewandte polarographische Methode,
   - evtl. Hinweis auf die Art der Arbeitselektrode,
   - Grundlösung,
   - bestimmbare Elemente, Halbstufenpotentiale, bezogen auf die verwendete Grundlösung, Angabe der Reduktions- oder Oxydationsvorgänge,
   - Trennverfahren,
   - Konzentrationsbereiche für die Bestimmung der einzelnen Elemente;

2. Meßtechnik
   - Polarograph (Typ, Hersteller),
   - spezielle Angaben über die Arbeitselektrode sowie über die verwendete Hilfs- und Referenzelektrode,
   - verwendete polarographische Meßzelle (z. B. Mikrozelle),
   - Anfangs- und Endpotential für die Polarogrammaufnahme, Spannungsanstiegsrate (V/min), Spannungsamplitude (in mV),
   - Stromverstärkung,
   - Vorelektrolysespannung und Anreicherungszeit bei inversvoltammetrischen Verfahren;

3. Lösungen und Reagenzien
   - Zusammensetzung, Herstellung und Aufbewahrung der Grundlösung,
   - Zusammensetzung von Standard- und Reagenzlösungen,
   - Angaben über die Reinigung von Chemikalien (in speziellen Fällen);

4. Analysengang
   - genaue Beschreibung aller Arbeitsgänge von der Probenvorbereitung bis zur Aufnahme des Polarogrammes. Besonderer Wert ist auf eine genaue Darstellung der Trennungen zu legen,
   - benutztes Eichverfahren;

5. Auswertung der Polarogramme
   - notwendige Hinweise zum Auswerteverfahren,
   - Berechnung der Ergebnisse;

6. Statistische Bewertung des Analysenverfahrens
   - Verfahrensstandardabweichung s_v für die gewählte Wahrscheinlichkeit P und Freiheitsgrad f; Variationskoeffizient V,

- Angaben zur Bestimmung von s_v (bestimmt in Modellösungen oder an natürlichen Proben),
- Werte für Beleganalysen (z. B. Meßwert $\bar{x} \pm$ Vertrauensbereich $\Delta\bar{x}$ für eine Standardvergleichsprobe),
- Nachweis- bzw. Bestimmunsgrenze des Verfahrens;

7. Störungen (systematische Fehler)
   - Störelemente, Störreaktionen,
   - Maßnahmen zur Ausschaltung von Störeinflüssen;

8. Literaturhinweise;

9. Ökonomische Parameter
   - Investitionsaufwand,
   - Zeitbedarf für eine Doppelbestimmung oder eine bestimmte Seriengröße,
   - finanzielle Kosten pro Bestimmung.

Wenn polarographische Analysenvorschriften in Forschungs- und Industrielaboratorien nach diesem 9-Punkte-Programm schriftlich fixiert werden, ist die Wiederholbarkeit durch unterschiedliche Personen und in größeren Zeitabständen weitgehend gesichert. Darüber hinaus sollten diese Richtlinien auch beim Abfassen von Analysenvorschriften für Publikationen zu Rate gezogen werden.

6.2.   Chemikalien und Grundlösungen

6.2.1.   Reinigung von Chemikalien

Während für normale dc-polarographische Untersuchungen Chemikalien der Qualität „zur Analyse" ausreichen, werden für Spuren- und Mikroanalysen mit hochempfindlichen Wechselstrommethoden besonders gereinigte Reagenzien benötigt, um unerwünschte Blindwerte zu vermeiden. Obwohl renomierte Chemikalienhersteller ultrareine Chemikalien anbieten, werden Kenntnisse über Reinigungsverfahren für Chemikalien immer wieder gebraucht.

Wasser

Ionenaustauscheranlagen liefern sehr reines Wasser, das aber adsorbierbare organische Substanzen enthält, die in der Wechselstrompolarographie und Square wave-Polarographie stören. Bidestillation über Silbersulfat in einer Quarzglasapparatur reinigt das Wasser von Metallspuren, Chlorid und Tensiden. Desgleichen können oberflächenaktive Substanzen durch vierstündiges Kochen des Wassers mit $KMnO_4$-Lösung bis zur Rot-Lila-Färbung zerstört werden. Anschließend wird es in einer Quarzglasdestille, die mit heißer Chromsäure gereinigt und mit destilliertem Wasser gespült wurde, abdestilliert. Das erste Destillat dient zum Spülen der Vorlage. Reinstes Wasser wird in Quarzglasgefäßen aufbewahrt. In Gefäßen aus Kunststoffen besteht bei langen Standzeiten die Gefahr, daß organische Substanzen aufgenommen werden.

Säuren

Durch Destillation in Glas- oder besser in Quarzapparaturen lassen sich Salz-, Salpeter-, Schwefel- und Überchlorsäure von Metallspuren reinigen. Salz- und Bromwasserstoffsäure können auch als azeotrope Gemische über eine Kolonne destilliert werden.

Halogenwasserstoffsäuren (HCl, HBr) werden in ultrareiner Form durch Isotherm-destillation erhalten. Zur Gewinnung extrem reiner Salzsäure gibt man 500 ml konzentrierte HCl in einen 4- bis 6-l-Exsikkator, stellt auf den Einsatz eine 250-ml-Polyethylenschale mit bidestilliertem Wasser und läßt das Ganze mehrere Tage verschlossen stehen. Die erhaltene Salzsäure ist etwa 10 m.

Chloridspuren in Salpetersäure werden mit 1 g/l Cer(IV)-nitrat zu Chlor aufoxydiert, das anschließend verkocht wird. Reinste Phosphorsäure kann entweder durch Auflösen von sublimiertem Phosphor(V)-oxid oder durch Ionenaustauscherreinigung 1 m H_3PO_4 an Amberlit IR-120 (*Jennings*, 1960) gewonnen werden.

Basen

Für die Reinigung von NaOH- und KOH-Lösungen von Metallspuren eignet sich die Elektrolyse an großflächigen Quecksilberkatoden (*Neeb*, 1969; *Geißler*, 1970). Reine Ammoniaklösung wird durch Einleiten von NH_3-Gas in reines Wasser erzeugt.

Salze

Aus konzentrierten Alkalisalzlösungen starker Säuren läßt sich die Mehrzahl der Schwermetalle bei pH 9,5 (ammoniakalisch) mit einer 0,05%igen Dithizonlösung in CCl_4 oder $CHCl_3$ extrahieren. Danach werden die Salzlösungen in Quarz- oder Platingefäßen eingedampft und die organische Substanz bei 400 °C verglüht. Reinigungsverfahren für Tetraalkylammoniumsalze sind ebenfalls beschrieben worden (*Geißler*, 1970).

Quecksilber

Die Reinigung von Quecksilber für die QTE wurde bereits unter 5.1.1. ausführlich beschrieben. Für die Gegenelektrode wird Hg gleicher Qualität wie für die QTE eingesetzt. Besonders reines Hg erhält man aus bidestilliertem Hg auf elektrolytischem Wege (*Geißler*, 1970).

Spülgas

Zum Austreiben von gelöstem Sauerstoff aus der Analysenlösung dient meist Stickstoff, der vorher durch einen Reduktor mit amalgamierten Zinkgranalien und schwefelsaurer Vanadium(II)-sulfatlösung sowie eine Waschflasche mit destilliertem Wasser geleitet wird. Zur Sauerstoffentfernung eignet sich auch eine mit Kontakt Nr. 6525[1]) gefüllte Säule bei 120 °C.

6.2.2. Herstellung und Aufbewahrung von Grund- und Standardlösungen

Die Reinheit der Chemikalien für Grundlösungen richtet sich nach dem Konzentrationsbereich der zu bestimmenden Elemente. Bei der Bestimmung von Elementgehalten $<10^{-5}$ m gewinnen die Chemikalienblindwerte zunehmend an Bedeutung. Selbstverständlich müssen auch bei Depolarisatorkonzentrationen $>10^{-5}$ m analysenreine Chemikalien eingesetzt werden.

Während anorganische Ionen fast ausschließlich in wäßrigen Lösungen polarographiert werden, können im Gegensatz dazu organische Substanzen nur in wäßrig-nicht-wäßrigen Lösungsmittelgemischen oder in nichtwäßrigen Lösungen untersucht werden. Die Reinheit von organischen Lösungsmitteln wird nach ihrem Brechungsindex, ihrem Siedepunkt und dem Polarogramm der „leeren" Grundlösung beurteilt.

---

[1]) VEB Leunawerke „Walter Ulbricht", DDR-422 Leuna.

Die Menge der herzustellenden Grundlösung richtet sich danach, ob Einzel- oder Serienanalysen durchzuführen sind. In letzterem Fall lohnt es, größere Mengen Grundlösung zu bereiten. Dabei ist die Haltbarkeit der Grundlösung zu beachten; z. B. tritt bei Anwesenheit von Wein- und Citronensäure abhängig von der Jahreszeit und Temperatur mitunter Schimmelbildung auf.

Bei der Spurenanalyse muß die Grundlösung vor Kontamination mit blindwerterhöhenden Verunreinigungselementen geschützt werden. Auch gegenüber Glas nicht aggressive Grundlösungen können Kationen aus der Quellschicht des Glases bei längerer Einwirkungszeit herauslösen.

Standardlösungen für die Spurenanalyse können ihre Konzentration in Glasgefäßen infolge von Wandadsorption oder Ionenaustausch verändern. Es ist deshalb zu empfehlen, Grund- und Standardlösungen in Quarzglas- oder Kunststoffflaschen (Polyethylen, Polypropylen, in Sonderfällen PTFE) aufzubewahren. Langzeituntersuchungen über die Veränderung der Konzentration von Cd, Cu, Pb, Zn und Tl in Pyrexglas, Polyethylen und Teflon führte *Bond* (1977) durch.

Über die Aufnahme oberflächenaktiver Stoffe durch die Lösung in Kunststoffgefäßen bestehen unterschiedliche Meinungen. Bei den Wechselstrommethoden sind sie als Störquelle nicht auszuschließen. In Polyethylenflaschen aufbewahrte Grund- und Standardlösungen geben nach eigenen Erfahrungen in der SWP keine Störungen.

Standardlösungen für Eichzwecke werden aus den formelreinen, stabilen Salzen hergestellt. Abgestufte Depolarisatorkonzentrationen bereitet man durch Verdünnen einer Stammlösung. Depolarisatorlösungen unter 10^{-5} m werden stets kurz vor der Verwendung frisch bereitet.

6.3.   Meßbedingungen

6.3.1.   Grundlösung

Wie bereits unter 6.2.2. dargelegt wurde, werden in der Polarographie wäßrige, wäßrig-nichtwäßrige und nichtwäßrige Grundlösungen verwendet. Ihre Bestandteile sind Leitelektrolyt, Komplexbildner, Maximadämpfer und Lösungsmittel.

Leitelektrolyt

Als Leitelektrolyte dienen in wäßrigen Grundlösungen vorwiegend Alkali- und Erdalkalisalze starker anorganischer Säuren, verdünnte oder konzentrierte starke Säuren oder Basen, Pufferlösungen und in manchen Fällen die gelöste Matrix selbst (z. B. $ZnCl_2$, $AlCl_3$). In wäßrig-nichtwäßrigen Grundlösungen können auf Grund ihrer Löslichkeit nur wenige Salze als LE dienen. So kommen für diese Medien LiCl, KCl und Tetraalkylammoniumsalze ($NR_4^+ X^-$; R = Methyl, Ethyl, Butyl; $X^- = Cl^-$, ClO_4^-, Br^-, I^-) in Betracht. Weiterhin werden Säuren (HCl, H_2SO_4), Basen (LiOH, NaOH, $NR_4^+OH^-$) und Puffer angewendet. In nichtwäßrigen Lösungsmitteln lassen sich LiCl und NR_4X lösen.

Der Leitelektrolyt hat zwei Aufgaben: Einmal soll er den Lösungswiderstand klein halten, damit der IR-Abfall in der Lösung gering bzw. vernachlässigbar ist; zum anderen unterbindet er die Migration der Depolarisatorionen, so daß diese ausschließlich durch Diffusion zur Elektrodenoberfläche gelangen. Bei genügend großer LE-Konzentration wird nämlich die Überführungszahl Null. Deshalb soll der Leitelektrolyt in der Grundlösung mindestens die 50fache Konzentration des Depolarisators besitzen.

Auch durch die angewendete polarographische Methode wird die LE-Konzentration vorgegeben. Während in der SWP die Analysenlösung etwa 0,1 m an LE sein muß, genügen in der DPP 0,01 mol/l oder weniger. Zu hohe LE-Gehalte verändern die Viskosität der Lösung, was sich auf Potentiallage, Höhe und Form der Polarogramme auswirken kann.

Durch die Art des Leitelektrolyten wird der zugängliche Potentialbereich, abhängig von der Arbeits- und Bezugselektrode, festgelegt (Tab. 9).

Tabelle 9

Potentialbereiche der Quecksilbertropfelektrode in 1 m Leitelektrolyten und Abscheidungspotentiale von Kationen an der Quecksilbertropfelektrode

Leitelektrolyt	Potentialbereich[1]) [V] (GKE)
H_2SO_4	$+0,2 \ldots -1,2$
$HClO_4$	$+0,2 \ldots -1,1$
HCl	$-0,2 \ldots -1,2$
Weinsäure	$0,0 \ldots -1,1$
KCl	$-0,2 \ldots -1,9$

Kation	Potential[1]) [V] (GKE)
NR_4^+	$-2,60$
Ca^{2+}	$-2,05$
Li^+	$-2,02$
Mg^{2+}	$-2,00$
K^+	$-1,88$
Na^+	$-1,86$
NH_4^+	$-1,80$
Ba^{2+}	$-1,76$
H^+	$-1,10$

[1]) Potential der 45°-Tangente bei der Quecksilberauflösung bzw. Abscheidung des Leitsalzkations.

Chemische Reaktionsabläufe können dazu zwingen, einen bestimmten pH-Wert einzuhalten. In solchen Fällen dienen Pufferlösungen als Leitelektrolyte. Die Mehrzahl der Elektrodenreaktionen organischer Verbindungen ist mit dem Umsatz von Protonen verbunden, so daß häufig in gepufferten Systemen polarographiert werden muß.

Komplexbildner

Komplexbildung zwischen den Depolarisator-Ionen und organischen oder anorganischen Liganden verschiebt den elektrochemischen Vorgang stets zu negativeren Potentialen (s. auch S. 122). Mitunter kann der Depolarisator infolge Komplexierung auch elektrochemisch inaktiv werden. Weiterhin können durch Komplexbildung chemische Reaktionen, z. B. Hydrolyse, ausgeschaltet werden. Komplexbildende organische Stoffe in der Adsorptionsschicht der QTE können Schwermetallionen anreichern.

Maximadämpfer

Als Maximadämpfer werden hochmolekulare amphotere Stoffe, am häufigsten Gelatine, Tylose und Agar-Agar, verwendet. Man bereitet in der Regel 0,005 bis 0,1%ige Lösungen der Dämpfersubstanz. Neuerdings hat sich das Spülmittel „Fit" als sehr wirksamer Maximadämpfer erwiesen, von dem lediglich ein Tropfen der Analysenlösung zugegeben wird.

Lösungsmittel

Die Polarogramme anorganischer Ionen werden fast ausschließlich aus wäßrigen Lösungsmitteln aufgenommen. Hingegen besitzt in der Polarographie organischer Verbindungen das Lösungsmittel entscheidende Bedeutung. Zum Einsatz gelangen mit Wasser mischbare Lösungsmittel wie Alkanole (Methanol, Ethanol, i-Propanol, n-Butanol), Aceton und Dioxan (giftig!). Für nichtwäßrige Grundlösungen werden Aceton, Dioxan, Ethylenglykolmonoethylether, Pyridin, Eisessig, Formamid und Dimethylsulfoxid verwendet.

Die Dielektrizitätskonstante organischer Lösungsmittel ist für die Löslichkeit des Leitelektrolyten wesentlich. Die Viskosität des Lösungsmittels beeinflußt den Diffusionskoeffizienten und damit die Größe des polarographischen Signals. Schließlich greift das Lösungsmittel über seine Solvatationsfähigkeit auch in Dissoziations- und Assoziationsvorgänge ein.

Die Zusammensetzung der Grundlösung hat wesentlichen Einfluß auf die Reversibilität der Elektrodenreaktion. Aus analytischer Sicht werden Grundlösungen mit reversibler Elektrodenreaktion bevorzugt. Unter diesen Bedingungen ergeben sich fast bei allen polarographischen Methoden optimale Verhältnisse für die Bestimmung von Depolarisatoren.

Weiterhin beeinflußt die Grundlösungszusammensetzung die Trennung benachbarter Abscheidungsvorgänge. Je besser allerdings das Auflösungs- und Trennvermögen einer polarographischen Methode ist, um so günstiger werden die Verhältnisse für die Multielementanalyse in einer Grundlösung.

6.3.2.   Einfluß von Sauerstoff

Bei Untersuchungen mit nahezu allen polarographischen Methoden stört in der Analysenlösung anwesender Sauerstoff, der in saurem, neutralem und alkalischem Medium in zwei Stufen im Potentialbereich von $-0,1$ bis $-1,1$ V reduziert wird. Der Reaktionsablauf wird durch folgende Gleichungen wiedergegeben:

$$O_2 + 2\,H^+ + 2\,e^- \quad \rightarrow H_2O_2 \qquad\qquad \text{(saures Medium)}$$

$$H_2O_2 + 2\,H^+ + 2\,e^- \rightarrow 2\,H_2O$$

$$O_2 + 2\,H_2O + 2\,e^- \quad \rightarrow H_2O_2 + 2\,OH^- \quad \text{(neutrales und alkalisches Medium)}$$

$$H_2O_2 + 2\,e^- \qquad\qquad \rightarrow 2\,OH^-$$

In der DCP tritt die 1. Stufe zwischen $-0,1$ und $-0,3$ V auf und ist von einem scharfen Maximum begleitet. Die langgestreckte 2. Stufe erscheint zwischen $-0,7$ und $-1,3$ V. Während die 1. Sauerstoffstufe einer reversiblen Reaktion entspricht, zeigt die zweite irreversiblen Charakter.

Die störende Wirkung des Sauerstoffes kann auf folgende Vorgänge zurückgeführt werden:

a) Koinzidenz zwischen den Reduktionsvorgängen des Sauerstoffs und anderen Reduktionsreaktionen,
b) Oxydationen durch das intermediär gebildete Wasserstoffperoxid,
c) Bildung von Hydroxidniederschlägen in ungepufferten Lösungen an der Elektrodenoberfläche.

Bei den einzelnen polarographischen Methoden ist der Störeinfluß von Sauerstoff unterschiedlich. In der DCP und SWP stören seine Stufen bzw. Peaks, während in der ACP vorrangig Reaktionen mit H_2O_2 oder OH^- zu erwarten sind, weil irreversible Vorgänge schlecht indiziert werden. Im Oszillopolarogramm gibt Sauerstoff nur eine geringe Einbuchtung, aber Hydroxidniederschläge, Oxydationen und pH-Wertverschiebungen können die Ergebnisse verfälschen. Im Inversvoltammogramm verursacht Sauerstoff einen schlechten Grundstrom. Auch Reaktionen mit dem Amalgam sind möglich. Sauerstoffhaltige Lösungen dürfen in der HFP nicht mit Quecksilber in Kontakt kommen, weil Quecksilberoxid gebildet werden kann. Beim Polarographieren organischer Substanzen muß die Untersuchungslösung sorgfältig von Sauerstoff befreit werden.

Unabhängig von der polarographischen Methode ist es immer zweckmäßig, die Meßlösung zu entlüften und während der Polarogrammaufnahme unter Schutzgas zu halten. Das Entlüften der Analysenlösung wird mit O_2-freiem Stickstoff, neuerdings auch mit Schweißargon vorgenommen. Zum Austreiben von Sauerstoff wurden auch H_2 und CO_2 empfohlen. In neutralen und alkalischen Lösungen kann der Sauerstoff durch Zugabe von festem Natriumsulfit zur Probelösung reduziert werden.

6.3.3. Temperatureinfluß

Die meßbaren Ströme der verschiedenen polarographischen Methoden sind temperaturabhängig. In die Gleichungen für den Diffusions- oder Peakspitzenstrom gehen die Temperatur T und als temperaturabhängige Größen der Diffusionskoeffizient D, die Ausflußrate m und die Tropfzeit t_t der QTE ein. Der Temperatureinfluß auf die Tropfzeit folgt aus der Temperaturabhängigkeit der Oberflächenspannung des Quecksilbers. Die Temperaturkoeffizienten für D, m und t_t sind für den Diffusionsgrenzstrom berechnet worden (s. *Heyrovsky* und *Kuta*, 1965).

In der inversen Voltammetrie sind die Vorelektrolyse und der Auflösungsvorgang temperaturbeeinflußt.

Prinzipiell gilt, daß mit steigender Temperatur die Stromstärke zunimmt. Der Zuwachs ist von Methode zu Methode unterschiedlich. Für den Diffusionsstrom in der DCP beträgt er 1,3 bis 2,5%/°C. In diese Spanne ordnet sich auch der Temperaturkoeffizient für den Auflösungsstrom in der Inversvoltammetrie ein.

Zu beachten ist, daß kinetische und katalytische Ströme einem anderen Temperaturverlauf als reine Diffusionsströme unterliegen können.

Allgemein gilt, daß genaue quantitative Messungen eine thermostatisierte Zelle erfordern. Die einzuhaltenden Temperaturtoleranzen werden je nach Methode unterschiedlich sein. Wenn in der DCP der Fehler für den Diffusionsgrenzstrom unter 1% bleiben soll, muß die Meßlösung auf $\pm 0,5$ °C temperiert werden. Falls man in der Routineanalytik nicht mit einer temperierten Meßzelle arbeiten will, muß die Raumtemperatur abhängig von der geforderten Reproduzierbarkeit der Messungen hinreichend konstant sein. Jahreszeitliche Schwankungen der Raumtemperatur müssen unbedingt beachtet werden.

6.4.   Auswertung von Polarogrammen

6.4.1.   Halbstufenpotential, Peakspitzenpotential

Das Halbstufenpotential stellt in der Polarographie eine fundamentale Größe dar (s. auch Abb. 3.2, 3.19, 3.23, 3.28). Mittels der Drei-Elektroden-Technik läßt es sich mit einer Genauigkeit von ± 1 V messen (*Vlček*, 1954).

Jeder anorganische Depolarisator wird in der gewählten Grundlösung durch ein bestimmtes Halbstufenpotential seiner *I-E*-Kurve charakterisiert. Bei organischen Depolarisatoren ist das Halbstufenpotential meist nicht für das gesamte Molekül typisch, sondern für eine funktionelle, polarographisch aktive Gruppe.

Qualitative Analysen werden mit der Polarographie kaum durchgeführt. Hingegen muß man bei polarographischen Untersuchungen häufig im Polarogramm die Stufen oder Peaks bestimmten Depolarisatoren zuordnen. Zur Bestimmung eines anorganischen Depolarisator-Ions existieren folgende Verfahren:

a) Die Halbstufenpotentiale anorganischer Depolarisatoren sind nach Leitelektrolyten tabelliert (*Meites*, 1965; *Vlček*, 1956; s. auch Tab. A1 bis A3 im Tabellenanhang). Man braucht deshalb bei einem bekannten Leitelektrolyten lediglich das Halbstufenpotential aus dem Polarogramm zu ermitteln und kann anhand dieses $E_{1/2}$-Wertes in der entsprechenden Tabelle den zugehörigen Depolarisator auffinden. Dabei ist zu beachten, daß das Halbstufenpotential gegen dieselbe Referenzelektrode wie die Tabellenwerte gemessen wird. Wenn die $E_{\rm P}$-Werte ac-polarographischer Methoden mit den $E_{1/2}$-Werten übereinstimmen, können die AC-Polarogramme in gleicher Weise ausgewertet werden.

b) Sind für den benutzten Leitelektrolyten die Halbstufenpotentiale der Depolarisatoren nicht tabelliert, so identifiziert man die unbekannte Ionenart dadurch, daß man das vermutete Ion in der angenommenen Wertigkeitsstufe zur Meßlösung zugibt und die dann eintretende Stufenerhöhung beobachtet. Diese Verfahrensweise ist auch in der PP, DPP, ACP, SWP und HFP anwendbar.

Aus der Verschiebung des Halbstufenpotential einer gleichstrompolarographischen Stufe infolge Komplexbildung läßt sich sowohl die Stabilitätskonstante K als auch die Ligandenzahl p des Komplexes berechnen.

Gehen wir vom einfachsten Fall aus, daß ein Metallion Me^{n+} mit p Liganden X^{m-} einen Komplex $MeX_p^{(mp-n)-}$ bildet und daß zwischen den Reaktionsteilnehmern ein mobiles Gleichgewicht besteht, so gilt für die Verschiebung des Halbstufenpotentials bei reversibler Durchtrittsreaktion und bei Reduktion des Komplexions zu Metall, das mit dem Elektrodenquecksilber zu Amalgam reagiert, folgende Gleichung:

$$\Delta E_{1/2} = E_{1/2,\,k} - E_{1/2,\,f} = \frac{RT}{zF} \ln \sqrt{\frac{D_{\rm f}}{D_{\rm k}}} - \frac{RT}{zF} \ln K (c_{X^{m-}})^p. \tag{6.1}$$

Die Verschiebung des Halbstufenpotentials $\Delta E_{1/2}$ ist die Differenz aus dem Halbstufenpotential $E_{1/2,\,k}$ für die Reduktion des Komplexions und dem Halbstufenpotential $E_{1/2,\,f}$ für die Reduktion des freien Metallions. Die Gültigkeit von Gl. (6.1) setzt weiterhin voraus, daß die Ligandenkonzentration ($c_{X^{m-}}$) im Innern der Lösung und an der Elektrodenoberfläche gleich und konstant ist. Für Näherungsrechnungen kann man die Diffusionskoeffizienten für das freie Metallion (D_f) und das Komplexion (D_k) gleichsetzen, so daß der 1. Term in Gl. (6.1) wegfällt. Genaue Berechnungen verlangen die Bestimmung von D_f und D_k (s. *Heyrovsky* und *Kuta*, 1965). Die Ligandenzahl p kann aus dem Richtungsfaktor der Geraden ermittelt werden, wenn $\Delta E_{1/2}$ gegen $\ln c_{X^{m-}}$ aufgetragen wird. Weiter belegt Gl. (6.1), daß das Halbstufenpotential des Komplexes um so negativer wird, je stabiler der Komplex ist (große Stabilitätskonstante).

Bei Reduktion des Zentralatoms eines Komplexes von einer höheren zu einer niedrigeren Wertigkeitsstufe, wobei die oxydierte Form des Komplexes p Liganden X und die reduzierte Form q Liganden X in der Koordinationssphäre hat, können die Komplexstabilitätskonstanten K_{ox} und K_{red} beider Komplexarten ebenfalls polarographisch bestimmt werden (s. *Heyrovsky* und *Kuta*, 1965). Desgleichen sind polarographisch gemessene konsekutive Stabilitätskonstanten von Komplexen mitgeteilt worden (*Heyrovsky* und *Kuta*, 1965).

Die Halbstufenpotentiale organischer Verbindungen sind ebenfalls leitelektrolytbezogen tabelliert (*Schwabe*, 1957; s. auch Tab. A4 im Tabellenanhang).

Zur Identifizierung organischer Substanzen können die oben beschriebenen Verfahren sinngemäß angewendet werden.

Da die meisten Redoxreaktionen organischer Verbindungen mit einem Protonenumsatz verbunden sind, ist das Halbstufenpotential pH-abhängig.

$$\frac{dE_{1/2}}{dpH} = -\frac{n}{z} \cdot 0{,}058 \qquad (6.1\,\text{a})$$

n = Anzahl der umgesetzten H-Atome.

Überwiegend laufen organische Redoxprozesse zweielektronig und zweiprotonig ($z = n = 2$) ab, so daß sich nach Gl. (6.1a) das Halbstufenpotential pro pH-Wert um $-0{,}058$ V (bei 20 °C) verschiebt. Gl. (6.1a) gilt allerdings nur für reversible Prozesse. Häufiger verlaufen jedoch die Elektrodenreaktionen mit organischen Stoffen irreversibel. Aber auch dann werden Verschiebungen des Halbstufenpotentials mit dem pH-Wert beobachtet.

6.4.2. Elektronenumsatz und Reversibilität des Elektrodenprozesses

Zur Bestimmung der Anzahl Elektronen, die an einer elektrochemischen Umsetzung beteiligt sind, bestehen in der DCP folgende Möglichkeiten:

– Berechnung aus der Ilkovič-Gleichung,
– Bestimmung aus der Diffusionsstromkonstanten,
– logarithmische Analyse der polarographischen Kurve,
– mikrocoulometrische Bestimmung.

Aus der Ilkovič-Gleichung [Gl. (4.6)] folgt für den Elektronenumsatz:

$$z = \frac{\bar{I}_{D,gr}}{607 D^{1/2} m^{2/3} t^{1/6} c} . \qquad (6.2)$$

Bis auf den Diffusionskoeffizienten lassen sich alle Größen in Gl. (6.2) leicht messen. Einen hinreichenden Näherungswert für z erhält man meist mit den D_∞-Werten.

Aus der 1. Ableitung der Ilkovič-Gleichung nach dem Potential erhält man für die katodische Stufe im Inflexionspunkt ($E_{1/2}$; $\bar{I}_{D,gr}/2$) ebenfalls eine Beziehung zur Bestimmung von z

$$\left(\frac{d\bar{I}_D}{dE}\right)\bar{I}_D = \frac{1}{2}\,\bar{I}_{D,gr} = -\frac{zF\bar{I}_{D,gr}}{4RT} = -\frac{z\bar{I}_{D,gr}}{100,7}\,. \tag{6.3}$$

In Abb. 6.1 a) ist dargestellt, wie man aus der polarographischen Kurve nach Gl. (6.3) in einfacher Weise graphisch z ermitteln kann (*v. Stackelberg*, 1939). Für $z = 1$ muß die Strecke AB 100,7 mV ($T = 25\ °C$) betragen.

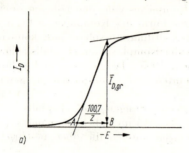

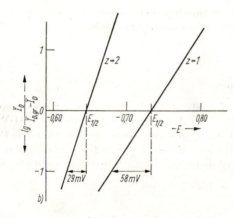

Abb. 6.1. Bestimmung des Elektronenumsatzes z
a) Methode nach *v. Stackelberg*; b) logarithmische Analyse

Für reversible Elektrodenvorgänge läßt sich der Elektronenumsatz auch über die Diffusionsstromkonstante bestimmen. Dazu nimmt man in der gleichen Grundlösung die polarographische Stufe des Ions M^{n+} und eines sehr ähnlichen Ions M^{m+} auf, für das z_m in der gewählten Grundlösung bekannt ist. Man berechnet für beide Elektrodenvorgänge die Diffusionsstromkonstanten und erhält den gesuchten Wert z_n nach der Gleichung

$$z_n = \frac{I^*_{M^{n+}}}{I^*_{M^{m+}}}\,z_m\,. \tag{6.4}$$

Günstig sind gleiche Wertigkeiten beider Ionen.

Eine andere Methode zur z-Bestimmung ist die logarithmische Analyse der I-E-Kurve (*Tomeš*, 1937). Die Gleichung der katodischen Stufe gibt in der Form

$$\lg \frac{\bar{I}_D}{\bar{I}_{D,gr} - \bar{I}_D} = \frac{z}{0,058}\,(E_{1/2} - E) \tag{6.5}$$

eine Gerade mit dem Richtungsfaktor $z/0{,}058$, wenn $\lg \bar{I}_D/\bar{I}_{D,gr} - \bar{I}_D$ gegen E aufgetragen wird (Abb. 6.1b). Der Reziprokwert des Richtungsfaktors beträgt $58\,\text{mV}$ für $z = 1$, $29\,\text{mV}$ für $z = 2$ usw. Sowohl die Methode von *Stackelberg* als auch die von *Tomeš* gilt nur für reversible Elektrodenvorgänge.

Aus der Geraden nach Gl. (6.5) kann auch sehr genau das Halbstufenpotential bestimmt werden (Abb. 6.1b)). Die Werte für I müssen für den Grundstrom und die Werte für E bezüglich des IR-Abfalls korrigiert sein.

Mikrocoulometrisch läßt sich z für anorganische und organische Depolarisatoren unabhängig vom Reversibilitätsgrad des Elektrodenvorganges messen (*Reynolds* und *Shalgosky*, 1954). Zur Berechnung von z gilt:

$$z = \frac{\bar{I}^0_{D,gr} t (\bar{I}^0_{D,gr} + \bar{I}^t_{D,gr})}{2FVc_0(\bar{I}^0_{D,gr} - \bar{I}^t_{D,gr})} \ . \tag{6.6}$$

Die Diffusionsgrenzströme $\bar{I}^0_{D,gr}$ zur Zeit $t = 0$ und $\bar{I}^t_{D,gr}$ zur Zeit t werden aus dem DC-Polarogramm zu Beginn und am Ende der Elektrolysezeit t gewonnen. Bezüglich Einzelheiten der praktischen Durchführung muß auf die Originalliteratur verwiesen werden. Eine weitere Methode wurde von *Horn* (1959) beschrieben.

In der ACP und SWP läßt sich für reversible Prozesse z sehr einfach aus der Halbwertsbreite des Peaks [Gl. (3.20)] ermitteln. Für $z = 1, 2, 3$ muß W die Werte 90,4, 45,2 und 30,1 mV annehmen.

Aus HF-Polarogrammen kann z auf Grund der Beziehung

$$E_{P\mp} = \pm \frac{33{,}83}{z} \tag{6.7}$$

berechnet werden. Die beiden Extremwerte des HF-Polarogrammes liegen bei $z = 1$ um $\pm 33{,}83\,\text{mV}$ vom Nulldurchgang auf der Potentialachse entfernt (vgl. Abb. 3.28).

Der erfahrene Polarographiker kann oft schon aus der Form des Polarogrammes auf die Reversibilität des Elektrodenvorganges schließen. Ist das nicht möglich, kann er sich eines der folgenden Verfahren bedienen.

Nach *Tomeš* ist Reversibilität eines Elektrodenvorganges in der DCP angezeigt, wenn $z(E_{1/2} - E_{3/4}) = 55{,}4\,\text{mV}$ beträgt. Die bereits besprochene logarithmische Analyse gilt nur für den reversiblen Fall. Für irreversible Elektrodenvorgänge wird keine Gerade erhalten. Der reziproke Richtungsfaktor weicht bei bekanntem z stark vom Sollwert ab.

In der ACP und SWP werden irreversible Elektrodenvorgänge durch Verbreiterung der Peaks angezeigt und über die Werte der Halbwertsbreite quantifiziert.

Experimentell kann Reversibilität für einen elektrochemischen Prozeß nachgewiesen werden, wenn bei Anwesenheit der oxydierten und reduzierten Form des Depolarisators in der Lösung eine dc-polarographische Redoxstufe erhalten wird.

Oszillopolarographisch belegen übereinstimmende Q-Werte (s. Abschn. 3.2.6.) einen reversiblen Elektrodenvorgang. Dabei genügt zum Nachweis, daß die reduzierte oder oxydierte Depolarisatorform in der Lösung anwesend ist.

6.4.3.   Auswertemethoden zur quantitativen Analyse

Der quantitativen polarographischen Analyse liegt immer eine lineare Funktion der Form $I = f(c)$ oder $h = f(c)$ zugrunde. Dabei bedeutet h die Höhe des in Millimeter gemessenen polarographischen Signals (Stufe, Peak).

Das exakte polarographische Signal ergibt sich als Differenz aus dem Analysensignal der Probelösung und dem Blindwertsignal der Grundlösung. Für die Routineanalytik ist es jedoch meist ausreichend, den Grundstrom im Potentialbereich des auszuwertenden polarographischen Signals zu interpolieren.

In Abb. 6.2 sind die Grundtypen I bis V von Polarogrammen und die ihnen zuzuordnenden Methoden zusammengestellt. Daraus ist ersichtlich, daß die Auswertemöglichkeiten von der Stufe (I) zum Peak (III) besser werden und beim Doppelpeak (IV, V) zunehmen.

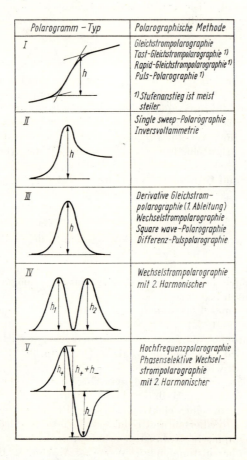

Polarogramm – Typ	Polarographische Methode
I	Gleichstrompolarographie Tast-Gleichstrompolarographie [1] Rapid-Gleichstrompolarographie [1] Puls-Polarographie [1] [1] Stufenanstieg ist meist steiler
II	Single sweep-Polarographie Inversvoltammetrie
III	Derivative Gleichstrom-polarographie (1. Ableitung) Wechselstrompolarographie Square wave-Polarographie Differenz-Pulspolarographie
IV	Wechselstrompolarographie mit 2. Harmonischer
V	Hochfrequenzpolarographie Phasenselektive Wechsel-strompolarographie mit 2. Harmonischer

Abb. 6.2. Quantitative Auswertung der methodenspezifischen Polarogramme

Die S-förmige polarographische Stufe (I) ist bei flachem Verlauf nur ungenau auszumessen. Ein steil ansteigender Grund- und Grenzstrom bildet mit dem Stufenanstieg stumpfe Winkel, so daß sich die Auswertbarkeit der Stufe verschlechtert. Mit größerer Ungenauigkeit ist auch die Ausmessung kleiner Stufen behaftet. Vom Halbstufenpotential her eng benachbarte, aber noch getrennte Stufen lassen sich unter den dargelegten geometrischen Bedingungen erst recht schlecht ausmessen. In diesem Fall spielt auch das Konzentrationsverhältnis der Depolarisatoren aufeinanderfolgender Stufen für die Auswertung eine entscheidende Rolle.

Weiter ist zu beachten, daß bei ungünstigen Stufenformen große Tropfenzacken unerwünscht sind. Tast- und Rapidpolarogramme sind normalen DC-Polarogrammen meist vorzuziehen.

Im Gegensatz zu stufenförmigen sind peakförmige Polarogramme (III) einfach und eindeutig ausmeßbar. Auch für irreversible elektrochemische Vorgänge lassen sich Peaks besser auswerten als Stufen. Das größere Auflösungs- und Trennvermögen solcher Methoden, die vom Prinzip her Peaks liefern, ist bei benachbarten Abscheidungsvorgängen von Depolarisatoren stark unterschiedlicher Konzentration außerordentlich vorteilhaft.

Zu berücksichtigen ist, daß der Grundstrom auch für Peaks nicht in allen Fällen linear interpoliert werden darf. Kleine Peaks nahe der Erfassungsgrenze des Analysenverfahrens sollten gegen die Kurve der Grundlösung gemessen werden. Wenn die zu messenden Peaks in den Flankenbereichen des Polarogrammes der Grundlösung (im Bereich der Hg-Auflösung oder Abscheidung des Leitsalzkations) liegen, ist die Auswertung wie bei kleinen Peaks vorzunehmen.

Doppelpeaks (IV), wie sie in der Wechselstrompolarographie mit 2. Harmonischer auftreten, bieten zwei Meßmöglichkeiten. Noch vorteilhafter sind aber die Polarogramme der phasenselektiven Wechselstrompolarographie mit 2. Harmonischer und der Hochfrequenzpolarographie, die drei Meßmöglichkeiten (h_+, h_- und $h_+ + h_-$) eröffnen. Darüber hinaus ist der Polarogrammtyp V unabhängig von der polarographischen Kurve der Grundlösung, was auf die Peaks der ACP, SWP und DPP, insbesondere bei kleinen Konzentrationen, nicht zutrifft. HF-Polarogramme liefern nicht immer beide Peaks, aber in der Regel einen positiven oder negativen auswertbaren Peak.

Die quantitative Bestimmung eines Depolarisators beruht auf der Eichung entsprechend der Analysenfunktion ($I = f(c)$, $h = f(c)$). Dafür können folgende Eichverfahren angewendet werden:

a) Eichkurve,

b) Standardvergleichslösung,

c) Standardzusatz.

Eichkurve

Zur Aufstellung einer Eichkurve werden Eichlösungen bekannter Depolarisatorkonzentration mit derselben Grundlösung hergestellt, die für die zu messenden Analysenproben angewendet wird. Gegebenenfalls werden den Eichlösungen die Messung beeinflussende Begleitkomponenten der Analysenprobe zugesetzt. Die Eichlösungen werden unter gleichen Aufnahmebedingungen polarographiert und entsprechend dem Polarogrammtyp (Abb. 6.2) ausgewertet. Die erhaltenen Meßwerte werden gegen die zugehörigen Konzentrationswerte aufgetragen, und die Meßpunkte werden zur Eichkurve verbunden. Aus der Eichkurve ist der lineare konzentrationsproportionale Meßbereich des Analysenverfahrens ablesbar.

Unter Umständen muß auch bei der Herstellung der Eichlösungen der gesamte Analysengang durchlaufen werden.

Nach Eichkurve auszuwerten, ist nur zweckmäßig, wenn die Analysenlösungen stets gleichbleibende Zusammensetzung aufweisen und die Langzeitstabilität der Eichkurve gesichert ist. Eine Kontrolle der Lage der Eichkurve ist auch dann in bestimmten Abständen erforderlich. Unveränderte Parameter der Tropfkapillare sind eine wesentliche Voraussetzung für eine konstante Eichkurve.

Standardvergleichslösung

Standardvergleichslösungen sind mit äußeren Standards gleichzusetzen. Sie enthalten den zu bestimmenden Depolarisator in vorgegebenen Konzentrationen in derselben Grundlösung wie die Analysenlösung. In der Regel verwendet man zwei Standardvergleichslösungen, die den Konzentrationsbereich der zu analysierenden Lösungen nach oben und unten eingrenzen.

Das Arbeiten mit Standardvergleichslösungen erweist sich in der Routineanalytik als äußerst zweckmäßig. Durch Aufnahme beider Standards läßt sich Linearität und Lage der Eichkurve sowie die einwandfreie Funktion der gesamten polarographischen Apparatur überprüfen. In zeitlichem Abstand unter gleichen Meßbedingungen registrierte Polarogramme müssen dann innerhalb des Zufallsfehlers gleich große Signale liefern.

Praktisch verfährt man so, daß vor und nach einer Analysenserie unter gleichen Meßbedingungen die Standardlösung aufgenommen wird, die den zu messenden Konzentrationen am nächsten kommt. Die Berechnung der Analysenwerte wird nach Gleichung

$$c_{Pr} = \frac{h_{Pr} S_{Pr} c_{St}}{h_{St} S_{St}} \tag{6.8}$$

vorgenommen. Die Konzentration des Depolarisators in der Probelösung wird in der Konzentrationseinheit der Standardvergleichslösung erhalten. Aliquotierungen sind in Gl. (6.8) nicht berücksichtigt.

Die Standardvergleichslösungen können vorrätig gehalten werden, wenn ihre Zusammensetzung über längere Zeit unverändert bleibt. Andernfalls müssen sie täglich für die betreffende Analysenserie frisch hergestellt werden.

Standardzusatz

Die Methode des Standardzusatzes ist für die Analyse von Einzelproben und für kompliziert zusammengesetzte Lösungen angezeigt, die sich aus reinen Lösungen nicht originalgetreu herstellen lassen. In diesem Fall gibt man zu einem konstanten Volumen der Analysenprobe ein definiertes Volumen reiner Depolarisatorstandardlösung. Damit wird die Zusammensetzung der Analysenlösung nicht verändert, sondern lediglich die Depolarisatorkonzentration erhöht.

Prinzipiell kann man verschiedene Verfahrensweisen anwenden:

a) Man gibt ein definiertes Volumen Depolarisatorstandardlösung zur Analysenlösung zu, so daß eine merkliche Volumenzunahme der Analysenlösung eintritt, was bei der Konzentrationsberechnung zu berücksichtigen ist. Es gilt die Berechnungsgleichung:

$$c_{Pr} = \frac{h_{Pr} c_{St} v_{0,z}}{h_{Pr+St}(h_{Pr+St} - h_{Pr})\, v_{0,\,Pr}}. \tag{6.9}$$

b) Durch Zugabe einer Mikromenge (μl-Zugabe mit Mikropipette) konzentrierter Depolarisatorlösung wird die Konzentration der Originallösung an Depolarisator aufgestockt, aber die Volumenänderung vernachlässigbar klein gehalten, so daß sie nicht in die Berechnung eingeht.

c) Außer der Originalprobe stellt man eine Probe mit Standardzusatz her. Beide Proben sind volumengleich.

Für die Praxis dürfte Verfahren b) sehr bequem zu handhaben sein. Es hat den Vorteil, daß bei nicht ausreichender Signalerhöhung nach dem ersten Standardzusatz auch ein zweiter gemacht werden kann, ohne daß eine Volumenkorrektur notwendig wird.

6.4.4. Reproduzierbarkeit

Die Zuverlässigkeit von Analysenverfahren wird durch die Reproduzierbarkeit ihrer Analysenresultate bei Wiederholungsmessungen und durch ihre Übereinstimmung mit dem wahren Gehalt des Stoffes in der Probe charakterisiert. Die Reproduzierbarkeit der Ergebnisse wird vom Zufallsfehler des Verfahrens bestimmt und wird um so besser sein, je größer die Präzision des Analysenverfahrens ist, d. h. je weniger die Analysenwerte bei wiederholten Messungen streuen. Abweichungen vom tatsächlichen Gehalt in der Probe, die größer als die Präzision des Verfahrens sind, haben ihre Ursache in einem systematischen Fehler. Ausdruck dafür, daß Analysenverfahren frei von systematischen Fehlern sind, ist die Richtigkeit.

Die Präzision von Analysenergebnissen wird für den aus N Meßwerten x geschätzten Mittelwert $\bar{x}$ durch das Streumaß s, die Standardabweichung, oder durch die auf $\bar{x}$ bezogene relative Standardabweichung s_r, den Variationskoeffizienten V, ausgedrückt. Einzelheiten zur Berechnung von s und V sind in der Fachliteratur über Statistik ausführlich beschrieben (*Doerffel*, 1966).

Bei normalverteilten Werten läßt sich die Reproduzierbarkeit des Einzelwertes x bzw. des Mittelwertes $\bar{x}$ durch das Vertrauensintervall $\varDelta x$ bzw. $\varDelta \bar{x}$ angeben. Das Ergebnis kann dann in der Form $x + \varDelta x$ bzw. $\bar{x} + \varDelta \bar{x}$ geschrieben werden. Damit wird eine Aussage darüber getroffen, in welchem Wertebereich bei vorgewählter statistischer Sicherheit P der wahre Wert zu erwarten ist (*Doerffel*, 1966). Schließt das Vertrauensintervall für die statistische Sicherheit P den wahren Wert nicht mehr ein, so liegt ein systematischer Fehler vor. Meist wirken systematische Fehler auf das Analysenergebnis nur in einer Richtung. Während additive systematische Fehler zu einer Parallelverschiebung der Eichkurve führen, verändern multiplikative linear proportionale ihren Anstieg. Nichtlinear proportionale multiplikative systematische Fehler verfälschen die Eichkurve.

Ob ein Analysenverfahren frei von systematischen Fehlern ist, kann entweder mit Hilfe von Normalproben mit genau bekannten Elementgehalten oder durch mehrfaches Analysieren ein und derselben Probe mit mehreren voneinander unabhängigen Analysenverfahren überprüft werden.

Die Halbstufenpotentiale in der DCP und die Peakspitzenpotentiale in der SWP sind mit der Drei-Elektroden-Technik auf etwa ± 2 mV reproduzierbar.

Allgemeingültige Angaben für die Reproduzierbarkeit quantitativer Messungen mit den einzelnen polarographischen Methoden sind kaum möglich. Eine Vielzahl Faktoren bestimmt, wie gut das Meßergebnis reproduziert werden kann. Die Zusammensetzung des Leitelektrolyten, die Reversibilität der Elektrodenreaktion, die Art des Depolarisators, die Anwesenheit weiterer Depolarisatoren und deren Konzentrationsverhältnisse beeinflussen wesentlich das Meßergebnis. Aus den genannten Gründen erscheint es nur sinnvoll, das konkrete polarographische Analysenverfahren durch die statistischen Größen s, V und $\varDelta \bar{x}$ hinsichtlich seiner Zuverlässigkeit zu beschreiben.

Die in Tab. 10 zusammengestellten Variationskoeffizienten V für einzelne polarographische Methoden beziehen sich auf das quantitativ meßbare Signal (Diffusions-,

Peakspitzenstrom usw.) bei reversibler Elektrodenreaktion. Die Werte können lediglich zur Orientierung dienen. Abweichungen von diesen Angaben sind in speziellen Fällen durchaus zu erwarten.

Tabelle 10

Richtwerte für die Reproduzierbarkeit polarographischer Methoden

Methode	Konzentration c [mol l^{-1}]	Reproduzierbarkeit s_r [%]
Gleichstrompolarographie	$> 10^{-4}$	1,5 ... 2
	$< 10^{-4}$	3
	$\geqq 10^{-5}$	5
Derivative Pulspolarographie	$\approx 10^{-5}$	0,7[1])
Differenzpulspolarographie	$< 10^{-5}$	2
	$\geqq 10^{-7}$	10
Wechselstrompolarographie	$\geqq 10^{-5}$	2
Square wave-Polarographie	$> 10^{-6}$	2
	$< 10^{-6}$	3
	$\geqq 10^{-7}$	10

[1]) Standardabweichung.

6.4.5. Empfindlichkeit, Auflösungs- und Trennvermögen

Als Empfindlichkeit einer Analysenmeßmethode ist allgemein der Differentialquotient dx/dc definiert, wenn mit x das Analysensignal (Meßwert) und mit c der Gehalt (Konzentration, Menge) des zu bestimmenden Stoffes bezeichnet wird.

Auf Grund des bestehenden linearen Zusammenhanges zwischen Analysensignal und Konzentration des Depolarisators der Form

$$h = bc \tag{6.10}$$

– wie er für alle analytisch genutzten polarographischen Methoden gilt – ist das Steigmaß b der Kurve gleich dem Differenzenquotienten $\Delta h/\Delta c$. Demnach ist eine Analysenmethode um so empfindlicher, je steiler ihre Eichkurve gegenüber der Eichkurve einer anderen Methode in einem vergleichbaren Konzentrationsintervall verläuft.

Die Empfindlichkeit einer Methode sagt nichts über den kleinsten erfaßbaren Gehalt aus. Dieser wird durch die Erfassungsgrenze c_E und den zugehörigen Meßwert h_E bestimmt. Der Meßwert an der Erfassungsgrenze ist durch

$$h_E = \underline{h} + 3s_{h_{Bl}} \tag{6.11}$$

definiert (*Ehrlich*, 1969). Dabei bedeutet $\underline{h}$ den Meßwert an der Nachweisgrenze, der bekanntlich durch

$$\underline{h} = \bar{h}_{Bl} + 3s_{h_{Bl}} \tag{6.12}$$

gegeben ist. Setzt man Gl. (6.12) in Gl. (6.11) ein, folgt für den Meßwert an der Erfassungsgrenze

$$h_E = \bar{h}_{Bl} + 6s_{h_{Bl}}. \tag{6.13}$$

Nach Gl. (6.12) wird ein Analysensignal mit 99,7% Sicherheit vom Störsignal unterschieden, wenn es um $3s_{h_{Bl}}$ größer ist als der mittlere Blindwert $\bar{h}_{Bl}$.

Der zu $\underline{h}$ gehörende Konzentrationswert $\underline{c}$ liegt auf Grund der Gauß-Verteilung nur in 50% der Fälle oberhalb des Störpegels und kann deshalb lediglich für eine Ja-Nein-Entscheidung dienen. Setzt man in Gl. (6.10) für h die Größe h_E ein, so gilt

$$h_E = bc_E. \tag{6.14}$$

Durch Gleichsetzen von Gl. (6.13) mit Gl. (6.14) und Auflösen nach c_E folgt:

$$c_E = \frac{1}{b}\left(\overline{h}_{Bl} + 6s_{h_{Bl}}\right). \tag{6.15}$$

Der Wert für c_E gibt die Konzentration in mol l^{-1} an, die mit einer statistischen Sicherheit von $P = 99,7\%$ erfaßt werden kann. Daß die Erfassungsgrenze c_E vom Leitelektrolyten, der Art des Depolarisators, der Reversibilität der Elektrodenreaktion und der polarographischen Methode abhängt, sei nur erwähnt.

Wenn in $\overline{h}_{Bl}$ in Gl. (6.15) kein Reagenzienblindwert steckt, so wird die Erfassungsgrenze nur durch den Rauschpegel der Meßapparatur festgelegt, den man aus dem Schreiberausschlag bei maximaler Geräteempfindlichkeit und konstantem Potential über die Zeit messen kann. Für c_E gilt dann:

$$c_E = \frac{6s_{SA}}{b}. \tag{6.16}$$

Für die Bestimmung von s_{SA} benutzt man das von *Doerffel* (1966) angegebene graphische Verfahren.

Ein Vergleich polarographischer Methoden hinsichtlich ihres Nachweisvermögens ist für den Analytiker nur anhand der Erfassungsgrenzen ausgewählter Depolarisatoren sinnvoll. Aus Literaturangaben ist meistens nicht zu entnehmen, ob die aufgeführten Ergebnisse statistisch gesicherte c_E-Werte sind. Das erschwert Vergleiche zwischen den polarographischen Methoden in Hinblick auf die Erfassung kleiner Konzentrationen. In Tab. 11 sind die Erfassungsgrenzen einiger polarographischer Methoden zusammengestellt, die im Sinne des Obengesagten als Richtwerte zu betrachten sind.

Theoretisch ist das analytische Auflösungsvermögen A zweidimensionaler registrierender Verfahren übertragen auf polarographische Methoden durch die Beziehung

$$A = \frac{E_{max} - E_{min}}{W} \tag{6.17}$$

definiert (*Doerffel*, 1969). Dabei ist die Potentialdifferenz $E_{max} - E_{min}$ der zugängliche Registrierbereich und W die Signalhalbwertsbreite. Nach Gl. (6.17) wird davon ausgegangen, daß zwei Analysensignale voneinander getrennt sind, wenn sie sich mindestens um ihre Halbwertsbreite unterscheiden.

Diese Definition des Auflösungsvermögens läßt sich nicht so ohne weiteres auf polarographische Methoden anwenden und hat nur einen begrenzten praktischen Aussagewert. So besitzen z. B. stufenförmige Polarogramme (DCP, PP) keine Halbwertsbreite. Tatsächlich interessiert aber den Analytiker, unter welchen Bedingungen die Stufen oder Peaks zweier benachbarter Depolarisationsvorgänge eindeutig getrennt sind. Da jedoch keine Standardbedingungen festgelegt sind, nach denen das Auflösungsvermögen polarographischer Methoden zu ermitteln ist, hängt dieses für eine ausgewählte Methode vom Konzentrationsverhältnis der zu unterscheidenden De-

Tabelle 11

Erfassungsgrenze, Auflösungs- und theoretisches Trennvermögen einiger polarographischer Methoden (Richtgrößen)

Methode	Erfassungsgrenze c_E [mol l^{-1}]		Auflösungsvermögen[1]) E [mV]		Theoretisches Trennvermögen
DCP	$1 \cdot 10^{-5}$ [2])	rev.	100 … 200	rev.	10^2 … 10^3 ($\Delta E_s > 100$ mV;
	$5 \cdot 10^{-5}$ [2])	irrev.			$E_{1/2,s}$ positiver als $E_{1/2,\text{ü}}$)
					~ 50 ($\Delta E_s > 200$ mV;
					$E_{1/2,s}$ negativer als $E_{1/2,\text{ü}}$)
DPP	1 … 20 [2]), [3])		40	rev.	
SWP	$1 \cdot 10^{-7}$	rev.	40	rev.	$5 \cdot 10^3$ ($\Delta E_P > 200$ mV;
	$1 \cdot 10^{-6}$	irrev.	40	irrev.	$E_{P,s}$ negativer als $E_{P,\text{ü}}$)
					$5 \cdot 10^4$ ($\Delta E_P > 500$ mV;
					$E_{P,s}$ negativer als $E_{P,\text{ü}}$)
					$5 \cdot 10^4$ ($\Delta_P > 150$ mV;
					$E_{P,s}$ positiver als $E_{P,\text{ü}}$)
					$\sim 5 \cdot 10^7$ ($\Delta E_P > 500$ mV;
					$E_{P,s}$ positiver als $E_{P,\text{ü}}$)
HFP	$2 \cdot 10^{-8}$	rev.	40	rev.	
	$1 \cdot 10^{-7}$	irrev.			
SSP	$5 \cdot 10^{-7}$ [2])	rev.			
	$1 \cdot 10^{-6}$ [2])	irrev.			
OSZ	$5 \cdot 10^{-5}$ [2])				

[1]) Empirisch geschätztes Auflösungsvermögen.
[2]) Empirisch geschätzte Erfassungsgrenze.
[3]) Angabe in ppb.

polarisatoren, vom Elektronenumsatz ihrer Elektrodenreaktionen und deren Reversibilitätsgrad sowie weiteren Faktoren ab.

Grundsätzlich wird das Auflösungsvermögen polarographischer Methoden vom Typ des Polarogrammes (Abb. 6.2) bestimmt. Von der Stufe (I) über den Peak (II) zum Doppelpeak (V) steigt das Auflösungsvermögen an.

In Tab. 11 ist nicht das nach Gl. (6.17) definierte Auflösungsvermögen für verschiedene Methoden zusammengestellt, sondern es sind die empirisch geschätzten Potentialdifferenzen ΔE angegeben, die mindestens eingehalten sein müssen, damit zwei Depolarisatoren gleicher Konzentration bei gleichem Elektronenumsatz getrennte Signale geben.

Wichtiger als das Auflösungsvermögen ist für die praktische Arbeit das Trennvermögen einer polarographischen Methode. Es gibt darüber Auskunft, für welches Konzentrationsverhältnis zwei Depolarisatoren mit der Potentialdifferenz ΔE noch getrennte, quantitativ auswertbare Analysensignale liefern.

Angaben über das Trennvermögen einer Methode sind besonders dann wesentlich, wenn eine Spurenkomponente M_s neben einer Überschußkomponente (Matrix) $M_{\text{ü}}$ bestimmt werden soll. In diesem Zusammenhang sind für das theoretische Trennvermögen der DCP und SWP folgende Gleichungen abgeleitet worden (*v. Sturm*, 1960):

$$\frac{c_{\text{ü}}}{c_s} = \frac{z_s}{g z_{\text{ü}}} (10^x + 1), \tag{6.18}$$

$$\frac{c_{\text{ü}}}{c_s} = \frac{z_s^2}{4 g z_{\text{ü}}^2} \frac{(10^y + 1)^2}{10^y}. \tag{6.19}$$

Dabei ist für x bzw. y einzusetzen:

$$x = \frac{z_{\text{ü}}}{0{,}059}\,(E_{\text{s}} - E_{1/2,\text{ü}}) = \frac{z_{\text{ü}}\,\Delta E_{\text{S}}}{0{,}059}\,, \qquad (6.20)$$

$$y = \frac{z_{\text{ü}}}{0{,}059}\,(E_{\text{P,s}} - E_{\text{P,ü}}) = \frac{z_{\text{ü}}\,\Delta E_{\text{P}}}{0{,}059}\,. \qquad (6.21)$$

Nach Gl. (6.18) läßt sich das maximal zulässige Konzentrationsverhältnis von $M_{\text{ü}}$ und M_{s} bei der vorgegebenen Potentialdifferenz ΔE_{S} in der DCP berechnen. Bei der Ableitung der Gleichung wurde zugrunde gelegt, daß das Verhältnis der Diffusionskoeffizienten $\sqrt{D_{\text{ü}}}/\sqrt{D_{\text{s}}} = 1$ ist und M_{s} bei positiverem Potential reduziert wird als $M_{\text{ü}}$. Der Faktor g, der in der DCP Werte zwischen 2 und 5 annehmen kann, bestimmt die Größe des Diffusionsgrenzstromes $\overline{I}_{\text{D,gr,s}}$ gegenüber dem Strom $I_{\text{ü}}$ beim Potential E_{s}, das im Grenzstrombereich liegt und etwa 50 bis 200 mV negativer als das Halbstufenpotential von $s(E_{1/2,\text{s}})$ ist.

Für die SWP gilt Gl. (6.19) unter den oben dargelegten Bedingungen.

Wenn M_{s} bei negativerem Potential als $M_{\text{ü}}$ abgeschieden wird, lassen sich zu Gl. (6.18) bis Gl. (6.21) analoge Beziehungen ableiten. In diesem Fall verschlechtert sich das Konzentrationsgrenzverhältnis im Gegensatz zur SWP in der DCP bedeutend.

Einige Angaben zum Trennvermögen polarographischer Methoden sind in Tab. 11 enthalten. Dazu ist prinzipiell zu bemerken, daß das Trennvermögen immer nur für den konkreten Fall berechnet werden kann, mithin die Zahlenwerte nur als Richtgrößen zu betrachten sind.

Bei ungenügendem Auflösungsvermögen polarographischer Meßmethoden in verwendeten Leitelektrolyten treten überlappte Signale auf. Überlappte Stufen erkennt man in der DCP daran, daß die logarithmische Analyse keine Gerade, sondern eine Kurve mit einem Wendepunkt ergibt. In der SWP sind einseitige Verzerrungen der Peaks zu beobachten, die Halbwertsbreite nimmt zu, und die logarithmische Analyse des Peaks liefert eine geknickte Kurve. Auffällige Vergrößerungen oder Verkleinerungen des positiven oder negativen Peaks, einseitige Verzerrungen der Peaks bei vergrößerter Halbwertsbreite sind die entsprechenden Erkennungszeichen in der HFP.

Zur Trennung überlappter gleichstrompolarographischer Stufen wurde ein Verfahren entwickelt, das auf der logarithmischen Analyse beruht und damit recht kompliziert ist (*Ružić* und *Branica*, 1969). Die Auflösung überlappter Stufen in der DCP läßt sich mit Hilfe der Matrix-Algebra (*Israel*, 1966) durchführen. Das Verfahren benutzt die Determinantenrechnung und kann für polarographische Methoden mit linearer Eichgleichung angewendet werden. Für die Trennung sw-polarographischer Peaks, die sich in ihrer Konzentration nicht zu stark unterscheiden, ist die Matrix-Algebra brauchbar (*Geißler*, 1973). Mit einem Polarographen mit Mikroprozessor lassen sich überlappte Peaks durch eine Näherungsmethode trennen, wie *Bond* (1976) am Beispiel der DPP gezeigt hat.

7. Anwendung polarographischer Analysenmethoden

7.1. Aufgabengebiete der Analytik

Wesentliche Aufgabenbereiche der Analytik sind die Elementanalyse, die Mikroanalyse und die Spurenanalyse.

Als Elementanalyse wird die quantitative Durchschnittsanalyse einer anorganischen Analysenprobe nach Art und Menge der Bestandteile ohne Berücksichtigung ihrer Bindungsart und Struktur definiert. Wenn jedoch die Analysenprobe ein organisches Material ist, in dem die Art und Menge der Bestandteile zu bestimmen ist, kann eine Aussage über die Menge einer Art nur unter der Bedingung getroffen werden, daß deren Bindungsverhältnisse und deren Struktur bekannt sind.

Die Mikroanalyse – die Bestimmung von Art und Menge der Bestandteile in kleinen Probenmengen – ist bereits im Abschn. 3.4.4. behandelt worden.

Die Bestimmung von Spurenbestandteilen in einer Analysenprobe ist das Aufgabengebiet der Spurenanalyse, die den Einsatz hochempfindlicher Analysenverfahren mit großer Selektivität und Spezifität verlangt. Als Spurenbestandteile werden Anteile unter 1 Masse-% in einer Matrix bezeichnet. Da Haupt- oder Nebenbestandteile die Bestimmung einer Spur stören können, müssen in der Spurenanalytik häufig Trennungen durchgeführt werden. Andererseits lassen sich mitunter Spuren nur erfassen, wenn ein Anreicherungsvorgang vorausgegangen ist. Unter Spurenanalytik ist deshalb auch die Kombination von Trennungs-, Anreicherungs- und Bestimmungsmethoden zu verstehen.

Die Bezeichnungsweise von Gehaltsbereich, Probenmengenbereich und Arbeitsbereich in Abhängigkeit von der Größenordnung der Spurenbestandteile geht aus Tab. 12 hervor. Die Tabelle gibt auch Auskunft über die Benennung von Analysenverfahren, die in entsprechenden Molbereichen arbeiten.

Tabelle 12

Bezeichnungen von Gehalts-, Probenmengen- und Arbeitsbereichen sowie Analysenverfahren in der Spurenanalytik (nach Arbeitskreis „Automation in der Analyse", 1972)

Maßzahlbereich	Gehaltsbereich in m-%, V-%, mol-%	Probenmengenbereich in g oder ml; Arbeitsbereich in g, ml oder mol	Benennung von Analysenverfahren mit molarem Arbeitsbereich
$1 \ldots 10^{-3}$	Millispuren	Millimengen	Millimolverfahren
$10^{-3} \ldots 10^{-6}$	Mikrospuren	Mikromengen	Mikromolverfahren
$10^{-6} \ldots 10^{-9}$	Nanospuren	Nanomengen	Nanomolverfahren
$10^{-9} \ldots 10^{-12}$	Picospuren	Picomengen	Picomolverfahren
$10^{-12} \ldots 10^{-15}$	Femtospuren	Femtomengen	Femtomolverfahren
$10^{-15} \ldots 10^{-18}$	Attospuren	Attomengen	Attomolverfahren
10^{-18}		Partikelmengen	Partikelverfahren

$10^{-1} \ldots 10^{-4}$ m-% = 1000 ... 1 ppm
$10^{-4} \ldots 10^{-7}$ m-% = 1000 ... 1 ppb
$10^{-7} \ldots 10^{-10}$ m-% = 1000 ... 1 ppt

Die häufig gebrauchten Maßeinheiten ppm, ppb und ppt werden künftig nicht mehr empfohlen.

Die genannten analytischen Mengenbereiche sind wie folgt definiert:

Als Arbeitsbereich A eines Analysenverfahrens wird der Bereich der Mengen m_x des zu bestimmenden Bestandteils x bezeichnet, auf den das Verfahren anwendbar ist ($A = m_x$).

Der Probenmengenbereich P ist die Summe aus dem Mengenbereich m_x der zu bestimmenden Komponente x und der Matrix y (Summe der Mengenbereiche m_i aller Bestandteile i; $P = m_x + m_y$).

Der Gehaltsbereich G einer Komponente x ist der Quotient aus dem Mengenbereich m_x des zu bestimmenden Bestandteils und dem Probenmengenbereich P multipliziert mit 100.

$$G = \frac{m_x}{m_x + m_y} \cdot 100. \tag{7.1}$$

Zwischen den analytischen Mengenbereichen besteht die Beziehung

$$G = \frac{A}{P} \cdot 100. \tag{7.2}$$

Nach Gl. (7.2) ist bei vorgegebenem Gehaltsbereich der zu bestimmenden Komponente und festgelegtem Arbeitsbereich des Analysenverfahrens die Probenmenge nicht beliebig wählbar. Andererseits verlangt eine konkrete Probenmenge, in der ein Bestandteil innerhalb eines bestimmten Gehaltsbereiches erwartet wird, ein Analysenverfahren mit einem definierten Arbeitsbereich. Der gesetzmäßige Zusammenhang zwischen den Größen G, A und P nach Gl. (7.2) ist bei *Danzer* (1972) graphisch dargestellt.

Für spurenanalytische Bestimmungen läßt sich aus Gl. (7.2) ablesen, daß mit abnehmendem Gehaltsbereich bei konstantem Probenmengenbereich das Analysenverfahren immer empfindlicher werden muß.

Ein Berechnungsbeispiel, wie es in der Praxis vorkommt, soll das Gesagte verdeutlichen. Es soll Blei im Mikrogehaltsbereich von $G = 10^{-4}$ bis 10^{-6} m-% (Masseprozent) in einem Reinstmetall bestimmt werden. Die Probenmenge soll konstant $P = 1$ g betragen. Welchen Arbeitsbereich muß in diesem Fall das Analysenverfahren aufweisen? Aus Gl. (7.2) folgt:

$$A = P \cdot G \cdot 10^{-2}.$$

Für $G = 10^{-4}$ m-% gilt: $A = 1 \cdot 10^{-4} \cdot 10^{-2} = 10^{-6}$ g.
Für $G = 10^{-6}$ m-% folgt: $A = 1 \cdot 10^{-6} \cdot 10^{-2} = 10^{-8}$ g.

Der Arbeitsbereich des Analysenverfahrens muß sich also mindestens zwischen 10^{-6} und 10^{-8} g erstrecken. Auf molare Größen umgerechnet, muß das Analysenverfahren einen Arbeitsbereich zwischen $4{,}8 \cdot 10^{-9}$ und $4{,}8 \cdot 10^{-11}$ mol besitzen. Die Lösung der Aufgabe erfordert also ein Picomolverfahren.

7.2. Polarographie in der Spurenanalyse

Wie bereits mehrfach betont worden ist, stellt die Gleichstrompolarographie von Haus aus eine spurenanalytische Methode dar. Von den neueren polarographischen Methoden haben sich die Square wave-Polarographie, die Hochfrequenzpolarographie, die Puls- und Differenzpulspolarographie für die direkte Bestimmung von Spurenkonzentrationen etabliert. Die unbestritten größte Bedeutung haben aber die mit

Voranreicherung arbeitenden indirekten Methoden wie die anodische Inversvoltammetrie (engl.: **linear sweep anodic stripping voltammetry,** Abkürzung LSASV) und die
anodische Differenzpulsinversvoltammetrie (engl.: **differential puls anodic stripping
voltammetry,** Abkürzung DPASV) erlangt. Die typischen Bestimmungsgrenzen der
Methoden mit und ohne Voranreicherung sind nach Angaben von *Nürnberg* (1976) am
Beispiel des Cadmiums in Tab. 13 zusammengestellt. Wie die Angaben in dieser Tabelle
belegen, ist der angewendete Elektrodentyp für die Leistungsfähigkeit der genannten
Methoden ein wesentlicher Faktor. Die bisher niedrigsten Bestimmungsgrenzen wurden
nach Kombination der Quecksilberfilmelektrode nach *Florence* (s. Abschn. 5.1.4.)
mit der anodischen Differenzpulsinversvoltammetrie erreicht.

Tabelle 13

Typische Bestimmungsgrenzen polarographischer und voltammetrischer Methoden am Beispiel der Cadmiumbestimmung (nach *Nürnberg*, 1976)

Direkte Methoden mit QTE	Typische Bestimmungsgrenze [ppb]
Pulspolarographie	50
Differenzpulspolarographie	5
Phasenempfindliche Wechselstrompolarographie	20
Square wave-Polarographie	5
Hochfrequenzpolarographie	5
Hochfrequenzpolarographie mit Datenverarbeitungsgerät (nach *Barker*)	0,1

Indirekte Methoden mit Voranreicherung	Typische Bestimmungsgrenze [ppb]
Anodische Inversvoltammetrie mit linearer Spannungsänderung	
a) an der hängenden Quecksilbertropfenelektrode	10
b) an der rotierenden Quecksilberfilm-Glaskohlenstoff-Elektrode (Florence-Typ)	0,01
Anodische Differenzpulsinversvoltammetrie	
a) an der hängenden Quecksilbertropfenelektrode	0,01
b) an der rotierenden Quecksilberfilm-Glaskohlenstoff-Elektrode (Florence-Typ)	0,001

Die Vorteile der direkten und indirekten polarographischen Methoden in der Spurenanalyse sind in folgendem zu sehen:

– Die polarographischen Methoden sind Multielementmethoden und gestatten in der
  Regel, bis zu fünf Elemente gleichzeitig zu bestimmen. Demgegenüber läßt sich mit
  der Atomabsorptionsspektralphotometrie zur Zeit in der Flamme und im Graphit-
  rohr (flammenlos) sowie mit der Spektralphotometrie immer nur ein Element in
  einem Arbeitsgang quantitativ messen.
– Das hohe Auflösungs- und Trennvermögen der Square wave-Polarographie, Hoch-
  frequenz- und Differenzpulspolarographie schränkt Abtrennungen der Spurenkomponenten von der Matrix weitgehend ein.
– Die Vorelektrolyse bei den inversvoltammetrischen Methoden stellt nicht nur ein
  Voranreicherungsverfahren für Spurenelemente dar, sondern kann zugleich als Trennverfahren genützt werden.

– Polarographische Methoden arbeiten in konzentrierten, verdünnten und gefärbten Elektrolytlösungen.
– Zur Untersuchung können sowohl Makro- als auch Mikroobjekte gelangen.
– Mit verhältnismäßig geringem Aufwand kann mit polarographischen Methoden in Makro-, Halbmikro- und Mikrovolumina analysiert werden. Dazu sind lediglich unterschiedlich konstruierte polarographische Zellen und Elektroden notwendig, die selbst hergestellt werden können. Die eigentliche Meßapparatur bleibt unverändert.
– Ein besonderer Vorteil der Polarographie ist, daß mit ihr anorganische Ionen und organische Stoffe, darunter sehr komplizierte Verbindungen, bestimmt werden können. Im Vergleich dazu sprechen optische Methoden in der Regel nur auf die eine oder andere Stoffklasse an.

7.3. Grundsätzliche Probleme der Spurenanalyse

Bei der Ausführung von Spurenanalysen treten unabhängig vom benutzten Endbestimmungsverfahren generell folgende Probleme auf:

– Teilweiser Verlust und Einschleppung von Spurenkomponenten (Kontamination),
– Trennung Spurenkomponente/Matrix bzw. Anreicherung der Spuren,
– personell bedingte Arbeitsweise.

Die Bestimmung von Mikro- und Nanospuren setzt voraus, daß einerseits Verluste am zu bestimmenden Spurenbestandteil vermieden und andererseits die Kontamination der Analysenprobe ausgeschlossen wird.

Bereits bei der Probenahme und beim Probentransport muß darauf geachtet werden, daß die zu analysierende Substanz keine Verunreinigungen aufnehmen kann. Ganz wesentlich ist also die Art und Weise der Probenahme, nämlich unter welchen atmosphärischen Bedingungen und mit welchen Werkzeugen oder anderen Hilfsmitteln die Probenahme erfolgt. Das Gefäßmaterial und die Transportbedingungen stellen ebenfalls entscheidende Einflußfaktoren dar, die den Ausgangszustand der Probe hinsichtlich der zu bestimmenden Spurenkomponente verändern können. So ist es durchaus von Bedeutung, ob eine Wasserprobe bei Normaltemperatur transportiert und aufbewahrt oder bis zur Analyse tiefgefrostet wird.

Der nächste schwierige Schritt ist die Probenvorbehandlung, d. h. alle jene Arbeitsgänge, die notwendig sind, bis ein spezielles Endbestimmungsverfahren für den betreffenden Spurenbestandteil angewendet werden kann. Erfordert die Probe eine mechanische Zerkleinerung, dürfen keinesfalls Werkzeuge eingesetzt werden, die mechanischen Abrieb aufweisen. Andererseits ist diese Forderung nicht immer zu erfüllen. Es muß dann ein solches Zerkleinerungsverfahren ausgewählt werden, daß der Materialabrieb in Grenzen bleibt und dadurch die Bestimmung der Spurenkomponente nicht gestört wird. Das ist gleichbedeutend damit, daß der Blindwert nicht ansteigen darf.

Daß sämtliche während der Probenvorbehandlung eingesetzten Chemikalien eine wesentliche Kontaminationsquelle bilden, versteht sich von selbst. Es ist deshalb von Fall zu Fall zu unterscheiden, welche Reinheit die benötigten Chemikalien aufweisen müssen. Renommierte Chemikalienhersteller bieten heute supra-reine Säuren, Basen und Salze an. Wie man sich Chemikalien im Bedarfsfall selbst reinigt, wurde bereits unter Abschn. 6.2.1. besprochen.

Entscheidenden Einfluß auf die Blindwerte besitzen während der Probenvorbehandlung die benutzten Gefäßmaterialien. Normale Glasgefäße können durchaus den Anforderungen genügen, wenn sie möglichst immer wieder für die Bestimmung derselben Spurenkomponente eingesetzt und getrennt vom übrigen Laborglas gehalten werden. Gefäße aus Quarzglas und erst recht aus Teflon sind gegenüber Normalglas zu bevorzugen. Der Umstand, daß Teflon praktisch nicht benetzbar ist, beugt Spurenverlusten vor. Beachtet werden muß auch, daß während der Probenvorbehandlung benutztes Gefäßmaterial die Endbestimmungsmethoden beeinflussen kann. Auf die Störung polarographischer Methoden durch hochmolekulare organische Substanzen wurde bereits unter Abschn. 6.2.1. hingewiesen.

Selbst die polarographische Endbestimmung birgt noch Kontaminationsgefahren durch die polarographische Zelle, das Elektrodenquecksilber und das Gas zur Entlüftung in sich.

Ein Hauptproblem der Spurenanalytik ist die Reinheit der Laboratoriumsatmosphäre. Spurenanalytik läßt sich am besten betreiben, wenn statt weniger großer Labors eine größere Anzahl kleinerer vorhanden ist. Unter diesen räumlichen Bedingungen können verschiedene Matrizes nebeneinander bearbeitet werden. Die Bestimmung von Mikro- und Nanospuren verlangt eine Atmosphäre definierter Reinheit. Diese läßt sich mittels Laminarströmungsboxen[1]) innerhalb eines Labors verwirklichen. In derartigen Boxen wird die Luft durch Hochleistungs-Schwebstoff-Filter von atmosphärischem Staub befreit und durchströmt fallend oder steigend mit 0,3 bis 0,5 m/s die Box. Mit dem Reinluftstrom werden Staubpartikeln laufend entfernt. Nach dem gleichen Prinzip werden auch Reinräume geschaffen.

Zur Abtrennung und Anreicherung anorganischer Spurenkomponenten können Ionenaustausch und Verteilungschromatographie, Extraktionsverfahren, Mitfällung und Elektrolyse dienen. Organische Komponenten lassen sich durch Ionenaustausch, Verteilungschromatographie und Extraktion voneinander trennen und anreichern. Grundsätzlich besteht die Möglichkeit, die Spur von der Matrix oder umgekehrt die Matrix von der Spur zu trennen. Vorwiegend wird die Spur von der Matrix abgetrennt, vor allem wenn die Matrix kompliziert zusammengesetzt ist. Nur in wenigen Fällen eignet sich die umgekehrte Verfahrensweise. Beispiele hierfür wurden bei der Spurenbestimmung in Edelmetallen gegeben (*Meyer*, 1967).

Ionenaustauscher eignen sich sowohl zur Abtrennung von Spuren von der Matrix als auch zur Trennung von Spurengemischen. Als Austauscher werden stark und schwach saure Harze, stark und schwach basische Harze und Chelatharze angewendet. Entscheidend für die Trennung Spur/Matrix bzw. Spur/Spur sind die Verteilungskoeffizienten zwischen der Spur in der Lösung und im Austauscher. Im ersten Fall sind die Verteilungskoeffizienten niedriger als im zweiten. Grund dafür ist die verhältnismäßig große Innenkonzentration gegenüber einer gleichen Lösung ohne Matrix. Durch entsprechende Dimensionierung der Austauscherkapazität lassen sich aber meist hinreichende Trennungen erzielen.

Über Ionenaustauscher, die für analytische Zwecke geeignet sind, informiert man sich am besten anhand von Firmenschriften der Hersteller. Ihre Sortimente umfassen

---

[1]) Zum Beispiel VEB Elektromat Dresden, DDR-80 Dresden, Elbestraße 77.

meist 60 bis 80 Austauschertypen, von denen 10 bis 15 für die Analytik empfohlen werden.[1])

Bei der Mitfällung beruht die Anreicherung der Spuren darauf, daß sie beim Ausfällen eines schwerlöslichen Niederschlages mitgerissen werden. Als Kollektoren verwendet man häufig Metallhydroxide der drei- und vierwertigen Elemente, Metallsulfide und organische Fällungsreagenzien. An den großen Oberflächen voluminöser Niederschläge können sich chemische und physikalische Vorgänge abspielen. Zwischen Spurenfänger und Spurenelemente kann Mischkristallbildung auftreten, wobei sich die schwerlösliche Komponente im Bodenkörper anreichert. Die gefällte Verbindung des Spurenfängers muß also leichter löslich sein als die Verbindung des Spurenelementes. Mitfällung durch Adsorption erfolgt, wenn der adsorbierende Niederschlag gegenüber dem Spurenelement-Ion entgegengesetzt geladen ist und die entstehende Verbindung zwischen dem Niederschlag und dem Spurenelement-Ion im betreffenden Lösungsmittel schwerlöslich ist oder eine geringe Dissoziation aufweist.

Kollektorfällungen sind relativ unspezifisch und sollten vorwiegend zur Anreicherung einer größeren Anzahl von Metallspuren dienen. Meist müssen Mitfällungsverfahren mit anderen Anreicherungsverfahren — wie Extraktion und Ionenaustauschchromatographie — kombiniert werden. Die Anreicherung durch Mitfällung kann das 100- bis 1000fache betragen. Brauchbar sind solche Verfahren dann, wenn 90 bis 99% der Spuren mitgefällt werden. Bedingung ist ferner, daß der Kollektor nicht als Störfaktor bei der Endbestimmung wirkt.

Die Extraktion wird in der Spurenanalyse bevorzugt zur Trennung und Anreicherung angewendet. Auf Grund ihres geringen Aufwandes und ihrer einfachen Handhabung nimmt sie eine führende Stellung ein. Das Prinzip der Extraktion beruht darauf, daß sich eine gelöste Substanz, die sich mit zwei begrenzt mischbaren Flüssigkeiten im Gleichgewicht befindet, zwischen den beiden Phasen in einem konstanten und reproduzierbaren Verhältnis verteilt (Nernstscher Verteilungssatz). Das Verteilungsgleichgewicht zwischen den Phasen wird durch den Verteilungskoeffizienten ausgedrückt. Zur Spurenabtrennung strebt man möglichst große Verteilungskoeffizienten an. Die Extraktionsausbeute läßt sich bei kleinen Verteilungskoeffizienten durch Mehrfachextraktion erhöhen. Spurenanalytisch ist diese Verfahrensweise allerdings ungünstig, weil die Gefahr der Spurenelementverluste und der Kontamination besteht. In der Regel reichen 90 bis 95% Extraktionsausbeute aus, wenn die Verluste konstant sind und in das Verfahren eingeeicht werden können. Die Variationsmöglichkeiten sind bei der Extraktion durch die Auswahl geeigneter Lösungsmittel, die Anwendung von Komplexbildnern und die Einstellung des pH-Wertes außerordentlich groß. Extraktionsverfahren lassen sich sehr selektiv und spezifisch gestalten.

Die Elektrolyse gestattet, Hauptbestandteile abzutrennen und die verbleibende Lösung zur Spurenanalyse einzusetzen. Bewährt hat sich die Abscheidung an großflächigen Quecksilberkatoden. Potentiostatische Arbeitsweise ist in jedem Fall zu bevorzugen.

Der Erfolg eines spurenanalytisch arbeitenden Labors hängt auch wesentlich von seinem Personal ab. Für die diffizile, sehr viel Sorgfalt erfordernde Arbeitsweise eignet sich nicht jedermann. Häufiger Personalwechsel ist in der Spurenanalytik nicht angezeigt, weil einmal die notwendige Sicherheit beim spurenanalytischen Arbeiten nicht erreicht wird und zum anderen Erfahrungen nicht akkumuliert werden.

---

[1]) Zum Beispiel VEB Chemiekombinat Bitterfeld, DDR-44 Bitterfeld; Ionenaustauscher für die Analytik: MC 50 (Chelataustauscher), KPS rein (stark saurer Kationenaustauscher), CP rein (schwach saurer Kationenaustauscher), SPK rein (starkbasischer Anionenaustauscher), SBW rein (schwach basischer Anionenaustauscher), ES rein (Adsorberharz).

7.4.   Polarographische Bestimmung anorganischer Stoffe

Polarographisch lassen sich anorganische Kationen und Anionen bestimmen. Für ihre Bestimmung existieren folgende Möglichkeiten:

1. Kationen

   a) Reduktion zum Metall

   $$M^{n+} + n\,e^- \rightarrow M^{\pm 0}.$$

   b) Reduktion zu einer niederen Wertigkeitsstufe

   $$M^{n+} + m\,e^- \rightarrow M^{(n-m)+}.$$

   c) Oxydation von einer niederen in eine höhere Wertigkeitsstufe

   $$M^{n+} \rightarrow M^{(n+m)+} + m\,e^-.$$

   d) Katalytische Vorgänge

   $$M^{n+} + m\,e^- \rightarrow M^{(n-m)+},$$
   $$M^{(n-m)+} + O^{z+} \rightarrow M^{n+} + O^{(z-m)+}.$$

   Das Kation M^{n+} wird elektrochemisch reduziert. Die reduzierte Form des Kations reagiert chemisch mit einem elektrochemisch inaktiven Oxydationsmittel O unter Rückbildung von M^{n+}.

2. Anionen

   a) Reduktion zu einer niederen Wertigkeitsstufe, z. B.

   $$IO_3^- + 6e^- + 6H^+ \rightarrow I^- + 3H_2O.$$

   b) Bildung einer schwerlöslichen Verbindung oder eines stabilen Komplexes mit Quecksilber und Bestimmung des Anions mit Hilfe der Oxydationsstufe des Quecksilbers, z. B.:

   $$Hg + S^{2-} \rightarrow HgS + 2e^-.$$

   c) Indirekte Bestimmung durch Fällung einer schwerlöslichen Verbindung und Bestimmung des überschüssigen Kations, z. B.:

   $$SO_4^{2-} + Pb^{2+} \rightarrow PbSO_4,$$
   $$Pb^{2+} + 2e^- \rightarrow Pb^{\pm 0}.$$

In Abb. 7.1 sind die Elemente angegeben, die sich mit polarographischen Methoden bestimmen lassen. Die Wertung in bezug auf die polarographische Bestimmbarkeit der einzelnen Elemente kann nicht als absolut angesehen werden, weil diese von vielen Einflußgrößen abhängt.

Auf die Bestimmung einzelner Ionen in speziellen Stoffen mit Hilfe der Gleichstrompolarographie einzugehen, läßt der Umfang des Buches nicht zu. Andererseits ist das auch nicht notwendig, weil auf die detaillierte Beschreibung von Analysenverfahren in einer Reihe guter Monographien (*Milner*, 1957b; *Krjukowa*, 1964; *Proszt*, 1967) verwiesen werden kann.

Die methodischen Grundlagen der Oszillopolarographie und ihre Anwendung in der anorganischen und organischen Analytik hat *Kalvoda* (1965) publiziert. Die inverse Voltammetrie mit linearer Spannungsänderung wurde von *Neeb* (1969) eingehend abgehandelt. Square wave-polarographische Analysenverfahren zur Bestimmung verschiedener Elemente in anorganischen Materialien wurden ausführlich in der Monographie von *Geißler* und *Kuhnhardt* (1970) beschrieben.

Hingegen ist über die mit neueren polarographischen Methoden entwickelten Analysenverfahren wenig zusammenfassend berichtet worden (*Kissinger*, 1974, 1976; *Roe*, 1974, 1976). Ausgehend davon, daß in der Spurenanalytik anorganischer Stoffe

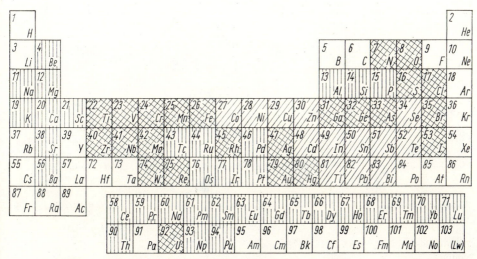

Abb. 7.1. Übersicht über die mit polarographischen Methoden bestimmbaren Elemente.

 sehr gut bestimmbare Elemente,

gut bestimmbare Elemente,

untersuchte, teilweise bestimmbare Elemente

die sw-polarographischen und die pulspolarographischen Methoden sowie die inverse Voltammetrie mit linearer Spannungsänderung und die anodische bzw. katodische Differenzpulsinversvoltammetrie auf Grund ihrer Leistungsfähigkeit die größte Bedeutung erlangt haben, wurden in den Tab. 14 bis 16 entsprechende Analysenverfahren übersichtsmäßig zusammengestellt. Tab. 14 enthält mit der Puls- und Differenzpulspolarographie sowie mit der Differenzpulsinversvoltammetrie entwickelte Analysenverfahren. Square wave- und hochfrequenzpolarographische Analysenverfahren sind in Tab. 15 erfaßt. Schließlich gibt Tab. 16 eine Übersicht über die Bestimmung von Kationen in verschiedenen Matrizes mit der Inversvoltammetrie mit linearer Spannungsänderung. Selbstverständlich beinhalten die Tabellen nur eine Auswahl von Analysenverfahren und erheben nicht den Anspruch auf Vollständigkeit.

In den folgenden Abschnitten wird an Beispielen die Leistungsfähigkeit polarographischer Methoden im Umweltschutz, zur Analyse reiner und hochreiner Materialien, für die Spurenanalyse in anorganischen Stoffen, Metallen und organisch-chemischen Produkten und schließlich zur Spurenelementbestimmung in landwirtschaftlichen Erzeugnissen sowie in Nahrungs- und Genußmitteln dargelegt.

Tabelle 14

Analysenverfahren mit der Pulspolarographie, Differenzpulspolarographie und Differenz-pulsinversvoltammetrie

Matrix	Element/Verbindung	Konzentration	Literatur
Arsen	Ga	$> 0,3$ ppm	*Demerie*, 1971
	Pb	$\sim 0,4$ ppm	PAR, App. Brief L-1, 1974
Blut	Pb	$1 \ldots 2000$ ppm	PAR, Appl. Brief A-3, 1974
	Pb	10,9 ng/100 µl	*DeAngelis*, 1977
Boden	NO_3^-, NO_2^-	$> 0,2$ ppm NO_3^-	*Boese*, 1977
Edelmetalle	Au	10^{-4} m/l	*Madan*, 1966
Erz (sulfidisch)	Pt	$0,1 \ldots 0,9$ ppm	*Alexander*, 1977
Futter	Pb	$\sim 0,4$ ppm	PAR, Appl. Brief L-1, 1974
Fleisch (verarbeitet)	NO_2^-	$2 \cdot 10^{-8}$ m	*Shaw-Kong Chang*, 1977
I_2	S	$6,5 \cdot 10^{-7} \ldots$ $4,3 \cdot 10^{-4}$ %	*Kaplan*, 1967
Kobalt (Metall und Verbindungen)	Cd, Cu, Pb	$> 0,02$; $> 0,04$; $> 0,1$ ppm	*Lagrou*, 1971
Luft	SO_2	$> 0,1$ ppm	*Garber*, 1972
Mikrobiologische Systeme	As	$> 4 \cdot 10^{-9}$ m	*Myers*, 1973
NaCl (hochrein)	Cd, Cu, Mn, Pb, Zn		*DeGalan*, 1973
Erdöl	Ni, V		PAR, Appl. Brief N-2, 1974
Silicium	Cu	1 ppm	*Lanza*, 1976[1])
Seewasser	Cd, Cu, Pb, Zn	ppm-Mengen	*Abdullah*, 1976
	Cd, Cu, Pb	0,1; 3,0; 0,3 ppb	*Lund*, 1976
Speichel	NO_2^-	$2 \cdot 10^{-8}$ m	*Shaw-Kong Chang*, 1977
Wasser	Cr	$0,035 \ldots 2,0$ µg/ml	*Crosum*, 1975 a
	NO_3^-, NO_2^-	$> 0,1$ ppm NO_3^-	*Boese*, 1977
	Hg	$0,001 \ldots 2,0$ µg/ml	*Sontag*, 1976
	Cd, Pb, Zn	ng-Mengen	*Crosum*, 1975 b[1])
	NTE	50 µg/l $\ldots$ 5 mg/l	*Haring*, 1977[1])
	Cd, Cu, Pb, Zn	–	*Blutstein*, 1976[1])
Zinkelektrolyt	As, Cd, Co, Cu, Ni, Pb, Tl, Sb	10 µg/l Cd u. Cu	*Pilkington*, 1976
	S^{2-}	$3,5 \cdot 10^{-7}$ m	*Turner*, 1975
	I^-	$9,4 \cdot 10^{-7}$ m	*Turner*, 1975
	I^-	$> 0,67$ ppb	*Propst*, 1977
	Fe	$5 \cdot 10^{-8}$ m	*Zarebski*, 1977 a
	Cr	$10^{-6} \ldots 2 \cdot 10^{-8}$ m	*Zarebski*, 1977 b
	Sn	$2 \cdot 10^{-5} \ldots 2 \cdot 10^{-7}$ m	*Bhowal*, 1977
	Te	$0,26 \ldots 3,0$ µg/l	*Roux*, 1974
	Cu, Pb, Tl	$6 \cdot 10^{-8}$ m, $2 \cdot 10^{-8}$ m, $2 \cdot 10^{-8}$ m	*Dieker*, 1977[1])
	Se	4 ppb	*Dennis*, 1976
	Se	8 ppb	PAR, Appl. Brief S-1, 1974

[1]) Verfahren mit der Differenzpulsinversvoltammetrie.

Tabelle 14 (Fortsetzung)

Matrix	Element/Verbindung	Konzentration	Literatur
	Se	0,05 ng	*Griffin*, 1969
	Cd, Cu, Pb, Zn		*Blutstein*, 1976
	Cd, In, Tl	$5 \cdot 10^{-7} \dots 10^{-6}$ m	*Suon Kim Nuor*, 1977
	NO_2^-	0,5 ppm	PAR, Appl. Brief N-1, 1974
	NH_4^+	50 ... 600 ppb	PAR, Appl. Brief A-3, 1974

Tabelle 15

Bestimmung von Elementen in verschiedenen Matrizes mit der Square wave- und Hochfrequenzpolarographie

Element	Matrix	Gehaltsbereich [%]	Literatur
As	Eisen, Stahl	$4 \cdot 10^{-3}$	*Sudo*, 1969 a
Ba	Eisenoxid	1 ... 10	*Berge*, 1973
Bi	Silber	$10^{-2} \dots 10^{-4}$	*Pac*, 1967; *Itsuki*, 1959 a, b
	Cadmium	$10^{-3} \dots 10^{-4}$	*Temmermann*, 1966
	Galliumarsenid	bis 10^{-4}	*Jennings*, 1962
	Gold	bis $6 \cdot 10^{-6}$	*Kuhnhardt*, 1973[1])
Cd	Uran, Urandioxid	bis 10^{-6}	*Nakashima*, 1963
	Reinstindium	$10^{-3} \dots 10^{-4}$	*Pac*, 1967
	Hafnium	$2 \cdot 10^{-4} \dots 10^{-3}$	*Wood*, 1962
	NE-Metallschlacken und -Erze	$10^{-1} \dots 10^{-3}$	*Pac*, 1962
	hochreiner Phosphor	10^{-6}	*Miwa*, 1970 a[1])
	Tantal		*Mizuike*, 1972
	Halbleiterlegierung (In-Cd-Sn-Sb)		*Senkevič*, 1968[1])
	Reinsilber	10^{-4}	*Geißler*, 1969
CNO-			*Okura*, 1974
Cr	Stahl		*Ferrett*, 1956
	nukleare Reaktorflüssigkeit		*Ferrett*, 1956
	Eisen, Stahl	$5 \cdot 10^{-3}$	*Sudo*, 1969 b
Cu	PbSn- und Al-Legierungen	bis 4	*Milner*. 1957 a
	Uran	$5 \cdot 10^{-5} \dots 5 \cdot 10^{-4}$	*Goode*, 1962
	Erdöl	10^{-2}	*Samuel*, 1961
	Halbleiterarsen		*Bersier*, 1966
	Indiumarsenid, Indium	10^{-5}	*Jennings*, 1962; *Kaplan*, 1962
	Zr 10, Zr 20, Zr 30, Hf	$< 10^{-2}$	*Wood*, 1962
	NE-Metallerze	$10^{-3} \dots 10^{-4}$	*Pac*, 1963
	Te, Te-Konzentrate	$10^{-3} \dots 4$	*Pac*, 1963
	Selen	$10^{-3} \dots 4$	*Pac*, 1963
	Stahl		*Ferrett*, 1956
	hochreines Chrom	$8 \cdot 10^{-4}$	*Matano*, 1964
	hochreines Silber	$5 \cdot 10^{-5}$	*Geißler*, 1969
	hochreiner Phosphor	10^{-5}	*Miwa*, 1970 a

[1]) Hf-polarographische Analysenverfahren.

Tabelle 15 (Fortsetzung)

Element	Matrix	Gehaltsbereich [%]	Literatur
	Trink- und Flußwasser	$2 \cdot 10^{-7}$	*Buchanan jr.*, 1972
	Tantal		*Mizuike*, 1972
	Nickel	bis $2 \cdot 10^{-4}$	*Okochi*, 1971
Fe	Gold	$4 \cdot 10^{-5}$	*Kuhnhardt*, 1973[1]
In	Ne-Metallprodukte	$10^{-4} \ldots 4$	*Pac*, 1961
	Stahl, Eisen	$5 \cdot 10^{-3} \ldots 2 \cdot 10^{-1}$	*Kammorie*, 1967
	PbAgIn-Lot		*Linke*
Mn	Uran, UO_2, Reaktorflüssigkeit		*Ferrett*, 1956; *Nakashima*, 1964a
	Eisen, Stahl	$4 \cdot 10^{-3}$	*Sudo*, 1969a
Mo	Ne-Metallprodukte	$10^{-3} \ldots 1$	*Pac*, 1967
Nb	NbSn-Legierungen		*Bersier*, 1967
	Tantal		*Mizuike*, 1972
Ni	Cu-Legierungen		*Ferrett*, 1956
	Gold	$5 \cdot 10^{-5}$	*Kuhnhardt*, 1973[1]
	Reinsilber	$2 \cdot 10^{-4}$	*Geißler*, 1969
Pb	Flußwasser	$2 \cdot 10^{-7}$	*Buchanan jr.*, 1970
	hochreiner Phosphor	10^{-5}	*Miwa*, 1970a
	Weißmetall	$5 \cdot 10^{-2} \ldots 5 \cdot 10^{-1}$	*Milner*, 1957
	Zinn (99,9%)	$> 5 \cdot 10^{-2}$	*Milner*, 1957
	NE-Metall-Legierungen (Bronze, Messing, Dural)		*Milner*, 1957
	Al, Zn		*Milner*, 1957
	Stahl		*Milner*, 1957
	Kakao	$< 10^{-4}$	*Ferrett*, 1954
	Uran, UO_2	bis 10^{-4}	*Nakashima*, 1964b
	Zr 10, Zr 30	$< 10^{-2}$	*Wood*, 1962
	Reinstwismut	bis 10^{-6}	*Mizuike*, 1969
	Gold	bis $8 \cdot 10^{-6}$	*Kuhnhardt*, 1973[1]
	Reinsilber	10^{-4}	*Geißler*, 1969
S	Antimonpulver,	$7 \cdot 10^{-3}$;	*Kaplan*, 1969a
	Indiumantimonid	$3 \cdot 10^{-4}$	
	Galliumarsenid,	$4 \cdot 10^{-5}$;	*Kaplan*, 1969b—
	Galliumphosphid	$2 \cdot 10^{-5}$	
	verflüssigte Gase	10^{-5}	*Kashiki*, 1967
S^{2-}			*Kakiyama*, 1970
Sb	Ne-Metallprodukte	$10^{-1} \ldots 10^{-4}$	*Pac*, 1967
	TiO_2 für pharmazeutische und Papierindustrie	$10^{-2} \ldots 10^{-3}$	*Lagrou*, 1967
	Pb- und Ba-Glas		*Noshiro*, 1966
	$Bi_{1-x}Sb_x$-Legierungen		*Henrion*, 1976
Se	Sb, In, Ga, Bi	bis $2 \cdot 10^{-5}$	*Kaplan*, 1964a
	polymetallische Erze, NE-Metallprodukte	$5 \cdot 10^{-5} \ldots 6$	*Pac*, 1967
Sn	Stahl	$5 \cdot 10^{-4} \ldots 0,5$	*Ferrett*, 1956
	reines Eisen	$2,5 \cdot 10^{-4}$	*Kammori*, 1966; *Sudo*, 1964
	Stahl, Eisen	$> 2 \cdot 10^{-3}$	*Sudo*, 1969b
	Gold	$5 \cdot 10^{-6}$	*Kuhnhardt*, 1973[1]

[1] Hf-polarographische Analysenverfahren.

Tabelle 15 (Fortsetzung)

Element	Matrix	Gehaltsbereich [%]	Literatur
Te	Erze, NE-Metallprodukte	$10^{-3} \ldots 10^{-4}$	*Pac*, 1964
	In, Ga, Sb, Bi	bis $5 \cdot 10^{-5}$	*Kaplan*, 1964 b
Tl	Sb, Pb, Filter- und Konverterstäube	$10^{-3} \ldots 10^{-4}$	*Pac*, 1962
	hochreines Selen	$5 \cdot 10^{-3} \ldots 3 \cdot 10^{-2}$	*Geißler*, 1967
	In	$2 \cdot 10^{-4}$	*Kaplan*, 1965
W	Zr 10, Zr 30, Hf	$< 10^{-2}$	*Wood*, 1962
	NH_4ReO_4	bis 10^{-4}	*Tajima*, 1962
Zn	Wismut		*Mizuike*, 1970
	Bronzen, Weißmetalle, Pb, Al-Legierungen	$10^{-2} \ldots 1,5$	*Milner*, 1957
	Zr 10, Zr 20	$< 10^{-2}$	*Wood*, 1962
	Bronzen		*Kaminska*, 1976
	Bi		*Mizuike*, 1970
	Reinsilber	$1,5 \cdot 10^{-4}$	*Geißler*, 1969
	Elektrolytkupfer, Antimon	$3 \cdot 10^{-4}; 1,6 \cdot 10^{-4}$	*Pac*, 1968
		$10^{-3} \ldots 10^{-2}$	*Tajima*, 1962
	Gold	$1,1 \cdot 10^{-4}$	*Kuhnhardt*, 1973[1])
	Bronzen	$4 \ldots 7$	*Kaminska*, 1976

[1]) Hf-polarographische Analysenverfahren.

Tabelle 16

Analysenverfahren mit der Inversvoltammetrie mit linearem Spannungsanstieg

Matrix	Elemente	Literatur
Aerosole	Zn (auch Cd, Cu, Pb); Cd	*Neeb*, 1977; *Neeb*, 1974
Aluminium	Cd, Cu, Ga, Pb, Zn; Ag	*Lovasi*, 1966; *Lovasi*, 1967
	Bi, Cd, Ga, Pb, Sb, Sn, Zn	*Vinogradova*, 1965 a
	In	*Alimarin*, 1968
Antimonchlorid	Zn	*Batycka*, 1977
Antimontrioxid	Cu	*Baletskaja*, 1967
Arsen	Cu, Pb	*Kataev*, 1963
Barium	Cu, Pb, Zn	*Vachobova*, 1970
Blei	Cu, Bi, Sb	*Jankauskas*, 1969
	Cu, Bi	*Šinko*, 1971
	Cd, In, Zn	*Kaplin*, 1970
	Ag	*Kolpakova*, 1969
	Ag	*Brajnina*, 1970
Böden, Pflanzen	Cu, Pb, Cd, Zn	*Markova*, 1966
Cadmium	Bi, Sb	*Tiptcova-Jakovleva*, 1972
Ferrochrom	Pb	*Nikulina*, 1971
Ferromangan	Pb	*Nikulina*, 1971
Gallium	Cd, Cu, Pb	*Lovasi*, 1966
Galliumarsenid	Ag, Cd, Cu, Pb, Zn	*Sinjakova*, 1969
Germanium	Bi, Sb	*Vinogradova*, 1965 b
Germaniumdioxid	Cd, Pb	*Kamenev*, 1966
Germaniumtetrachlorid	Bi, Sb	*Vinogradova*, 1965 b
Golderz und -produkte	Au	*Gornostaeva*, 1971; *Markova*, 1974

Tabelle 16 (Fortsetzung)

Matrix	Elemente	Literatur
Indium	Cu, Pb, Zn	*Mesjac*, 1967
	Tl	*Mesjac*, 1964
	Ge	*Stepanova*, 1964
Kupfer	Cd, Au	*Nejman*, 1969; *Monien*, 1969
	Bi, Sb	*Nejman*, 1970
	Ag	*Nejman*, 1971
	Sb, Cd, Mn, Pb, Zn	*Brajnina*, 1971; *van Dijck*, 1971
Kupferhaltige Lösungen	Hg	*Ulrich*, 1975
Kupfer-Nickel-Konzentrat	Pt	*Sarinskij*, 1977
Kupferprodukte	Au	*Vasil'eva*, 1975
Mangan	Cd, Cu, Pb, Zn	*Lovasi*, 1966
Molybdäntrioxid	Re	*Demkin*, 1969
Natriumwolframat	Cr	*Krapivkina*, 1967
Niobpentoxid, Alkaliniobate	Bi, Pb, Sn	*Kamenev*, 1967
Phosphor	Cd, Pb, Zn	*Sinjakova*, 1965
Quecksilber	Cd, Cu, Pb, Zn	*Meyer*, 1966; *Stepanova*, 1965
SE-Molybdate	Co	*Brajnina*, 1967
Silber	Cd, Cu, Pb, Zn; Au	*Meyer*, 1967; *Monien*, 1969
Silicate	Zn	*Koster*, 1967
Siliciumtetrachlorid	Bi, Sb, Sn	*Karbainov*, 1964
Stahl	Sn, Pb, Cu	*Philips*, 1962; *Cooksey*, 1974,
		Kamenev, 1977, *Gottesfeld*, 1965
Tantal	Ag, Cu, Cl	*Mizuike*, 1974; *Miwa*, 1970 b
Thoriumnitrat	Cd	*Khasgiwale*, 1967
Uransalze	Cd, Cu, Pb	*Kemula*, 1959
Wasser	Bi, Sb, Cd, Cu, Pb, Zn	*Mal'kov*, 1970; *Ben-Bassat*, 1975
	Cd, Cu, Pb, Zn	*Šinko*, 1970; *Rojahn*, 1972;
		Manu, 1976
	As, Cu, Pb, Cd	*Krapivkina*, 1974; *Lund*, 1975
Wismut	Pb, Zn	*Jackwerth*, 1965
Zink	Bi, Cd, Cu, Pb, Sb;	*Kaplin*, 1971;
	Cu, Cd, Pb, Zn	*Naumann*, 1974
Zinklegierungen	Cu, Pb	*Skobec*, 1969
Zinksalze	Cd, Pb, Tl; Cu, Cd, Pb, Zn	*Hildering*, 1966; *Naumann*, 1974
Zinn	Bi, Sb	*Zarachov*, 1964; *Zaičko*, 1967

7.4.1.   Spurenanalyse im Umweltschutz

Für die Spurenanalytik im Umweltschutz sind die Square wave-Polarographie, aber noch besser die Differenzpulspolarographie und die anodische bzw. katodische Differenzpulsinversvoltammetrie geeignet. Mit der DPP und der anodischen Differenzpulsinversvoltammetrie lassen sich etwa 30 Elemente im Nanospurenbereich bestimmen. Im gleichen Gehaltsbereich können mit der katodischen Differenzpulsinversvolatmmetrie mehrere Anionen erfaßt werden, darunter Sulfid und Chlorid.

Umweltrelevante Matrizes sind Trinkwasser, Abwasser, Fluß-, See- und Meereswasser sowie Luftbestandteile.

Über die Bestimmung von Zink im Meerwasser mit Hilfe eines Durchflußsystems, das aus einer innenseitig mit einem Quecksilberfilm beschichteten Graphitrohrelektrode und einer Silber/Silberchlorid-Referenzelektrode besteht, berichtet *Liebermann* (1974).

Zunächst wird durch das System entlüftete Quecksilber(II)nitratlösung gepumpt (16 ml/min) und bei −1,4 V (Ag/AgCl-Elektrode) auf der Arbeitselektrode der Quecksilberfilm erzeugt. Danach wird das Potential angeschaltet, auf den Durchfluß der Probelösung umgestellt und das Abscheidungspotential von −1,4 V wieder angelegt. Es wird 2 bis 5 min angereichert und anschließend die anodische Auflösung in die kontinuierlich strömende Probelösung vorgenommen. Der Potentialdurchlauf wird bei +0,5 V (Ag/AgCl-Elektrode) abgebrochen. Mit dem Verfahren wurden Kupfer, Blei, Cadmium und Zink in einem Voltammogramm registriert. Im Wasser aus der San Diego Bay wurden 2 µg/l Zink mit einer relativen Standardabweichung von 9,5% (N = 17) bestimmt. Bei einer Voranreicherungszeit von 5 min ließen sich noch $1 \cdot 10^{-9}$ mol/l Zink erfassen.

Im Meerwasser sind nach Angaben von *Nürnberg* (1976) etwa 20 Spurenelemente im Konzentrationsbereich von 10^{-7} bis 10^{-10} m enthalten. Für die Bestimmung der toxischen Elemente Cd, Pb, Cu, Hg, Bi, Tl, Zn, As, Sb und einiger weiterer eignen sich polarographische und voltammetrische Methoden besonders gut. Gegenüber der Atomabsorption, Neutronenaktivierungsanalyse und Spektralanalyse liefern die voltammetrischen Methoden nicht nur Informationen über den Gesamtmetallgehalt, sondern auch über die vorliegenden Wertigkeitsstufen.

Die niedrigsten Bestimmungsgrenzen wurden von *Nürnberg* und Mitarbeitern mit einer rotierenden Quecksilberfilm-Glaskohlenstoff-Elektrode (Florence-Typ, 10 bis 100 µm Filmdicke) in Kombination mit der anodischen Differenzpulsinversvoltammetrie (s. Tab. 13) erreicht. Die Anreicherungszeiten betrugen 5 bis 60 min. Die ausgezeichnete Reproduzierbarkeit des Verfahrens belegen folgende Werte: Bei der Bestimmung von 0,2 bis 0,02 ppb Cd und 0,5 bis 0,05 ppb Pb wurden Variationskoeffizienten von 2,5% und für 0,2 bis 0,02 ppb Cu von 5 bis 10% berechnet. Beispiele für die Bestimmung von Cd, Pb und Cu in Meerwässern zeigen die Polarogramme in Abb. 7.2.

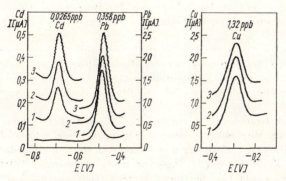

Abb. 7.2. Simultane Bestimmung von Cd, Pb und Cu mit der anodischen Differenzpulsinversvoltammetrie in Meerwasser (*Nürnberg*, 1976).
1 Meerwasserprobe; Anreicherungszeiten: Cd und Pb 20 min, Cu 5 min, *2* 1. Standardzugabe; Anreicherungszeiten: Cd und Pb 10 min, Cu 2,5 min, *3* 2. Standardzugabe; Anreicherungszeiten: Cd und Pb 7,5 min, Cu 1,25 min

Auf die diffizilen Probleme der Probennahme und Probenvorbehandlung bei der Analyse von Wässern soll nochmals speziell eingegangen werden, weil hier beträchtliche Fehlerquellen liegen. So wurde festgestellt, daß Polyethylenbehälter 50% des

Cadmiums und 85% des Bleis aus destilliertem Wasser innerhalb von 10 min adsorbieren. Die Adsorption unterbleibt, wenn die Polyethylenbehälter vorher einige Stunden mit Salzlösungen konditioniert worden sind. Für Meerwasser wurde eine Konditionierungslösung aus 25 g NaCl, 2 g CaCO$_3$ und 3 g MgSO$_4$ im Liter und für Süßwasser eine solche aus 1 g CaSO$_4$ und 1 g MgSO$_4$ pro Liter verwendet.

Weiterhin kommt der Filtration des Wassers über Membranfilter (Sartorius SM 16511, 0,45 µm) große Bedeutung zu, weil auf diese Weise im Wasser suspendierte, organische und anorganische Materie, die die Spurenelemente adsorbiert enthalten, vor der Analyse abgetrennt werden. Welch große Gehaltsunterschiede auftreten können, belegen folgende Werte für Cadmium und Blei in einem Flußwasser: vor der Filtration 0,181 ppb Cd und 11,35 ppb Pb, nach dem Filtrieren 0,062 ppb Cd und 0,79 ppb Pb.

Langzeittests (75 Tage) an tiefgefrosteten Wasserproben (−20 °C) wiesen keine Verluste an Spurenelementen aus.

Mit der inversvoltammetrischen Bestimmung von Kupfer, Blei und Cadmium in natürlichen Wässern mit einer Quecksilberfilmelektrode befaßte sich *Poldosky* (1978). Als Arbeitselektrode diente eine wachsimprägnierte Graphitelektrode, auf der in getrennter Elektrolyse bei −0,8 V (Ag/AgCl-Elektrode, 0,1 m NaCl) ein Quecksilberfilm von 0,1 bis 0,3 µg/mm^2 abgeschieden wurde. Die mit Salpetersäure (0,2 Vol-%) angesäuerte, zu analysierende Wasserprobe wurde 2 min entlüftet und danach unter Rühren bei −1,2 V das Cadmium und das Blei oder bei −1,0 V das Blei und Kupfer abgeschieden. Die Vorelektrolysezeit betrug zwischen 1 und 5 min. Nach dem Abschalten der Vorelektrolyse wurde eine Beruhigungszeit von 30 s eingehalten, ehe die anodische Auflösung von −1,0 bis 0,0 V registriert wurde. Die lineare Spannungsänderungsgeschwindigkeit lag im Bereich von 5 bis 10 V/min. Positive Potentiale wurden an die Quecksilberfilmelektrode nicht angelegt, weil dadurch deren Lebensdauer verkürzt wird. Der lineare Konzentrationsbereich erstreckte sich für Cadmium von 0,005 bis 0,28 µg/l, für Blei von 0,06 bis 3,2 µg/l und für Kupfer von 0,5 bis 7,7 µg/l. Es wurden Bestimmungsgrenzen von 0,005 µg/l Cd, 0,03 µg/l Pb und 0,03 µg/l Cu ermittelt.

Poldosky verglich auch die Analysenwerte (in µg/l) für Kupfer, Cadmium und Blei, die mit der beschriebenen Methode und mit der flammenlosen Atomabsorption erhalten wurden. Die Werte stimmten größtenteils gut überein. Die Präzision scheint aber für die Inversvoltammetrie besser zu sein als für die flammenlose Atomabsorption.

In Grund-, Trink- und Brauchwasser stellen As(III) und Pb(II) stark umweltbelastende Schadstoffe dar. Möglichkeiten zum Eindringen dieser Schadstoffe in die Hydrosphäre bieten Abfälle der Verhüttung von Zinkerzen. Mit der Pulspolarographie können nach Zugabe von Leitelektrolyt in Wasserproben und wäßrigen Auszügen von Abraumproben direkt Arsen und Blei bestimmt werden (*Heckner*, 1972). Dazu wird die Analysenprobe mit H$_2$SO$_4$ (konz.) und NaCl versetzt, so daß die Endkonzentration an beiden Leitelektrolytkomponenten 2 m ist. Unter diesen Bedingungen geben Arsen(III) und Blei(II) getrennte Stufen bei $E_{1/2}(\text{As}) = -0{,}29$ V (GKE) und $E_{1/2}(\text{Pb}) = -0{,}46$ V (GKE). Ist kein Blei anwesend, kann die H$_2$SO$_4$-Konzentration auf 0,1 m herabgesetzt werden [$E_{1/2}(\text{As}) = -0{,}41$ V (GKE)]. Das Verfahren gestattet, bis zu 20 ppb As(III), in ungünstigen Fällen bis 100 ppb, und 5 bis 10 ppb Pb(II) zu erfassen.

Daß sich Verfahren zur Bestimmung von toxischen Elementen wie Cu, Cd, Pb und Zn in Trinkwasser mit Hilfe der anodischen Differenzpulsinversvoltammetrie an der HQTE auch automatisieren lassen, wurde an einer aus kommerziellen Teilen aufgebauten, kostengünstigen Anlage im Dauerbetrieb in einem Wasserwerk bewiesen (*Valenta*, 1978).

7.4.2. Analyse reiner Materialien

In hochreinen Reagenzien lassen sich gleichzeitig bis zu vier Elemente mit anodischer Inversvoltammetrie bestimmen (*Israel*, 1978). Die Verunreinigungen Zn(II), Cd(II), Tl(I), Pb(II), Sb(III) und Cu(II) werden dabei an der Quecksilberfilmelektrode durch Vorelektrolyse angereichert. Die Quecksilberfilmelektrode wird hergestellt, indem ein angeätzter Silberdraht durch Eintauchen in Quecksilber amalgamiert wird. Die Elektrode besitzt gegenüber der HQTE größere Empfindlichkeit, läßt sich einfacher handhaben und kann in Quecksilber aufbewahrt werden. Vor Gebrauch wird das überschüssige Quecksilber von der Elektrode abgewischt. Gereinigt wird die Elektrode durch Polarisation im positiven Potentialbereich. Die genannten Verunreinigungselemente wurden in KCl, KNO_3 und H_3PO_4 im Bereich von 10^{-8} bis 10^{-9} m, nach längerer Voranreicherung zwischen 10^{-9} und 10^{-10} m bestimmt. In 1 m KNO_3-Lösung wurde die Bleikonzentration zu $1,7 \cdot 10^{-9}$ m $(0,35\ \mu g/l;\ 6,4 \cdot 10^{-7}\%$ in der Festsubstanz) ermittelt. Die Reproduzierbarkeit der Peakhöhen lag für die Elemente Pb(II), Cd(II), Zn(II) und Cu(II) zwischen 0,6 und 3% (Abscheidungspotential $-1,35$ V, Vorelektrolysezeit 2 min, 50 ml 1 m KNO_3 gerührt).

Bei der Bestimmung von Nanogrammengen schlägt der Verfasser eine vierstufige Arbeitsweise vor:

1. Verlängerte Vorelektrolyse des Leitelektrolyten an einer gesonderten Quecksilberfilmelektrode (Reinigungsstufe).
2. Anodische Inversvoltammetrie des vorher elektrolysierten Leitelektrolyten mit einer frischen Quecksilberfilmelektrode (Blindwertermittlung).
3. Zugabe der Probe zum vorelektrolysierten LE und anodische Inversvoltammertie der Probe.
4. Aufnahme von Voltammogrammen nach Zugabe von Standardlösungen.

Ignatova (1978) berichtet über die Bestimmung von $1 \cdot 10^{-3}\%$ Ti(IV) in hochreinem rotem Phosphor. Dazu werden 2,5 g Phosphor in Salpetersäure gelöst, mit Schwefelsäure abgeraucht, mit Wasser aufgenommen und im 25-ml-Meßkolben aufgefüllt. Von dieser Probelösung werden 5 ml mit 1 ml 1 m Oxalsäure- und 2 ml 0,4 m Kaliumchloratlösung vermischt und mit Wasser auf 10 ml gebracht. Der Titanpeak wird differenzpulspolarographisch zwischen 0 und $-0,6$ V registriert. In der Probelösung lassen sich bis zu $4 \cdot 10^{-7}$ g-Ion/l Ti(IV) erfassen. Die Elemente Fe, Zn, Cu, Ni, Co, Pb, Cr, Mn und Sn stören bis zum 100fachen nicht.

Raffiniertes Silber wurde von *Gornostaeva* (1975) mit der Inversvoltammetrie auf Antimon, Wismut und Tellur analysiert. Dabei wurde die Matrix extraktiv von den zu bestimmenden Elementen abgetrennt. Für die Extraktion des Silbers aus 3 m HNO_3 eignet sich 0,5 m Diisopropylsulfid oder 0,5 m technisches organisches Sulfid in Toluol. Es wird 5 min ausgeschüttelt bei einem Phasenverhältnis organische zu wäßriger Phase wie 2:1. Das technische organische Sulfid entstammt der Erdölverarbeitung (Sulfid-Schwefelgehalt $\approx 10\%$, Molmasse 250, Siedepunkt 170 °C). Außer Silber gehen auch Palladium und Platin in die organische Phase. Mit Diisopropylsulfid kann Silber bei dreimaliger Extraktion zu 99,998% und mit technischem Sulfid zu $\approx 10\%$ entfernt werden.

Aus der matrixfreien wäßrigen Phase wird Antimon aus 6 m HCl mit Diethylether von Wismut und Tellur abgetrennt. Da ein Teil des Tellurs mitextrahiert wird, muß eine Tellurstandardlösung durch den gesamten Analysengang mitgeführt werden, um systematische Fehler auszuschalten.

Für die Inversvoltammetrie wurden als Arbeitselektroden die Quecksilberfilmelektrode (Sb, Bi) und die Graphitelektrode (Te) angewendet. Die Vorelektrolysespannungen und -zeiten betrugen: $-0,35$ V (GKE), 1 min – Sb bzw. Bi; $-0,7$ V (GKE), 5 bis 10 min – Te.

Als Leitelektrolyte für die Vorelektrolyse und die anodische Auflösung dienten für Antimon 1 m HCl und für Wismut bzw. Tellur 0,1 m HCl. Zur Bestimmung von Antimon und Wismut wurde mit einer Trapezspannung von 8 mV Amplitude und einer Polarisationsgeschwindigkeit von 4 mV/s gearbeitet, während beim Tellur mit Gleichspannung (10 mV/s) polarisiert wurde. Die Peaks der einzelnen Elemente erscheinen bei folgenden Potentialen: $E_P(Sb) = -0,18$ V (GKE), $E_P(Bi) = -0,13$ V (GKE), $E_P(Te) = +0,42$ V (GKE). Wenn die Tellurkonzentration 10^{-7} g-Ion/l ist, liefert Tellur zwei Peaks bei $+0,25$ V und $+0,42$ V. Konzentrationsproportionalität wurde für Antimon und Wismut von $1 \cdot 10^{-6}$ bis $5 \cdot 10^{-9}$ g-Ion/l und für Tellur von $1 \cdot 10^{-6}$ bis $1 \cdot 10^{-8}$ g-Ion/l festgestellt. Bei einer Silbereinwaage von 1 g konnten $5 \cdot 10^{-6}\%$ der genannten Elemente mit einem Variationskoeffizienten von 12 bis 18% bestimmt werden. Im Gegensatz dazu gab die Emissionsspektralanalyse Variationskoeffizienten um 25%.

Die polarographische Bestimmung des Arsens wirft zahlreiche Probleme auf. Inversvoltammetrisch läßt sich Arsen nach 1 bis 3 min Voranreicherung bei $-0,7$ bis $-0,8$ V aus 1 m HCl durch anodische Peaks an Graphit-, Platin- und Goldelektroden bei $+0,4$ V, $+0,25$ V und $+0,2$ V (bezogen auf die genannten Elektrodenarten) bestimmen. Wie *Kaplin* (1973) feststellte, erhöhen geringe Mengen (≈ 1 g-Ion/l) an Cu(II), Pt(IV), Pd(II) oder Au(III) den anodischen Arsenpeak an der Graphitelektrode. Als besonders günstig erwies sich eine Goldelektrode als Arbeitselektrode, an der nach 1 min Vorelektrolyse $1 \cdot 10^{-7}$ g-Ion/l As einen anodischen Peak von 15 mm Höhe gab. Auf dieser Basis wurde ein Verfahren zur Arsenbestimmung in Reinstcadmium entwickelt. Dazu wird das Cadmium in einer kleinen, einfachen Apparatur durch Vakuumdestillation (400 bis 450 °C, 13,33 bis 1,33 Pa) abgetrennt. Als Rückstand bleibt ein Rest Cadmium, in dem das gesamte Arsen angereichert ist und aus dem es in bekannter Weise als Arsentrichlorid abdestilliert und in 1 m HCl aufgefangen werden kann. In Einwaagen von 1 bis 10 g Cadmium konnten 10^{-5} bis $10^{-6}\%$ As bestimmt werden.

In Materialien der Halbleiterindustrie, speziell in Legierungen mit Fe, Au, Mo, und in optischen Gläsern ist häufig Germanium zu bestimmen. *Porthault* (1978) untersuchte die Reduktion von Ge(IV) in 1 m HClO$_4$ in Anwesenheit eines Überschusses an 3,4-Dihydroxybenzaldehyd mit der Wechselstrom- und Differenzpulspolarographie an der QTE und an der hängenden Quecksilbertropfenelektrode. Germanium gibt mit beiden Methoden einen scharfen, schmalen Peak bei $-0,43$ V (GKE), der einer reversiblen 2-Elektronen-Reduktion entspricht. Die Konzentration an 3,4-Dihydroxybenzaldehyd wurde generell auf 10^{-3} m festgelegt, obwohl beim Arbeiten mit der ACP und HQTE sowie mit der DPP und QTE eine Reagenzkonzentration von $5 \cdot 10^{-3}$ m die größere Empfindlichkeit bringt. Die Nachweisgrenzen sind mit der ACP niedriger als mit der DPP: 6 bis $7 \cdot 10^{-7}$ m – ACP/QTE/10^{-3} m Reagenz; 8 bis $9 \cdot 10^{-9}$ m – ACP/HQTE/$5 \cdot 10^{-3}$ m Reagenz; 3 bis $4 \cdot 10^{-8}$ m – DPP/QTE/$5 \cdot 10^{-3}$ m Reagenz. Mit der ACP wurden immer lineare konzentrationsproportionale Arbeitsbereiche erhalten, hingegen nicht mit der DPP. Aus diesem Grund ist die ACP gegenüber der DPP zu bevorzugen. Für die Aufnahme von AC-Polarogrammen muß der Phasenwinkel nahe 0° eingestellt werden ($f = 70$ Hz). Störungen durch Pb, Cu, Cd, Sb, As, Se und Fe wurden untersucht, und Maßnahmen zu ihrer Beseitigung werden mitgeteilt.

In der Kerntechnik wird hochreines Niobmetall wegen seines relativ geringen Einfangquerschnitts, seiner niedrigen künstlichen Radioaktivität und seiner ausgezeichneten mechanischen Eigenschaften bei hohen Temperaturen sowie seiner Korrosionsbeständigkeit vielseitig eingesetzt. Die schnelle, exakte Bestimmung der Verunreinigungselemente im Niob ist ein ständiges Anliegen bei der Herstellung des Metalles. Ein Verfahren für die Analyse von Niob auf ppb-Mengen Kupfer mit Hilfe der anodischen Differenzpulsinversvoltammetrie gibt *Heckner* (1978) an. Draht-, Platten- und Stangenmaterial werden durch anodische Oxydation in 0,25 m Lithiummethanolatlösung und Pulverproben in Fluorwasserstoffsäure (40%) mit einigen Tropfen Salpetersäure gelöst. Die methanolische Lösung wird tropfenweise mit 1 m Oxalsäure versetzt und das Methanol abgedampft. Aus der fluorwasserstoffsauren Lösung wird die Salpetersäure und der Überschuß an Fluorwasserstoffsäure abgetrieben. Danach wird ebenfalls 1 m Oxalsäure hinzugefügt. Die so erhaltenen wäßrigen oxalsauren Lösungen werden bei $-0,15$ V konzentrationabhängig zwischen 100 und 600 s an einer Elektrode mit aufsitzendem Quecksilbertropfen elektrolysiert. Das Voltammogramm wird von $-0,15$ bis $+0,10$ V registriert. Der ausgezeichnete Kupferpeak erscheint bei $-0,015$ V (gesättigte Ag/AgCl-Elektrode). Bei einer Voranreicherungszeit von 10 min liegt die Nachweisgrenze des Verfahrens (3σ-Grenze) bei 10 ppb Kupfer. In hochreinen Niobmaterialien verschiedener Firmen wurden 0,20 bis 1,27 ppm Cu bestimmt. Die Matrix braucht bei diesem Verfahren nicht abgetrennt zu werden, und die Elemente V, Cr, Co, Ni, Ta, Al, Mn, Pb, Cd, Zr, Hf und Ce stören im 1000fachen Überschuß bezogen auf Kupfer (50 ppb) nicht. Keinen Einfluß auf den Kupferpeak haben die 100fache Menge an W und Fe, die 200fache Menge Sb und Ti sowie die 10 facheMenge an Mo. Werden diese Grenzwerte überschritten, treten Erniedrigungen (Sb, W), Überlappungen (Fe) oder beide Erscheinungen (Ti) am Kupferpeak auf. Die Störungen durch Fe, Sb, Ti, Mo und W lassen sich aber durch andere Elektrolytzusammensetzungen und Änderungen des pH-Wertes beseitigen. In Oxalsäure oder Fluorwasserstoffsäure lösliche Niobsalze können mit dem beschriebenen Analysenverfahren ebenfalls auf ihren Kupfergehalt analysiert werden.

7.4.3. Analyse von anorganischen Stoffen und Metallen

Blei läßt sich in Gegenwart eines 500fachen Überschusses von Arsen(III) und Zinn(IV) in 0,1 m Natriumtartrat (pH = 3) mit der anodischen Differenzpulsinversvoltammetrie bestimmen (PAR, Application Brief L-1, 1974). Arsen(III) und Zinn(IV) sind im genannten Leitelektrolyten polarographisch inaktiv. Der Bleipeak erscheint bei $E_P = -0,405$ V (GKE). Abhängig von der Voranreicherungszeit lassen sich ppm- und ppb-Mengen erfassen. Als Arbeitselektrode wird die hängende Quecksilbertropfenelektrode eingesetzt.

Selen(IV) bildet bekanntlich mit 3,3'-Diaminobenzidin einen Komplex, der differenzpulspolarographisch bei $-0,43$ V (GKE, gefüllt mit gesättigter NaCl-Lösung) in 1 m $HClO_4$ bestimmt werden kann (PAR, Application Brief S-1, 1974). Dazu gibt man zur Grundlösung aus 1 mol/l $HClO_4$ und 48 µg/l 3,3'-Diaminobenzidintetrahydrochlorid die Selen(IV) enthaltende Probelösung und läßt zur Komplexbildung eine Wartezeit von etwa einer Stunde verstreichen. Die Eichkurve verläuft von 8 bis 400 ppb linear. Als Störelement ist Blei zu berücksichtigen.

Eine weitere Möglichkeit zur Selenbestimmung besteht darin, bei $+0,05$ V Selen(IV) aus 0,2 m HCl an der HQTE anzureichern und die katodische Auflösung mit linearem Spannungsanstieg zwischen $+0,05$ und $-0,7$ V zu registrieren. In diesem Fall liefert Selen zwei Peaks bei $-0,07$ V und bei $-0,54$ V (GKE), von denen der zweite zwischen 10 und 600 ppb zur quantitativen Auswertung dienen kann (PAR, Application Brief S-2, 1974).

Die differenzpulspolarographische Bestimmung des Selen-3.3'-Diaminobenzidin-Komplexes geht auf *Griffin* (1969) zurück, der mit der Single sweep-Polarographie in 0,5 m $HClO_4$ als Leitelektrolyt zwei Peaks ermittelte, von denen der Peak bei $-0,43$ V (GKE) ausgewertet wurde. Mit Spannungsanstiegsgeschwindigkeiten von 100 V/s wurden bei normaler und derivativer Arbeitsweise lineare Eichkurven für 1 bis 500 ppb des Selenkomplexes erhalten. In einem Probenvolumen von 0,1 ml wurden über die Ableitungskurven noch 0,05 ng Se gemessen.

Über ein hochselektives, katalytisches Verfahren zur Uranbestimmung mittels Differenzpulspolarographie nach extraktiver Abtrennung berichtet *Keil* (1978). Mit Hilfe der katalytischen Nitratwelle kann für Uran eine 100fach höhere Empfindlichkeit erreicht werden. Nach *Collat* und *Lingane* (1954) gilt folgendes Reaktionsschema:

$$U^{6+} + 3\,e^- \rightarrow U^{3+},$$

$$2\,U^{3+} + NO_3^- \rightarrow 2\,U^{4+} + NO_2^-$$

oder auch

$$U^{3+} + NO_3^- \rightarrow U^{5+} + NO_2^-.$$

Die zweite bzw. dritte Reaktion ist für die direkt an der Elektrodenoberfläche ablaufende Oxydationsreaktion geschwindigkeitsbestimmend. Die analytische Ausnutzung der Reaktion setzt voraus, daß in einer genau definierten Leitelektrolytlösung gearbeitet wird, weil sowohl die NO_3^-- als auch die H^+-Konzentration den Grundstrom beeinflußt. Da Elemente wie W, V, Mo, Pt, Ce, Th, Fe, Sn und Seltene Erden auf die Nitratwelle einwirken, wird die extraktive Abtrennung des Urans von der Matrix mit Triphenylarsinoxid in Chloroform (99% Extraktionsausbeute für einmalige Extraktion) bei pH 2 bis 4 vorgenommen. Aus 0,02 m HNO_3 wird der Uranpeak bei $E_P = -1,02$ V (gesättigte Quecksilbersulfatelektrode) mit der DPP registriert. In 0,1 g Gestein wurden 0,63 ppm U bestimmt, und in 200 ml Wasser ließen sich noch 0,63 ppb U erfassen. Stark störende Kationen sind lediglich Au(III), Cr(IV) und Fe(III), von denen, bezogen auf 1 µg U, Gold und Chrom bis zum 50fachen und Eisen bis zum 1000fachen Überschuß anwesend sein können. Ausgehend von der gelösten Probe beträgt die Arbeitszeit für diese empfindliche Uranbestimmung nur 35 min.

7.4.4. Spurenelementbestimmungen in organisch-chemischen Produkten, Nahrungs- und Genußmitteln

Zur spurenanalytischen Bestimmung von Schwermetall-Ionen in organischen Produkten leisten polarographische Methoden ausgezeichnete Dienste. So bestimmte *Gilbert* (1965) zwischen 0,5 und 50 ppm Vanadium bzw. Nickel in Erdöl. Die Probe wird zuerst eingedampft und dann trocken bei 600 °C verascht. Verluste an Vanadium bzw. Nickel waren bei Gehalten von 5 bis 10 μg jedes Elementes in der Probe beim Verglühen im Vergleich mit der nassen Mineralisierung mit H_2SO_4/HNO_3 nicht zu verzeichnen. Anwesende flüchtige Nickel- oder Vanadiumverbindungen erfordern jedoch eine saure Zersetzung der Probe. Der Glührückstand wird in Königswasser gelöst, zur Trockne eingedampft, mit 10 ml 0,1 m HCl aufgenommen und in einem 25-ml-Meßkolben mit Wasser auf etwa 20 ml verdünnt. Durch Zugabe von Ammoniak ($d = 0,89$) wird auf pH 8 bis 9 eingestellt und mit Wasser zur Marke aufgefüllt. Das Differenzpulspolarogramm liefert einen schmalen Peak für Nickel bei −0,78 V (Bodenquecksilber) und einen breiten für Vanadium bei −1,2 V (Bodenquecksilber). Die Eichkurven verlaufen von 0 bis 0,4 μg Ni/ml und von 0 bis 0,8 μg V/ml linear.

Vanadium kann auch aus 10 ml Erdöl mit 20 ml 0,45 m H_2SO_4/2 m KCNS-Lösung ausgeschüttelt werden (PAR, Application Brief N-2, 1974). Dabei wird das Vanadium bei einer Schüttelzeit von 20 min quantitativ als $VO(CNS)^+$-Komplex extrahiert, der unmittelbar mit der DPP gemessen werden kann. Bei Gehalten >40 ppb V entsteht ein gut auswertbarer Peak bei −0,52 V (GKE).

Eine weitere Möglichkeit besteht in der Extraktion von Nickel und Vanadium mit einer wäßrigen Pyridiniumchloridlösung aus dem in Toluol gelösten Erdöl (PAR, Application Brief N-2, 1974). Im Pyridiniumchloridextrakt geben beide Elemente gut getrennte differenzpulspolarographische Peaks.

Zinnorganische Verbindungen als PVC-Stabilisatoren in Plastfolien für Lebensmittelverpackungen dürfen aus toxikologischer Sicht nicht mehr als 30 ppm Blei bzw. Cadmium enthalten. Beide Schwermetalle wurden inversvoltammetrisch mit einer rotierenden Quecksilberfilm-Glaskohlenstoff-Elektrode (Florence-Typ) bestimmt (*Geißler*, 1975). Da zinnorganische Verbindungen in salzsauren Lösungen inversvoltammetrisch bei −0,5 V einen Auflösungspeak geben, wird die Bleibestimmung im gleichen Medium gestört. Deshalb ist es notwendig, die zinnorganische Substanz mit starken Säuren (10 ml HNO_3, $d = 1,40$; 1 ml $HClO_4$, $d = 1,67$; 10 ml H_2SO_4, $d = 1,84$), die schnell nacheinander zur Probe gegeben werden, zu zerstören. Aus dem Rückstand, der neben Blei und Cadmium auch das gesamte Zinn enthält, muß das Zinn mit Br_2/HBr-Mischung (Br_2 + HBr = 1 + 9; HBr $d = 1,38$) verflüchtigt werden, weil andernfalls in 0,4 m KCl/0,1 m HCl als Leitelektrolyt der Blei- und Zinnpeak koinzidieren. Im genannten Leitelektrolyten lassen sich nach 30 s Voranreicherung bei −1,0 V (GKE) die Peaks von Blei und Cadmium für 10 bis 30 ppm jedes Elementes registrieren. Das Polarogramm wird zwischen −1,0 und −0,4 V (GKE) aufgenommen. Die Peaks erscheinen bei $E_P(Cd) = -0,76$ V (GKE) und $E_P(Pb) = -0,53$ V (GKE). Zur Bestimmung von Gehalten unter 10 ppm wird die Anreicherungszeit auf 120 s erhöht. Die Nachweisgrenze des Verfahrens (3σ-Kriterium) liegt bei 1 ppm. Die Variationskoeffizienten betragen 7,4% für Blei und 6,9% für Cadmium (bezogen auf 10 ppm). Das Analysenverfahren wurde mit Di-n-octylzinnoxid und Di-n-octylzinn-bis-(2-ethylhexylthioglykolat) erprobt.

Hydroxylamin und seine Derivate, insbesondere N,N-Diethylhydroxylamin, sind in alkalischem Medium schwache Reduktionsmittel und deshalb häufig Bestandteile von photographischen Entwicklern und von Lösungen photographischer Prozesse. Ihre Bestimmung muß routinemäßig beim Hersteller von Photochemikalien durchgeführt werden. Nach *Canterford* (1978) geben Hydroxylamin und N,N-Diethylhydroxylamin in einem Leitelektrolyten aus 1,5 m NaOH −0,1 m Na_2SO_3 mit der Rapidwechselstrompolarographie (Tropfzeit 0,25 s) und mit der Differenzpulspolarographie ausgezeichnete Peaks bei −0,26 und −0,31 V. In der DPP hängt das Peakspitzenpotential von der Pulsamplitude ab. Mit steigender Pulsamplitude verschiebt sich E_P zu negativeren Werten, wobei die Potentialdifferenz zwischen den Peaks beider Substanzen konstant $\Delta E_P \approx 55$ mV bleibt. Mit der Wechselstrompolarographie können $3 \cdot 10^{-6}$ mol/l Hydroxylamin und $4 \cdot 10^{-5}$ mol/l N,N-Diethylhydroxylamin bestimmt werden. Die DPP ist etwa um den Faktor 10 empfindlicher. Bemerkenswert ist an diesem Analysenverfahren, daß die Probe lediglich vor der polarographischen Aufnahme 100fach oder mehr mit dem Leitelektrolyten verdünnt werden muß. Die Reproduzierbarkeit – ausgedrückt durch den Variationskoeffizienten – beträgt $\pm 1\%$ oder weniger.

In Blut läßt sich Blei im Konzentrationsbereich von 1 ppb bis 2 ppm durch anodische Differenzpulsinversvoltammetrie bestimmen. Dazu werden 50 µl Blut zu 25 µl konzentrierter Schwefelsäure und 100 µl Überchlorsäure gegeben. Die Mischung wird 20 min auf einer Heizplatte auf 260 °C erhitzt. Die Zersetzung der organischen Substanz ist beendet, wenn die Lösung farblos wird. Beim Abkühlen der Lösung scheidet sich dann ein weißer kristalliner Niederschlag aus. Die gesamte Substanzmenge wird schließlich in die polarographische Zelle gebracht und ein Endvolumen von 5 ml mit Wasser eingestellt. Das Blei wird bei $-0,7$ V (GKE) an der HQTE durch 3 min Vorelektrolyse aus gerührter Lösung abgeschieden und der Bleipeak bei $E_P = -0,38$ V (GKE) registriert (PAR, Application Brief L-3, 1974). Als Störelemente sind Zinn und Thallium zu beachten. Das Verfahren erfordert bleifreie Säuren. Die Peakhöhe ist im klinisch interessanten Bereich (150 bis 1400 ppb) der Bleikonzentration linear proportional. Die Empfindlichkeit des Verfahrens läßt sich einfach durch Verringerung des Endvolumens auf 2 ml erhöhen. Größere Bleigehalte können ohne Voranreicherung mittels DPP bestimmt werden.

Polarographische Methoden sind sowohl für die Bestimmung von Schwermetallspuren als auch von organischen Komponenten in Nahrungs- und Genußmitteln sowie in Futter geeignet.

Popko (1978) veröffentlichte ein Verfahren zur Bestimmung von Blei und Kupfer in verschiedenen Weinsorten. In den nichtmineralisierten Proben ließen sich in 0,5 m HCl – 1,0 m $HClO_4$-Leitelektrolytlösung inversvoltammetrisch an der Quecksilberfilm-Graphit-Scheibenelektrode (Florence-Typ) 0,18 bis 0,48 mg/l Pb und 0,38 bis 2,02 mg/l Cu erfassen. Die relativen Standardabweichungen werden für die genannten Bleigehalte mit 0,14 bis 0,013 mg/l, für die Kupfergehalte mit 0,15 bis 0,23 mg/l angegeben.

Futtermittel und anderes organisches Material wurde von *Griffin* (1969) auf Selen analysiert (nähere Angaben s. Abschn. 7.4.3.). Es wurden Gehalte von 10 ppb Se und weniger bestimmt, wobei sich die Single sweep-Polarographie empfindlicher als die Spektralfluorometrie erwies.

Die Verknüpfung von Mikroanalyse und Spurenanalyse ist in anschaulicher Weise *Heinemann* (1976) gelungen. In einer nur 70 µl fassenden Dünnschichtzelle (300 µm Schichtdicke) ist es möglich, nur 6 µl Probelösung an einer wachsimprägnierten Quecksilberfilm-Graphitelektrode (Florence-Typ) zu elektrolysieren. Bei einer Vorelektrolysezeit von 1 min konnten Nanogrammengen Blei und Cadmium bestimmt werden. So wurden 7 µl einer Standardlösung mit je 50 ng/ml Pb^{2+} und Cd^{2+} zu Acetatpufferlösung (pH = 4) in die Zelle injiziert und nach der Vorelektrolyse mit anodischer Differenzpulsinversvoltammetrie die Strompeaks von Blei (4,80 µA) und Cadmium (2,37 µA) registriert. Linearität zwischen Stromstärke und Depolarisatorkonzentration wurde zwischen 25 und 500 ng jedes Elementes erreicht. Das Analysenverfahren wurde für die Bestimmung von Blei und Cadmium in Milch, aber auch in Blut und anderem organischen Material eingesetzt.

7.4.5. Polarographische Spurenanalyse auf Anionen

In zahlreichen Produkten, wie z. B. Reinstmetallen, Reinstchemikalien, galvanischen Bädern, Nahrungs- und Futtermitteln, wird heute die Bestimmung von Spurenmengen Anionen verlangt, weil diese negative Auswirkungen auf nachfolgende Produktionsprozesse oder Mensch und Tier besitzen. Die spurenanalytische Bestimmung von Anionen ist diffizil. Mit polarographischen Methoden sind hier in den letzten Jahren ausgezeichnete Ergebnisse erzielt worden, von denen hier einige vorgestellt werden sollen.

Auf einer Arbeit von *Anino* und *McDonald* (1961) beruht die Nitritbestimmung mit Differenzpulspolarographie (PAR, Application Brief N-1, 1974). Für die Bestimmung von Nitritmengen zwischen 0,5 und 2,5 ppm gibt man µl-Mengen der Probelösung zu 10 ml 2 m Natriumcitratpuffer vom pH 2,5, entlüftet mit Stickstoff genau 30 s und nimmt das Differenzpulspolarogramm von $-0,6$ bis $-1,2$ V (GKE) auf. Man erhält einen breiten NO_2^--Peak, dessen Höhe bei $-1,06$ V (GKE) gemessen wird. Zur Blindwertkorrektur registriert man zusätzlich das Polarogramm des reinen Leitelektrolyten. Da die NO_2^--Ionen bei $pH = 2,5$ nicht stabil sind, wurden Eichlösungen unmittelbar vor dem Gebrauch hergestellt.

Nach *Anino* lassen sich gleichstrompolarographisch $4 \cdot 10^{-4}$ bis $7 \cdot 10^{-4}$ mol/l NO_2^- bestimmen. In diesem Fall wird der Diffusionsstrom bei $-1,2$ V gemessen. Infolge der Disproportionierungsreaktion des Nitrits nimmt der Diffusionsstrom innerhalb von 5 min um 1% ab. Ein 100facher molarer Überschuß an Nitrat stört nicht.

Spurenmengen Cyanid hat *Wisser* (1977) mit der Differenzpulspolarographie bestimmt. Das Cyanid wird abdestilliert und gibt in 0,1 m NaOH als Absorptions- und Leitelektrolytlösung einen ausgezeichneten Peak bei $-0,23$ V (GKE). Als Erfassungsgrenze werden 0,5 µg CN^-/10 ml mitgeteilt. Das Verfahren wurde auf die Cyanidbestimmung in Weinen, Fruchtsäften und Wässern angewendet.

Mit der polarographischen Bestimmung von Cl^-, CN^-, F^-, SO_4^{2-} und SO_3^{2-} durch ein Verstärkungsverfahren unter Anwendung von Metalliodaten befaßte sich *Humphrey* (1976). Die genannten Anionen können in Ethanol-Wasser-Mischungen $(1 + 1)$ chemisch mit wenig löslichen Iodaten umgesetzt werden, wobei eine äquivalente Menge IO_3^--Ionen freigesetzt und der polarographischen Bestimmung zugeführt wird.

$$Me(IO_3)_2 + A^{2-} \rightarrow MeA \downarrow + 2 IO_3^-,$$

$$IO_3 + 6 H^+ + 6e^- \rightarrow I^- + 3 H_2O.$$

Aus den Gleichungen geht hervor, daß ein zweiwertiges Anion zwei Iodat-Ionen entbindet, die durch sechselektronige Reduktionsprozesse angezeigt werden. In diesem elektrochemischen Vorgang liegt eine beträchtliche Steigerung des Nachweisvermögens. Die Reduktion von Iodat zu Iodid findet in 0,12 m Überchlorsäure bei einem $E_{1/2} = -0,17$ V (GKE) statt. Die dc-polarographische Stufe besitzt einen Diffusionsgrenzstrombereich, der über $-0,3$ V hinausreicht. Mit dem beschriebenen Verfahren wurden die genannten Anionen zwischen 2 und 50 ppm mit guter Reproduzierbarkeit bestimmt. Die Lösung mit dem zu bestimmenden Anion wird in Ethanol-Wasser-Mischung $(1 + 1)$ mit einem entsprechend der angegebenen Umsetzungsgleichung geeigneten Metalliodat [$Ba(IO_3)_2$ für SO_4^{2-}, $Hg(IO_3)_2$ für Cl^-, CN^- und SO_3^{2-}] 20 min geschüttelt und anschließend abfiltriert. Das Filtrat versetzt man mit 0,30 ml konzentrierter Überchlorsäure, entlüftet mit Stickstoff und registriert die gleichstrompolarographische Stufe zwischen $+0,10$ und $-0,50$ V (GKE). Mit der DPP dürfte eine weitere Steigerung des Nachweisvermögens möglich sein.

Geringe Chloridgehalte in Reinstmetallen für elektronische Bauelemente beeinflussen die elektrischen Eigenschaften der Metalle. Das trifft besonders auf Selen und Tellur zu. Ein Verfahren zur Chloridbestimmung in Metallen oder Verbindungen, die in Schwefelsäure oder Salpetersäure löslich sind, entwickelten *Kuhnhardt* und *Geißler* (1970). Aus der gelösten Substanz wird das Chlorid nach Oxydation mit Cer(IV)-nitrat als Salzsäure oder Chlor mit einem Stickstoff-Trägergasstrom in eine methanolische Lösung von Kaliumhydroxid und Hydraziniumnitrat abgetrieben. In der mit Salpetersäure angesäuerten Absorptionslösung wird das Chlorid durch die bei +0,2 V (GKE) erscheinende Chloridstufe gleichstrompolarographisch bestimmt. Der Arbeitsbereich des Verfahrens erstreckt sich von 6 bis 200 ppm Chlorid. Der Variationskoeffizient beträgt 13% für 10 ppm Cl⁻ und 4,4% für 30 ppm Cl⁻. Durch die destillative Abtrennung des Chlorids werden Störelemente ausgeschaltet.

7.5.   Polarographie organischer Substanzen

Organische Verbindungen können an der QTE reduziert, oxydiert oder adsorbiert werden. Darüber hinaus können organische Moleküle unlösliche Verbindungen oder Komplexe mit Quecksilber bilden oder eine katalytische Wirkung ausüben.

Grundsätzlich hängt die elektrochemische Aktivität organischer Substanzen von ihrem nukleophilen oder elektrophilen Charakter ab. Die elektrochemische Reaktion findet dabei ausschließlich an Bindungen oder funktionellen Gruppen statt. In Tab. 17 sind die Bindungstypen und entsprechende Beispiele für funktionelle Gruppen bzw. Verbindungen zusammengestellt, die polarographisch reduziert werden. Die reduzierbaren Substanzen stellen die größte Gruppe elektrochemisch aktiver organischer Verbindungen. Oxydierbar sind solche Moleküle, die Endiolgruppen, o- oder p-ständige Phenyl- oder Aminogruppen enthalten oder die in Leukoformen vorkommen. Funktionelle Gruppen, die mit Quecksilber unlösliche oder komplexe Verbindungen eingehen, sind in Tab. 18 zusammengefaßt.

Auf adsorbierbare organische Substanzen wurde bereits im Abschn. 3.4.1. eingegangen. Die durch Elektrosorptionsanalyse bestimmbaren Verbindungen hat *Horn* (s. *Jehring*, 1974) in Substanztabellen zusammengestellt. Diese enthalten für jede Substanz Hinweise über die angewandte Methode und die erreichten Ergebnisse sowie Literaturangaben. Folgende Stoffklassen – um nur einige wesentliche zu nennen – sind in den Tabellen erfaßt: aliphatische und aromatische Kohlenwasserstoffe, Alkohole, Aldehyde, Ketone, Amine, Carbonsäuren, Halogenkohlenwasserstoffe und Sulfonsäuren; Heterocyclen, Azo- und Hydrazoverbindungen, Fette, Öle, Alkaloide, Eiweißstoffe, Enzyme, Antibiotika, Alkyl- und Alkylarylsulfonate u. a.

Bei den katalytisch wirkenden organischen Substanzen sind zwei Arten zu unterscheiden: Verbindungen, die in ungepufferten, sauren und gepufferten Lösungen katalytische Wellen geben, und Moleküle, die nur in Gegenwart von Schwermetallen wie Kobalt und Nickel katalytisch wirken. Beide Substanzarten beeinflussen die Wasserstoffabscheidung, indem sie die Wasserstoffwelle insgesamt oder teilweise unter Bildung einer katalytischen Vorwelle zu positiveren Potentialen verschieben.

Organische Verbindungen können direkt oder indirekt bestimmt werden. Im ersten Fall wird die polarographische Stufe der betreffenden Substanz unmittelbar nach dem Lösen in einem geeigneten leitelektrolythaltigen Lösungsmittel registriert. Im zweiten Fall wird die Substanz erst in eine elektrochemisch aktive Form überführt oder mit

Tabelle 17

Bindungstypen und Beispiele für polarographisch reduzierbare funktionelle Gruppen oder Verbindungen

Bindungstyp	Reduzierbare funktionelle Gruppe/Verbindung
C—C-Bindung	$>C=C-C=C<$; $>C=C-\bigcirc$ $-C\equiv C-C\equiv C-$
C—O-Bindung	$-CO-C-O-$; $-\overset{\mid}{C}=O$ (H) ; $R-CO-CO-R$ $HOOC-COOH$; $O\bigcirc CO$; (structure)
C—N-Bindung	$-CO-\overset{\mid}{C}-N<$; $CN-\overset{\mid}{C}-N<$ $O=\bigcirc=N$; $-N=\bigcirc=N$
C—X-Bindung	$>C-F$; $-CO-\overset{\mid}{C}-F$; $>C-Cl$
C—S-Bindung	$R-SH$; $A-SO_2$; $-CO-S-SCN$; (structures)
N—N-Bindung	$A-N=N-A$; $A-N=N-A$ ↓ O ; (structure)
N—O-Bindung	$A-NO$; $A-NO_2$; $>C=C-NO_2$
O—O-Bindung	$-O-OH$; $-CO-O-OH$; $R-O-O-R$
S—S-Bindung	$R-S-S-R$; $R-SO_2-S-R$
C—M-Bindung	$>C-Pb$; $>C-Sb$; $>C-Sn$; $>C-As$

R = Alkylrest
A = Arylrest
M = Metall

einem Reagens zur Reaktion gebracht, dessen Restkonzentration nach Reaktionsende polarographisch gemessen werden kann. Bei der Umsetzung der polarographisch inaktiven organischen Komponente mit einem Reagens kann auch amperometrisch gearbeitet werden. Elektrochemisch inaktive Verbindungen lassen sich in aktive umwandeln, indem eine Nitro- oder Nitrosogruppe eingeführt wird, mit Hydrazin oder Girard-Reagens umgesetzt wird oder Metallverbindungen gebildet werden. Ferner können durch Oxydation, Abbau oder Hydrolyse aus inaktiven Verbindungen elektrochemisch reduzierbare Substanzen erhalten werden.

Tabelle 18

Funktionelle Gruppen, die mit Quecksilber unlösliche oder komplexe Verbindungen bilden

Funktionelle Gruppe	Verbindung (Beispiele)
S—H	Mercaptane, Cystein, Glutathion
$\underset{/}{\overset{\backslash}{N}}-C\underset{S^{(-)}}{\overset{S}{\diagup}}$	Diethyldithiocarbamat
—NH—CO—NH—	Barbitursäure, Uracil
—NH—CS—NH—	Thioharnstoff, Thiobarbiturat
—SO$_3$H	Indolsulfonsäure
$\underset{R/}{\overset{R\backslash}{N}}-$	Ethylendiamin, EDTE
—NH—NH$_2$	Phenylhydrazin

Wie bereits im Abschn. 6.3.1. beschrieben worden ist, werden als Lösungsmittel für organische Substanzen mit Wasser mischbare oder rein nichtwäßrige Lösungsmittel verwendet. Erstere sind wegen ihrer besseren Löslichkeit für Leitelektrolyte gegenüber letzteren zu bevorzugen.

Meist sind Redoxvorgänge organischer Moleküle mit dem Umsatz von Wasserstoff gekoppelt und deshalb pH-abhängig. Demzufolge müssen die Analysenlösungen gepuffert werden. Dabei werden an die Puffer drei Forderungen gestellt: ausreichende Pufferkapazität, gleiches Verhältnis der Pufferkomponenten und 100facher Überschuß der Pufferkonzentration gegenüber der Depolarisatorkonzentration. Unter diesen Bedingungen erfüllt der Puffer gleichzeitig die Funktion des Leitelektrolyten. Als besonders geeignet hat sich Britton-Robinson-Universalpuffer erwiesen.

Auskunft über die pH-Abhängigkeit eines Elektrodenvorganges gibt die Aufnahme des $E_{1/2}$-pH-Diagrammes. Bei zweielektronigem Umsatz und Reaktionsbeteiligung von zwei Protonen, wie es für elektrochemische Vorgänge mit organischen Depolarisatoren häufig zutrifft, ändert sich das Halbstufenpotential pro pH-Einheit um 58 mV. Allgemein gilt für die Halbstufenpotentialänderung Gl. (6.1a).

In der Regel ist das Halbstufenpotential unabhängig von der Art des verwendeten Puffers. Verschiebt sich aber mit einer Änderung der Pufferzusammensetzung bei gleichbleibendem pH-Wert das Halbstufenpotential, dann weist dieser Umstand auf Reaktionen der organischen Substanz mit Pufferkomponenten hin.

Zwischen der Struktur organischer Moleküle und ihrem polarographischen Halbstufenpotential bestehen qualitative und quantitative Zusammenhänge, wobei hier nur auf letztere eingegangen werden soll.

Aus der Theorie über Struktur und Reaktivität organischer Verbindungen geht hervor, daß Substituenten induktive (P), mesomere (M) und sterische (S) Effekte bewirken. Zwischen diesen Substituenteneffekten und dem Halbstufenpotential besteht ein Zusammenhang dergestalt, daß sich die Änderung des Halbstufenpotentials $\Delta E_{1/2}$, die infolge Variation des Substituenten an einem organischen Grundkörper eintritt, additiv aus den Substituenteneffekten zusammensetzt (*Eigen*, 1964):

$$\Delta E_{1/2} = \mathrm{P} + \mathrm{M} + \mathrm{S}. \tag{7.3}$$

Wenn der sterische Substituenteneffekt keine Bedeutung hat, so gilt für $\Delta E_{1/2}$ eine Gleichung vom Hammett- oder Taft-Typ der Form (*Frumkin*, 1926)

$$\Delta E_{1/2} = \varrho\sigma. \tag{7.4}$$

In Gl. (7.4) ist ϱ die Reaktionskonstante, die nur vom Reaktionstyp und vom Mechanismus der Elektrodenreaktion abhängt, die für die betrachtete homologe Reihe von Verbindungen in gleicher Weise abläuft. Sie ist deshalb innerhalb der homologen

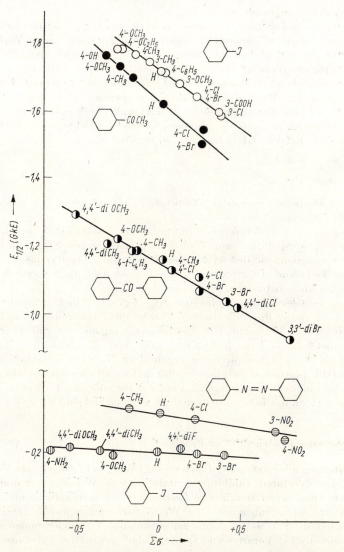

Abb. 7.3. Abhängigkeit des Halbstufenpotentials $E_{1/2}$ von der Substituentenkonstante $\Sigma\sigma$ für die Reduktion der Iodbenzene (pH-abhängig), die Acetophenone (pH = 4,7), die Azobenzene (pH = 5,0) und die Diphenyliodoniumsalze (pH = 8,6), nach *Nürnberg* (1975)

Reihe unveränderlich. Hingegen nimmt die Substituentenkonstante σ abhängig von der Art des in das Grundskelett eingeführten Substituenten andere Werte an. Die $\Delta E_{1/2}$-Werte einer homologen Reihe von Verbindungen ergeben gegen σ aufgetragen eine Gerade mit dem Richtungskoeffizienten ϱ. Abb. 7.3 verdeutlicht diesen Zusammenhang.

Sowohl ϱ als auch σ können negativ oder positiv sein. Bei negativem ϱ liegt ein elektrophiler, bei positivem ϱ ein nukleophiler Mechanismus für den Elektronentransfer der Elektrodenreaktion zugrunde.

Bei der Substituentenkonstanten σ wird noch zwischen σ_m (m-Substitution) und σ_p (p-Substitution) sowie σ^* (induktive Substituentenkonstante nach *Taft*) unterschieden. Zwischen σ und σ^* besteht Proportionalität. σ^* nimmt ebenfalls positive und negative Werte an. Wenn σ^* für eine funktionelle Gruppe positiv ist, so ist diese stärker elektronenanziehend als Wasserstoff ($-$I-Effekt des Substituenten). Umgekehrt bedeutet ein negativer σ^*-Wert, daß der Substituent weniger elektronenanziehend als das H-Atom ist ($+$I-Substituenteneffekt). Gl. (7.4) muß durch zusätzliche Terme ergänzt werden (*Nürnberg*, 1975), wenn ausgeprägt sterische Effekte [Gl. (7.5), *Frumkin*, 1964] oder mesomere Effekte [Gl. (7.6), *Fry*, 1972] auftreten:

$$\Delta E_{1/2} = \varrho\sigma = \delta_{\mathrm{st}}E_S, \tag{7.5}$$

$$\Delta E_{1/2} = \varrho\sigma + \psi. \tag{7.6}$$

Dabei ist δ_{st} der sterische Suszeptibilitätsfaktor, E_S die sterische Substituentenkonstante und ψ die Ladungsdichte.

Bei der Untersuchung struktureller Wirkungen auf das Halbstufenpotential muß unbedingt beachtet werden, daß nur Halbstufenpotentiale von Stufen miteinander verglichen werden dürfen, die demselben Reduktions- oder Oxydationsmechanismus unterliegen. Für irreversible Elektrodenvorgänge müssen auch die α-Werte der zu vergleichenden Stufen übereinstimmen.

Alle Varianten der Gleich- und Wechselstrompolarographie, die Oszillopolarographie und neuerdings vorrangig die Differenzpulspolarographie gehören zu den leistungsstärksten analytischen Methoden zur Bestimmung organischer Substanzen. Insbesondere erschließt die Differenzpulspolarographie neue Möglichkeiten, Mikro- und Nanospuren einfacher und komplizierter organischer Molekeln zu erfassen. Einige jüngst mit der DPP bestimmte Substanzen sind in Tab. 19 zusammengefaßt. Auf Anwendungsbeispiele in der Polymer- und Plastanalyse, der Analytik von Bioziden und Pharmaka sowie in der Lebensmittelanalyse wird nachfolgend eingegangen.

7.5.1. Analyse organisch-chemischer Produkte

Bei der Herstellung aller Arten von Plasten sind häufig nicht umgesetzte Monomere, Beschleuniger, Katalysatoren, Inhibitoren, Stabilisatoren, Weichmacher und Kettenüberträger sowie Spuren von Metallen zu bestimmen. Die empfindliche und selektive Differenzpulspolarographie, aber auch die Wechselstrompolarographie, besitzen hier ein weites Anwendungsfeld, weil sie ohne zeitaufwendige Trennoperationen und ohne komplizierte analytische Vorarbeiten Spurenmenge genannter Substanzen neben großen Mengen an Hauptkomponenten erfassen können.

Polymeres Acrylamid muß auf monomeres Acrylamid analysiert werden, weil letzteres wegen seiner toxischen Eigenschaften unerwünscht ist. Nach *Betso* (1976) wird das Monomere mittels 50 ml einer Methanol-Wasser-Mischung (8 + 2) aus 1 bis

Tabelle 19

Bestimmung organischer Verbindungen mit der Differenzpulspolarographie

Matrix	Verbindung	Literatur
Nagetiergifte (Rodentizide)	1-(3-Pyridylmethyl)-3-(4-nitrophenyl)urethan	*Whittaker*, 19.
Blut	1,4-Benzodiazepine	*Brooks*, 1975
Wasser	Acrolein	*Howe*, 1976
	annelierte Arene	*Coetzee*, 1976
Plasma, Urin	Benzhydrylpiperazin	*Smith*, 1977
Wachstumsförderer	1,5-Di-(5-nitro-2-furyl-1,4-pentadien-3-on-aminohydrazon-hydrochlorid (Nitrovin)	*Rogstad*, 1977
Antirauschgiftmittel	4-Butyl-2-(4-hydroxyphenyl)-1-phenyl-1,2-diphenylpyrazol-3,5-dion-monohydrat (Oxyphenbutazon)	*Fogg*, 1977
Urin	Diazepam, Oxazepam, Nitrazepam (Psychopharmaka)	*Ellaithy*, 1977
Ethanol	2-Butanal	*Opheim*, 1977 a
Polyacrylamid	Acrylamidmonomere	*Betso*, 1976
Tabletten (orales Kontrazeptionsmittel)	Noretisterone	*Opheim*, 1977 b
Fruchtsäfte	Ascorbinsäure, Fumarsäure	PAR, Appl. Brief A-4, 1975
–	Tetrahydro-2-ethylanthrachinon, 2-ethylanthrachinon	PAR, Appl. Brief A-1, 1974
–	Methylen-bis-thiocyanat (Biozid)	PAR, Appl. Brief M-1, 1974
Arzneimittel	verschiedene Verbindungen	*Smyth*, 1975
Pharmazeutika	Phenothiazine (5-Oxide)	*Underberg*, 1977
Pestizide	Thioharnstoffderivate	*Smyth*, 1977
Pestizide	Parathion, Paraoxon, p-Nitrophenol, Methylparathion, Pentachloronitrobenzen	*Smyth*, 1978 a
Benzylpenicillin	Benzylpenicillinsäure	*Jemal*, 1978
Tabletten	2-Benzimidazolyl-2-pyridylmethylsulfoxid	*Johansson*, 1978
Schleifmittellösung	Nitrosamine	*Samuelsson*, 1978
–	Corticosteroide	*DeBoer*, 1978
Urin	Dinatriumchromoglycat [Dinatriumsalz des 1,3-Di-(2-carboxy-4-oxychromen-5-yloxy)-propan-2-ol = Medikament für Bronchialasthma]	*Fogg*, 1978 a
	p-Aminophenol, p-Aminobenzensulfonamid	*Fogg*, 1978 b

10 g des Polymeren durch dreistündiges Rühren mit einem Magnetrührer extrahiert. Zur Entfernung von Natrium und Kalium aus dem Extrakt werden 25 ml desselben 20 min mit 5 g eines Mischbettharzes (AG 501-X 8, Bio-Rad Laboratories, USA) gerührt. Verluste an Acrylamidmonomerem sind dabei nicht zu verzeichnen, wenn die Gehalte des Monomeren zwischen 1 und 200 ppm liegen. Von dem auf diese Weise vorbehandelten Analyten werden 10 ml in die polarographische Zelle gegeben und

mit 0,5 ml 1 n Tetra-n-butylammoniumhydroxid in Wasser als Leitelektrolyt versetzt. Das Differenzpulspolarogramm zeigt einen ausgezeichneten Peak bei etwa -2 V (GKE), der von 1 bis 100 ppm konzentrationsporportional ist. Der Acrylamidpeak wird durch Natrium und Kalium sowie durch Acrylsäureethylester gestört. Während Natrium- und Kalium-Ionen durch Ionenaustausch vollständig entfernt werden, kann der Störeinfluß des Esters nicht beseitigt werden. Acrylsäure wird in Methanol-Wasser-Mischung (8 + 2) mit Tetra-n-butylammoniumchlorid als LE bei $-1,7$ V (GKE) reduziert und läßt sich im Gehaltsbereich von 1 bis 100 ppm simultan mit Acrylamid bestimmen. In Anwesenheit von Tetra-n-butylammoniumhydroxid wird die Acrylsäure neutralisiert, und das durch Dissoziation gebildete Acrylat-Ion ist elektrochemisch inaktiv. Bei der Behandlung mit dem obengenannten Austauscherharz wird die undissoziierte Säure quantitativ gebunden. Acrolein wird bei demselben Potential wie Acrylamid reduziert. Es wird aber zu 90% am genannten Ionenaustauscher adsorbiert, und der Rest kann infolge der hohen Flüchtigkeit des Acroleins durch 30minütiges Entlüften des Analyten mit Stickstoff ausgetrieben werden.

p-Aminophenol, p-Aminobenzensulfonamid und Ammoniak lassen sich in Gegenwart von alkalischer Phenollösung mit alkalischer Hypochloridlösung zu Indophenolderivaten oxidieren, die polarographisch aktiv sind und differenzpulspolarographisch durch einen Peak bei $-0,33$ V (GKE) angezeigt werden (Fogg, 1978b). Die Probelösung, die 0,5 bis 100 µg p-Aminophenol oder 1 bis 150 µg p-Aminobenzensulfonamid (oder 0,1 bis 15 µg Ammoniak) enthält, wird auf 20 ml mit Wasser verdünnt und nacheinander unter Rühren mit Hilfe einer Pipette mit 0,2 ml Natriumhypochlorid, 0,5 ml alkalischer Phenollösung und 0,2 ml frisch hergestellter Natriumnitroprussidlösung (1 mg/ml) als Katalysator versetzt. Die Mischung wird 20 bis 30 min im Wasserbad auf 60 bis 70 °C erwärmt, um die Indophenolreaktion ablaufen zu lassen. Dann werden 0,5 ml frisch bereitete Lösung von Natriumsulfit-Heptahydrat hinzugefügt und weitere 15 min erwärmt. Die abgekühlte Lösung wird schließlich im 25-ml-Meßkolben mit Wasser aufgefüllt. Nach Entlüftung mit Stickstoff wird das Polarogramm von $-0,2$ bis $-0,5$ V registriert. Der lineare Konzentrationsbereich erstreckt sich von $1 \cdot 10^{-7}$ bis $4 \cdot 10^{-6}$ mol/l der obengenannten Verbindungen. Der Variationskoeffizient betrug 4% für p-Aminophenol und p-Aminobenzensulfonamid und 3% für Ammoniak. Die verwendete Hypochloritlösung bereitet man aus 10 ml einer Hypochloritlösung mit 10 bis 14% Chlorgehalt durch Verdünnen auf 25 ml. Für die alkalische Phenollösung werden 30 g Phenol und 20 g NaOH in 100 ml Wasser gelöst.

Ethanol für pharmazeutische Produktionen sollte möglichst niedrige Gehalte an Crotonaldehyd (2-Butenal) aufweisen. Gaschromatographisch kann Crotonaldehyd schlecht von Ethanol getrennt werden. Mit der DPP läßt sich Crotonaldehyd in 50% Ethanol enthaltender 0,04 m Tetramethylammoniumbromidlösung vom $pH = 3,7$ (McIlvain-Puffer) oder vom $pH = 10,5$ (Boraxpuffer) durch Peaks bei $E_P = -1,09$ V bzw. $E_P = -1,53$ V (gesättigte Ag/AgCl-Elektrode) bestimmen (Opheim, 1977b). Man mischt dazu gleiche Volumina 0,3 m Tetramethylammoniumbromid, 0,09 m Kaliumtetraborat und 0,03 m Kaliumcarbonat und gibt 5 ml dieser Mischung zu 5 ml Ethanol. Nach 10 min Entlüftung mit Stickstoff registriert man das Differenzpulspolarogramm. Mit einer relativen Standardabweichung von 5% ist die Bestimmung von Crotonaldehydgehalten bis etwa 0,5 ppm möglich. Für niedrigere Gehalte steigt der Variationskoeffizient stark an. In diesem Fall soll die Grundlösung mit dem niedrigeren pH-Wert bessere Ergebnisse bringen, obwohl der differenzpulspolarographische Peak schlechter ausgebildet ist. Der lineare Meßbereich des Verfahrens erstreckt sich von 10^{-3} bis 10^{-6} m Crotonaldehyd. Tetraethylammoniumhydroxid darf nicht als Leitelektrolyt verwendet werden, weil dann tensammetrische Peaks des Ethanols beobachtet werden.

Wie Tierexperimente nachgewiesen haben, zählen Nitrosamine zu den krebserregenden Substanzen, so daß ihrer Bestimmung große Bedeutung zukommt. Nitrosoverbindungen werden häufig durch Reaktion von sekundären oder tertiären Aminen mit einem Nitrosierungsreagens, im einfachsten Fall Nitrit, gebildet. In Schleifmittellösungen, die aus Triethanolamin, Nitrit, Fluorescein und Wasser zusammengesetzt sind, ist die Bildung von N-Nitrosodiethanolamin möglich. Diese Verbindung kann in $0{,}01$ m H_2SO_4 durch einen ausgezeichneten Peak bei $-0{,}785$ V (GKE) bis zu $5 \cdot 10^{-8}$ mol/l mit der DPP erfaßt werden.

7.5.2. Analyse von Bioziden

Biozide können ebenfalls auf einfachem Wege mit polarographischen Methoden bestimmt werden.

Spurenmengen von organischen Rodentiziden, chemischen Mitteln zur Bekämpfung von Nagetieren, lassen sich – wie am Beispiel des 1-(3-Pyridylmethyl)-3-(4-nitrophenyl)-harnstoff gezeigt wurde (*Whittaker*, 1976) – mit der Differenzpulspolarographie erfassen.

Die Verbindung liefert in $0{,}1$ m Tetrabutylammoniumhydrogensulfatlösung vom $pH = 2$ einen Peak bei $-0{,}536$ V (GKE). Die Empfindlichkeit des Peaks nimmt mit abnehmender Pulsamplitude linear ab. Das größte Signal wird mit 100 mV Pulsamplitude erhalten. Der konzentrationsproportionale Bereich erstreckt sich von $1{,}5 \cdot 10^{-6}$ bis $2 \cdot 10^{-5}$ mol/l. Die Nachweisgrenze liegt mit $2 \cdot 10^{-8}$ m (17 ng in 3 ml) erheblich niedriger. Der Variationskoeffizient des Verfahrens wird mit 15% angegeben. Die elektrochemische Reaktion läuft vierelektronig ab und beruht auf der Reduktion der NO_2-Gruppe zu Hydroxylamin. Anstelle der DPP kann auch mit PP oder der DCP gearbeitet werden, die aber beide geringeres Nachweisvermögen aufweisen.

Ausführliche polarographische Untersuchungen an den Insektiziden Cyolan (I), Cytrolan (II) und Chlordimform (III) sowie an dem Blattfungizid Drazoxolon (IV) führten *Smyth* und *Osteryoung* (1978b) mit der DCP, Tast-DCP, PP und DPP durch.

(IVa)   (IVb)

Die Verbindung (IV) existiert in tautomeren Formen, von denen (IVa) in nicht-wäßriger und (IVb) in wäßriger Lösung existent ist. Die polarographische Aktivität dieser Verbindungen gründet sich auf die Azomethingruppierung.

In Britton-Robinson-Puffer vom $pH = 6$ geben Cyolan und Cytrolan die analytisch am besten verwertbaren Polarogramme. Die Peakhöhe ist zwar in saurem Medium (pH 2 bis 0) größer, wird aber durch eine Adsorptionswelle und die LE-Reduktion beeinflußt.

Chlordimform und Drazoxolon geben in Britton-Robinson-Puffer vom $pH = 8$ die besten Peaks, die nicht durch Adsorptionseffekte gestört sind.

Mit der DPP werden für alle vier Verbindungen von $1 \cdot 10^{-7}$ bis $1 \cdot 10^{-5}$ mol/l [für (III) ab $5 \cdot 10^{-7}$ mol/l] lineare Eichkurven erhalten. Die Nachweisgrenzen liegen für (I) und (II) bei 25 ng/ml, für (III) bei 55 ng/ml und für (IV) bei 10 ng/ml. Die Methode wurde zur Bestimmung von Drazoxolon in Getreidekörnern angewendet und ergab ausgezeichnete Ergebnisse (Soll-Gehalt 60 m-%, Ist-Gehalt $60,2 \pm 0,4$ m-%).

Methylen-bis-thiocyanat – ebenfalls ein Biozid – gibt in einem Leitelektrolyten aus 25 ml Ethanol (95%) und 25 ml 1 m Acetatpuffer ($pH = 5$) einen Peak bei $-1,17$ V (GKE), der von 100 ppb bis 35 ppm konzentrationsproportional ist (PAR, Application **Brief** M-1, 1974). Die günstige Konzentration für die Bestimmung der Verbindung liegt bei 10 ppm. Zink stört bei Gehalten unterhalb von etwa 200 ppb. Durch Zugabe von etwa 100 µl 0,1 m Komplexon III wird Zink maskiert.

7.5.3.   Analyse von Pharmaka, Lebensmitteln und anderen Produkten

Die Verbindungen 2-(5-Methylbenzimidazolyl)-1-(2-piridyl)-ethylsulfoxid (I) und 2-Benzimidazolyl-2-pyridylmethylsulfoxid (II) sind neuerdings als Magensekret-inhibitoren getestet worden.

(I)   (II)

Aufbauend auf der zweielektronigen Reduktion der Sulfoxide zu Sulfiden, entwickelte *Johansson* (1978) ein differenzpulspolarographisches Analysenverfahren zur Bestimmung von (II) in pharmazeutischen Präparaten. Tabletten von 50 mg werden mit 25 ml Ethanol 5 min extrahiert. Der Extrakt wird zentrifugiert, und das Zentrifugat (0,5 ml) wird zu 5 ml Phosphatpuffer vom $pH = 7,7$ gegeben, der 40% Ethanol enthält. Das Differenzpulspolarogramm wird von $-0,6$ bis $-1,4$ V registriert. Der Peak von (II) erscheint bei $E_P = -0,99$ V (GKE) und ist pH-abhängig. Die Eichkurve von 10^{-7} bis 10^{-3} m (II) ist im oberen Konzentrationsbereich leicht gekrümmt, so daß 10^{-3} mol/l nicht überschritten werden dürfen. Die Reproduzierbarkeit der Bestimmung von (II) in Tabletten ist V $\leq$ 1%. Eine Unterscheidung von (I) und (II) ist nicht möglich. Als Störkomponente tritt 2-Benzimidazolyl-2-pyridylmethylsulfid auf.

Das elektrochemische Verhalten von Corticosteroiden ist von *Boer* u. a. (1978) untersucht worden. Auf der Reduktion der C-20-Ketogruppe ist es möglich, die komplizierte Verbindung differenzpulspolarographisch in Methanol/Britton-Robinson-Puffer vom $pH = 10$ (1 + 1) bis zu Konzentrationen von 10^{-6} m zu bestimmen.

Nortisteron (17α-Ethinyl-17β-hydroxy-4-östren-3-on) wird als orales Kontrazeptionsmittel in Tabletten oder in Kombination mit Östrogen (Kombinationstabletten) verabreicht. Seine Bestimmung mit der DPP wurde von *Opheim* (1977 a) untersucht. Folgendes Analysenverfahren wurde vorgeschlagen: Die Pille mit 1 mg Nortisteron wird in einem 100-ml-Meßkolben mit einigen Tropfen Wasser zersetzt. Danach gibt man 40 ml reinstes Methanol zu und schüttelt kräftig durch. Weiter fügt man 20 ml 0,2 m Tetramethylammoniumbromidlösung hinzu und füllt mit Wasser zur Marke auf. Von dieser Lösung werden 25 ml entlüftet und beginnend von $-1,0$ V polarographiert. Nortisteron liefert einen schmalen Peak bei etwa $-1,65$ V (gesättigte Ag/AgCl-Elektrode), der von $7 \cdot 10^{-6}$ bis $7 \cdot 10^{-4}$ m (2 bis 200 ppm) konzentrationsproportional ist. Der Variationskoeffizient beträgt für 10 ppm der Verbindung etwa 5%. Da der Peak nahe am Endanstieg liegt, wird zweckmäßigerweise gegen das Polarogramm einer Blindlösung ausgewertet. Störeinflüsse von Ingredenzien, Alkoholen und anderen Steroiden werden in der Arbeit ebenfalls mit betrachtet.

Mit der differenzpulspolarographischen Bestimmung der in der Psychotherapie angewendeten Benzodiazepine Oxazepam (I), Diazepam (II), Nitrazepam (III) und Fluorazepam (IV) befaßte sich *Ellaithy* (1976). In Acetatpufferlösung (pH $= 4,8$)

geben alle vier Verbindungen Peaks mit den aufgeführten Peakspitzenpotentialen.

Benzodiazepine	R_1	R_2	R_3	R_4	E_p [V][1]
Oxazepam (I)	H	OH	H	Cl	$-1,23$
Diazepam (II)	CH$_3$	H	H	Cl	$-1,19$
Nitrazepam (III)	H	H	H	NO$_2$	$-0,61$
					$-1,23$
Fluorazepam (IV)	(CH$_2$)$_2$N(CH$_3$)$_2$	H	F	Cl	$-1,18$

[1]) bezogen auf die gesättigte Quecksilbersulfatelektrode

Da immer die 4,5—C=N-Bindung reduziert wird, unterscheiden sich die E_P-Werte nur geringfügig. Getrennte Peaks können von (I) und (II) oder (I) und (IV) aufgenommen werden. Bei (III) wird außer der C=N-Bindung noch die NO$_2$-Gruppe reduziert, so daß zwei Peaks auftreten. Die Differenzen zwischen den Peakspitzenpotentialen sind aber für die Bestimmung der Benzodiazepine nicht wesentlich, weil im Untersuchungsmaterial infolge Eingabe nur eines Präparates auch nur dieses oder seine Metaboliten erscheinen. Alle Benzodiazepine konnten bis zu 0,14 μg/ml erfaßt werden. Das ausgearbeitete Analysenverfahren konnte zur Urinanalyse auf die genannten Psychopharmaka ohne ihre vorherige Abtrennung eingesetzt werden. Bemerkenswert ist, daß die DPP ein Nachweisvermögen aufweist, das mit der Gaschromatographie mit Flammenionisationsdektor vergleichbar ist. Ihre Spezifität ist besser als diejenige der Gaschromatographie.

Nach Einnahme von Fluorazepamhydrochlorid (IV) tritt im Blut N-Desalkylfluorazepam (V) als Metabolit neben Fluorazepam und Hydroxyethylfluorazepam auf. Im Gegensatz zu (IV) bildet Bromazepam (VI) nach oraler Einnahme keinen Metaboliten.

(V)   (VI)

Zur differenzpulspolarographischen Bestimmung im Blut gelangten (V) und (VI), wobei in einer Mikrozelle von 0,5 ml Volumen gearbeitet wurde (*Brooks*, 1975). Die Peaks erscheinen bei $E_P(V) = -0,73$ V und $E_P(VI) = -0,61$ V (gesättigte Ag/AgCl-Elektrode). Die linearen Konzentrationsbereiche erstrecken sich für (V) von 10 bis 10 000 ng/ml Blut und für (VI) von 10 bis 1 000 ng/ml Blut. Als Leitelektrolyt diente 1 m Phosphatpufferlösung vom $pH = 4$ (V) bzw. $pH = 7$ (VI).

Die Blutprobe von 1 ml wird zur Bestimmung mit 2 ml gesättigter Na_3PO_4-Lösung ($pH = 12,8$) versetzt und zweimal mit einer Mischung aus Benzen/Methylenchlorid (9 + 1) extrahiert. Unter einem Stickstoffstrom wird der Extrakt zur Trockne eingedampft, mit 0,5 ml LE aufgenommen und nach 1 min Entlüftung mit Stickstoff in die polarographische Zelle überführt.

Die Gehalte an (V) lagen gewöhnlich zwischen 25 und 50 ng/ml Blut.

Oxyphenbutazon (4-Butyl-2-(4-hydroxyphenyl)-1-phenylpyrazolidin-3,5-dion-monohydrat) und Phenylbutazon (4-Butyl-1,2-diphenylpyrazolidin-3,5-dion) werden als Antirauschgiftmittel eingesetzt. Beide Verbindungen lassen sich als Azofarbstoffe mit der DPP bestimmen (*Fogg*, 1977). In einem Gemisch aus Essig- und Salzsäure wird Oxyphenbutazon zu 4-Hydroxyazobenzen hydrolysiert, das sich in ein Benzidinderivat umwandelt, welches diazodiert und mit 1-Naphthol gekuppelt wird. Phenylbutazon wird in gleicher Weise behandelt. Beachtet werden muß dabei, daß nach der Diazotierung das 1-Naphthol zugegeben wird, ehe der pH-Wert so weit abfällt, daß die Kupplungsreaktion nicht mehr stattfindet. Lösungen mit mehr als 10^{-6} m Oxyphenbutazon werden bei pH 9 bis 9,5 polarographiert, denn bei niedrigeren pH-Werten würde der Azofarbstoff ausfallen. Polarogramme von Konzentrationen $< 10^{-6}$ m sind bei pH 7 am besten ausgebildet, ohne daß der Farbstoff ausfällt. Oberhalb pH 9,5 wird die Peakstromstärke unabhängig vom pH-Wert. Um Schwierigkeiten in bezug auf die Löslichkeit des Azofarbstoffes zu beseitigen, wurde den Lösungen nach der Kupplungsreaktion Methanol zugesetzt. Den Lösungen des Phenylbutazons wurde generell 30% Methanol hinzugefügt. Optimale Peakhöhen werden für Phenylbutazonkonzentrationen größer als 10^{-6} m bei pH 11 bis 11,5 erhalten. Niedrigere Konzentrationen werden bei pH 9,5 gemessen. Der Peak des Oxyphenbutazons erscheint bei $-0,45$ V (GKE) und gibt von $1 \cdot 10^{-7}$ bis $5 \cdot 10^{-5}$ m eine lineare Eichkurve ($pH = 9,5$). Der Peak besitzt bei höherer Konzentration (etwa ab $1 \cdot 10^{-5}$ m) in negativer Potentialrichtung eine Schulter. Phenylbutazon liefert einen ausgezeichnet geformten Peak bei $-0,56$ V (GKE), der von etwa $1 \cdot 10^{-6}$ bis $9 \cdot 10^{-5}$ m konzentrationsprotportional ist ($pH = 11,7$). Die Standardabweichung wird im Bereich von $5 \cdot 10^{-6}$ m mit 3% angegeben.

Als Wachstumsförderer für Kücken und Schweine wird in der Tierzucht Nitrovin [1,5-Di-(5-nitro-2-furyl)-1,4-pentadien-3-on-aminohydrodazon-hydrochlorid] zugefüttert (10 mg pro kg Futter). Die Verbindung kann in verschiedenen tierischen Produkten differenzpulspolarographisch bestimmt werden (*Rogstad*, 1977). Das Probematerial wird in Triethanolamin (10% in Methanol) gelöst, ein entsprechendes Volumen in einen 100-ml-Meßkolben pipettiert, 25 ml 0,1 m Acetatpuffer ($pH = 4{,}6$) und 25 ml destilliertes Wasser zugegeben. Dann wird mit Triethanolaminlösung zur Marke aufgefüllt. Das Differenzpulspolarogramm zeigt einen scharfen Peak bei $-0{,}2$ V (gesättigte Ag/AgCl-Elektrode), der für die quantitative Auswertung im Konzentrationsbereich von $4{,}9 \cdot 10^{-5}$ bis $1{,}96 \cdot 10^{-7}$ m geeignet ist. Die kleinste bestimmbare Konzentration beträgt $7 \cdot 10^{-8}$ m (27 ppb). Die Wiederfindungsrate von Nitrovin wird mit 95 bis 98% ($\bar{x} = 96{,}8 \pm 1{,}4\%$) ausgewiesen und ist besser als beim spektralphotometrischen Verfahren zur Nitrovinbestimmung (81 bis 87%). Darüber hinaus ist das differenzpulspolarographische Verfahren wesentlich einfacher, schneller und empfindlicher.

In Frucht- und Gemüsesäften müssen häufig die Gehalte an Ascorbinsäure (Vitamin C) und Fumarsäure ermittelt werden. Ascorbinsäure läßt sich auf Grund der „Endiol"-Bindung (s. Formel) oxidieren und gibt sich differenzpulspolarographisch durch einen anodischen Peak bei $E_P = +0{,}14$ V (GKE) in Britton-Robinson-Puffer vom $pH = 2{,}87$ zu erkennen (PAR, Application Brief A-4, 1975).

Die Verfahrensweise ist einfach: Man entlüftet 10 ml Leitelektrolyt und gibt µl-Mengen Eich- oder Probelösung zu, die ppb- bzw. ppm-Mengen an Vitamin C enthalten. Der konzentrationsproportionale Bereich umfaßt 0,5 bis 5 µg. Das Polarogramm wird von $-0{,}1$ bis $+0{,}2$ V an der QTE registriert. Zu beachten ist, daß Ascorbinsäure als starkes Reduktionsmittel durch gelösten Sauerstoff bei höheren pH-Werten vollständig reduziert wird.

Fumarsäure wird in 0,2 m NaH_2PO_4-Lösung ($pH = 6{,}8$), die 1 m an Ammoniumchlorid ist und mit Ammoniak auf pH 8,2 eingestellt wird, bei $E_P = -1{,}62$ V (GKE) reduziert. Mit der DPP können Gehalte von 0,5 bis 20 µg erfaßt werden. Im selben Leitelektrolyten gibt auch die Cis-Form der Fumarsäure, die Maleinsäure, einen ausgezeichneten Peak bei $E_P = -1{,}35$ V (GKE), so daß beide Säuren aus einem Polarogramm bestimmt werden können. Anstelle des genannten Leitelektrolyten können die Säuren auch in 0,1 m Ammoniakpuffer ($pH = 8{,}2$) polarographiert werden. Die Peakspitzenpotentiale entsprechen den oben mitgeteilten Werten.

Fumarsäure ist nicht nur in Lebens- und Genußmitteln zu bestimmen, sondern auch in der Produktion von Polyester-, Alkyd- und Phenolharzen. Maleinsäure wird häufig zur Konservierung in Fetten und Ölen sowie bei der Ausrüstung von Baumwolle, Wolle und Seide eingesetzt. Mit dem beschriebenen Analysenverfahren kann auch die Umwandlung von Maleinsäureanhydrid in Fumarsäure bei der Polyesterbildung verfolgt werden. Sogar die katalytische Hydrierung von Malein-/Fumarsäure-Mischungen und von Fumar-/Oleinsäure-Mischungen läßt sich auf diese Weise untersuchen (PAR, Application Brief M-2, 1974).

Außer Vitamin C sind eine Reihe Vitamine polarographisch bestimmbar (s. Tab. A4 im Tabellenanhang).

Multivitaminpräparate können relativ einfach analysiert werden. Zum Beispiel ist die Bestimmung von Vitamin B_1 durch einen Peak bei $E_P = -1{,}25$ V (Bodenquecksilber) in 0,5 m KCl ($pH = 6$) mit der DPP möglich. Andererseits kann die Dosierung von Vitamin C neben den Vitaminen A, D, C, B, B_6, B_{12}, Biotin, Niacinamid und

Ca-Pantothenat in Tabletten durch den anodischen Peak bei $+0,23$ V in 0,05 m Essigsäure $-0,01$ m $NaNO_3$ ($pH = 3$) kontrolliert werden.

In natürlichen Wässern kann Acrolein nach *Howe* (1976) differenzpulspolarographisch erfaßt werden. Als Leitelektrolyt dient 0,09 m Phosphatpuffer vom $pH = 7,2$, in dem der Acroleinpeak bei $-1,22$ V (GKE) erscheint. Die Nachweisgrenze wurde zu 50 µg/l Acrolein ermittelt. Anwesendes Zink stört und wird durch Zugabe von Komplexon III elektrochemisch inaktiv gemacht.

Tabellenanhang

Erläuterungen

Tabellen A 1 bis A 3:

In der Spalte „Element (Wertigkeit)" ist nur die Wertigkeitsstufe angeführt, von der der elektrochemische Prozeß ausgeht, aber nicht das in der betreffenden Leitelektrolytlösung tatsächlich vorliegende Ion, das elektrochemisch reduziert oder oxydiert wird.

Hinter dem Zahlenwert für das Halbstufenpotential wird durch Schrägstrich abgetrennt die Wertigkeitsstufe angegeben, die durch den elektrochemischen Vorgang entsteht. Ein waagerechter Strich anstelle einer Zahlenangabe bedeutet, daß die gebildete Wertigkeitsstufe nicht bekannt ist.

Wenn ein Element in einem Leitelektrolyten nicht reduziert wird, ist „nr" gesetzt worden.

Tabelle A 4:

In der Spalte „Leitelektrolyt" ist für einfache Puffer nur das Anion angeführt. Kompliziertere Puffer sind mit ihrem Namen genannt (z. B. Britton-Robinson-Puffer). Existierte keine genaue Angabe der Pufferzusammensetzung, dann wurde nur die Bezeichnung „Puffer" verwendet.

Mehrere Potentialwerte in der Spalte „$E_{1/2}$" bezeichnen die aufeinanderfolgenden polarographischen Stufen.

Tabelle A 1

Halbstufenpotentiale $E_{1/2}$ (in Volt, bezogen auf die GKE) für einige Elemente in anorganischen Säuren

Element (Wertigkeit)	Leitelektrolyt			
	1 m HCl	12 m HCl	7,3 m H_3PO_4	1m HNO_3
As(III)	−0,428/0	0 /0	−0,46 /0	−0,7 /0
	−0,67 /−III	−0,55 /−III	−0,71 /−III	−1,0
Bi(III)	−0,09 /0	−0,45 /0	−0,15 /−	−0,01/0
Cd(II)	−0,642/0	nr	−0,77 /0	−0,59/0
Co(II)		nr	−1,20 /0	
Cr(II)	−0,58 /III			
Cr(III)	−0,99 /0		−1,02 /II	
Cr(VI)			>0 /III	
Cu(II)	0 /I	0 /I	−0,087/0	−0,01/0
	−0,22 /0	−0,71 /0		
Fe(III)	0	0 /II	+0,056/II	
Ge(II)	−0,13 /IV			
	−0,42 /0			
In(III)	−0,597/0	−0,772/0		
Mo(VI)	−0,26 /V	0	−0,49 /−	
	−0,63 /III			
Nb(V)		−0,40 /IV		
Ni(II)		−0,80 /0	−1,18 /0	
Pb(II)	−0,435/0	−0,90 /0	−0,53 /0	−0,40/0

Tabelle A 1 (Fortsetzung)

Element (Wertigkeit)	Leitelektrolyt			
	1 m HCL	12 m HCL	7,3 m H$_3$PO$_4$	1 m HNO$_3$
Sb(III)	−0,15 /0	−0,224/0	−0,29 /0	−0,30/0
Sn(II)	−0,47 /0	−0,83 /0	−0,58 /0	−0,44/0
Sn(IV)			−0,65 /−	
Te(VI)			−0,87 /−	
Ti(IV)	−0,81 /III	0		
Tl(I)	−0,475/0	nr	−0,63 /0	−0,48/0
U(VI)	−0,18 /V	0	−0,12 /−	
	−0,94 /III		−0,58 /−	
V(V)	0 /IV			
	−0,80 /II			
W(VI)		0	−0,59 /V	
		−0,55 /0		
Zn(II)		nr	−1,13 /0	

Tabelle A 2

Halbstufenpotentiale $E_{1/2}$ (in Volt, bezogen auf die GKE) für einige Elemente in anorganischen Basen und Puffern

Element (Wertigkeit)	Leitelektrolyt			
	1m NaOH	10 m NaOH	1 m NH$_3$/ 1 m NH$_4$Cl	2 m HAc/ 2 m NH$_4$Ac
As(III)		−0,34 /V	−1,41/−	−0,92 /0
			−1,63/−III	
Bi(III)	−0,6	−0,67 /0		−0,25 /0
Cd(II)	−0,78/0	−0,91 /0	−0,81/0	−0,653/0
Co(II)	−1,46/0	−1,58 /0	−1,29/0	−1,19 /0
Cr(II)	−1,94/0	−0,55 /0	−0,85/III	
Cr(III)		−1,08 /II		−1,2 /II
Cr(VI)	−0,85/III	−0,84 /III	−0;2 /III	
Cu(II)	−0,41/0		−0,24/I	−0,07 /0
			−0,51/0	
Fe(II)		−1,67 /0	−0,34/III	
			−1,49/0	
Fe(III)		−1,055/II		
In(III)	−1,09/0	−1,38 /−		−0,708/0
Mn(II)	−1,70/−	−0,477/III	−1,66/0	
Mo(VI)	nr	nr	−1,71/−	
Nb(V)				−1,1 /0
Ni(II)		nr	−1,10/0	
Pb(II)	−0,76/0	−0,825/0	−0,67/0	−0,50 /0
Sb(III)		−0,57 /V		−0,40 /−
		−1,246/0		−0,59 /0
Se(IV)			−1,53/−	
Sn(II)	−1,22/0	−1,20 /0		−0,16 /IV
				−0,62 /0
Sn(IV)	nr			−1,1 /II
Te(IV)			−0,67/0	

Tabelle A 2 (Fortsetzung)

Element (Wertigkeit)	Leitelektrolyt			
	1 m NaOH	10 m NaOH	1 m NH_3/ 1 m NH_4Cl	2 m HAc/ 2 m NH_4Ac
Te(VI)	−1,57/−II	nr	−1,21/0	−1,18 /−II
Ti(IV)				−0,85 /0
Tl(I)	−0,48/0	−0,458/0	−0,48/0	−0,47 /0
U(VI)		−0,95 /V	−0,8 /V	−0,45 /V
V(V)		nr		−1,24 /II
W(VI)	nr	nr	nr	−0,70 /−
Zn(II)	−1,53/0	−1,61 /0	−1,35/0	−1,1 /0

Tabelle A 3

Halbstufenpotentiale $E_{1/2}$ (in Volt, bezogen auf die GKE) für einige Elemente in verschiedenen Leitelektrolyten

Element (Wertigkeit)	Leitelektrolyt			
	0,1 m KCl, LiCl bzw. NH_4Cl	1 m KCN	0,3 m Trien/ 0,1 m NaOH	0,1 m NH_3/ 0,1 m $(NH_4)_2$ Tart
Au(I)		−1,46/0		
Bi(III)			−0,74/0	−0,54/0
Cd(II)	−0,60 /0	−1,18/0	−0,82/0	−0,73/0
Co(II)	−1,20 /0	−1,3 /I		−1,23/0
Cr(II)	−0,34 /III	−1,38/III		
Cr(III)	−0,85 /II			
	−1,47 /0			
Cu(II)	0 /0	nr	−0,53/0	−0,38/0
Fe(II)	−1,3 /0			−0,47/III
				−1,42/0
Fe(III)			−1,01/II	
Ga(III)	−1,1 /0	−1,29/0		
In(III)	−0,56 /0			−1,16/−
Mn(II)		−1,36/I	−0,5 /III	−1,53/0
Ni(II)	−1,1 /0	−1,36/−	−1,40/0	−0,96/0
Pb(II)	−0,40 /0	−0,72/0	−0,88/0	−0,54/0
Rh(III)		−1,47/0		
Sb(III)		−1,11/0		−0,95/0
Sn(II)				−0,53/IV
				−0,77/0
Te(VI)		−1,36/−		
Tl(I)	−0,46 /0	0 /0		−0,47/0
U(VI)	−0,185/V			−0,66/V
Zn(II)	−0,995/0	nr	−1,57/0	−1,20/0

Tabelle A 4

Halbstufenpotentiale einiger wichtiger organischer Verbindungen nach *Heyrovský* und *Kůta* (1965)

Depolarisator	Leitelektrolyt	pH	$E_{1/2}$ [V] (GKE)		
A. Farbstoffe					
Azine:					
Bindschedlers Grün	Puffer	7,0	−0,02		
Toluylenblau	Puffer	7,0	−0,13		
Diazine:					
Indulin B	Phosphat + 1% Ethanol	7,0	−0,38		
Neutralrot	Britton-Robinson-Puffer	2,0	−0,21		
		7,0	−0,57		
		10,0	−0,72		
Neutralblau	Phosphat + 1% Ethanol	7,0	−0,57		
α-Oxyphenazin	Britton-Robinson-Puffer	4,0	−0,24		
		10,6	−0,64		
Phenosafranin	Puffer	7,0	−0,48		
Rosindulin	McIlvaine-Puffer	2,17	−0,28		
		6,17	−0,46		
		8,0	−0,63		
Oxazine:					
Capriblau	Phosphat + 1% Ethanol	7,0	−0,22		
Kresylblau	Phosphat + 1% Ethanol	7,0	−0,21		
Thiazine:					
Methylenblau	Britton-Robinson-Puffer	4,9	−0,15		
		9,24	−0,30		
Indigofarbstoffe:					
Indigodisulfonat	Puffer	7	−0,37		
Indigotrisulfonat	Puffer	7	−0,33		
Indigotetrasulfonat	Puffer	7	−0,30		
B. Halogenderivate					
Bromoform	0,05 m $(CH_3)_4$NBr + 75% Dioxan		−0,60	−1,47	
Chloroform	0,05 m $(CH_3)_4$NBr + 75% Dioxan		−0,33	−1,63	
DDT	0,01 m $(CH_3)_4$NBr + 80% Ethanol		−0,80		
γ-Hexachlorcyclohexan	0,1 m $(C_2H_5)_4$NJ + 80% Ethanol		−1,57	−2,54	
Iodoform	0,05 m $(CH_3)_4$NBr + 75% Dioxan		−0,45	−1,05	−1,46
Tetrachlormethan	0,05 m $(CH_3)_4$NBr + 75% Dioxan		−0,74	−1,67	
Thyroxin	1% $(CH_3)_4$NBr + 0,25 m Na_2CO_3 + 20% i-Propanol	11,3	−1,12	−1,30	−1,51
C. Ungesättigte Säuren					
Fumarsäure	Acetat	4,0	−0,93		
	Acetat	5,9	−1,20		
	$NH_3 + NH_4Cl$	8,5	−1,62		

Tabelle A 4 (Fortsetzung)

Depolarisator	Leitelektrolyt	pH	$E_{1/2}$ [V] (GKE)		
Maleinsäure	Britton-Robinson-Puffer	4,0	−0,97		
		6,0	−1,11	−1,30	
		10,0		−1,51	
D. Aldehyde					
Acetaldehyd	0,1 m LiOH		−1,73		
	Puffer	4,8	−0,83		
		5,9	−0,98		
Anisaldehyd	McIlvain-Puffer	2,2	−0,93		
		5,0	−1,10		−1,26
		8,0		−1,27	
		11,0		−1,39	
Benzaldehyd	McIlvaine-Puffer	2,2	−0,96		−1,32
		8,0	−1,33		−1,41
		11,0		−1,44	
Citral	0,1 m $(C_2H_5)NJ$		−1,56		−2,22
Crotonaldehyd	Acetat + 50% Dioxan	2,0	−0,93		
	$NH_3 + NH_4Cl$	11,0	−1,46		
	+ 50% Dioxan				
Formaldehyd	0,2 m KOH		−1,56		
Furfurol	Britton-Robinson-Puffer	2,0	−0,96		
		5,82	−1,38		
		12,0	−1,43		
Glyoxal	0,1 m NH_4Cl		−1,50		
Salicylaldehyd	McIlvaine-Puffer	2,2	−0,99		−1,23
		8,0		−1,32	
		13,0		−1,63	
Streptomycin	3% $(CH_3)_4NOH$	13,8	−1,4(?)		
Vanillin	McIlvaine-Puffer	2,2	−1,01		
		5,0	−1,16		−1,32
		8,0	−1,47		
E. Ketone					
Aceton	2,5 m NH_3,	9,3	−1,48		
	1,25 m $(NH_4)_2SO_4$				
Acetophenon	McIlvaine-Puffer	1,3	−1,08		
		7,2	−1,54		
		11,3	−1,60		
Benzil	McIlvaine-Puffer	1,3	−0,27		
		7,2	−0,64		
		11,3	−0,75		
Benzoin	McIlvaine-Puffer	1,3	−0,90		
		7,2	−1,36		
		11,3	−1,51		
Benzophenon	McIlvaine-Puffer	1,3	−0,90		
		7,2	−1,25		
		11,3	−1,38		
Cyclohexanon	2,5 m NH_3	9,3	−1,50		
	+ 1,25 m $(NH_4)_2SO_4$				
Diacetyl	$NH_3 + NH_4Cl$	9,3	−0,76		

Tabelle A 4 (Fortsetzung)

Depolarisator	Leitelektrolyt	pH	$E_{1/2}$ [V] (GKE)	
Tropolon	Acetat	4,7	−1,20	
	Phosphat	7,0	−1,18	−1,48
	Carbonat	10,0	−1,65	
Tropon	Britton-Robinson-Puffer	3,0	−0,80	
	+ 80% Ethanol	9,3	−1,36	−1,82
F. Ketosäuren				
Brenztraubensäure	Britton-Robinson-Puffer	5,6	−1,17	
		6,8	−1,22	−1,53
		9,7		−1,51
		10,7		−1,44
α-Ketoglutarsäure	HCl + KCl	1,8	−0,59	
	NH_3 + NH_4Cl	8,2	−1,30	
Phenylglyoxylsäure	Britton-Robinson-Puffer	2,2	−0,48	
		5,5	−0,85	−1,26
		7,2	−0,98	−1,25
		9,2		−1,25
		12,0		−1,32
G. Zucker				
Arabinose[1])	Phosphat	7,0	−1,54	
Fructose	0,1 m LiCl		−1,76	
Galactose[1])	Phosphat	7,0	−1,55	
Glucose[1])	Phosphat	7,0	−1,54	
		10,8	−1,68	
Maltose[1])	0,3 m KCl + KOH		−1,60	
Mannose[1])	Phosphat	7,0	−1,51	
Ribose	Phosphat	7,0	−1,77	
Sorbose	0,1 m LiCl		−1,76	
Xylose[1])	Phosphat	7,0	−1,50	
H. Sauerstoffhaltige Heterocyclen				
Cumarin	Phosphat	7,4	−1,50	
Cyanidin	Tartrat	3,0	−0,36	
Cyanin	Tartrat	3,0	−0,37	
Flavanol	Acetat + 50% i-Propanol	5,6	−1,25	
	Borat + 50% i-Propanol	10,4	−1,41	
Flavanon	Acetat + $(CH_3)_4$NOH + 50% i-Propanol	9,6	−1,51	
Fluorescein	Phthalat	5,0	−0,65	
	Borat	10,1	−1,18	−1,44
Penicillinsäure	Acetat	4,7	−0,69	
Phenolphthalein	Clark-Lubs-Puffer	2,5	−0,67	
		9,6	−0,98	−1,35
		10,1	−1,01	−1,33
Quercetin	Acetat + 50% i-Propanol	5,6	−1,53	

---

[1]) Es wird nur ein kleiner Teil reduziert, der sich im dynamischen Gleichgewicht mit der nicht reduzierbaren Form befindet.

Tabelle A 4 (Fortsetzung)

Depolarisator	Leitelektrolyt	pH	$E_{1/2}$ [V]	(GKE)	
Santonin	Britton-Robinson-Puffer	1,8	−1,04		
		5,2	−1,26	−1,61	
		12,7		−1,68	

I. Stickstoffhaltige Verbindungen

Hydroxylamin	Britton-Robinson-Puffer	4,6	−1,42		
		9,2	−1,65		
Nitroethan	Britton-Robinson-Puffer	4,6	−0,79		
	+ 30% Methanol	11,6	−0,89		
Nitromethan	Britton-Robinson-Puffer	4,6	−0,81		
	+ 30% Methanol	11,6	−0,86		
Chloramphenicol	Britton-Robinson-Puffer	2,2	−0,69	−0,76	
		8,0	−1,08		
o-Dinitrobenzen	Phthalat	2,5	−0,12	−0,32	−1,26
m-Dinitrobenzen	Phthalat	2,5	−0,17	−0,29	
p-Dinitrobenzen	Phthalat	2,5	−0,12	−0,33	
Nitrosobenzen	McIlvaine-Puffer	3,0		−0,81	
Nitrobenzen	Phthalat	2,5	−0,30		
o-Nitrophenol	Britton-Robinson-Puffer	11,9	−0,91		
	+ 8% Ethanol				
m-Nitrophenol	Britton-Robinson-Puffer	11,9	−0,80		−1,27
	+ 8% Ethanol				
p-Nitrophenol	Britton-Robinson-Puffer	11,9	−0,96		−1,65
	+ 8% Ethanol				
Pikrinsäure	Puffer	4,2	−0,34		
Trinitrotoluol	Phthalat	4,1	−0,19	−0,31	−0,45
Acridin	Phosphat	7,3	−0,51	−1,25	
Adenin	$HClO_4$—$KClO_4$	1,3	−1,05		
Adenosin	$HClO_4$—$KClO_4$	1,2	−1,13		
Adenylsäure	$HClO_4$—$KClO_4$	2,2	−1,13		
Isonicotinsäur	Britton-Robinson-Puffer	6,1	−1,14		
		8,0	−1,34	−1,68	
Nicotinsäure	0,1 m HCl		−1,08		
8-Oxychinolin	Acetat	5	−1,12		
Pyrimidin	0,09 m HCl—KCl	1,2	−0,68		

K. Alkaloide

Chinin	Britton-Robinson-Puffer	5,1	−1,27		
		11,4	−1,60		
Cotarnin	Acetat	3,0		−1,06	
Dihydromorphin	Britton-Robinson-Puffer	7,5	−1,45		
Lobelin	Britton-Robinson-Puffer	1,8	−1,08	−1,12	
		8,0	−1,31	−1,40	
Pelletierin	0,1 m LiCl		−1,41		
Piperin	Britton-Robinson-Puffer	2,0	−1,29		
		6,0	−1,52	−1,73	

L. Vitamine

Vitamin B_1 (Aneurin)	Phosphat	7,2	−1,26	(katalytische Stufe)	
	0,1 m LiOH		−0,46		

Tabelle A 4 (Fortsetzung)

D epolarisator	Leitelektrolyt	pH	$E_{1/2}$ [V] (GKE)	
Vitamin B_2 (Lactoflavin)	Phosphat	7,2	$-0,40$	
Vitamin B_6	0,1 m $(CH_3)_4NBr$		$-1,96$	
Panthothensäure	0,1 m $(CH_3)_4NBr$		$-1,76$	$-1,96$
Nicotinsäureamid	0,1 m NaOH		$-1,70$	
Vitamin B_c (Folsäure)	Britton-Robinson-Puffer	7,6	$-0,73$	
Vitamin B_{12}	Acetat	4,7	$-1,66$	(katalytische Stufe)
Vitamin C (Ascorbinsäure)	Phosphat	7,0	$-0,02$	(anodische Stufe)
Vitamin E (Tocopherol)	Acetat + Anilin + $HClO_4$	3,6	$-0,29$	(anodische Stufe)
Vitamin K_1	KCl + i-Propanol		$-0,54$	
Vitamin K_5	Britton-Robinson-Puffer	6,3	$-0,07$	

Tabelle A 5

Universalpuffermischung nach *Britton* und *Robinson*

pH-Bereich: 2,4 ... 12,0 (18 °C)

Lösung A: Je 0,02857 m an HCl, KH_2PO_4, Citronensäure, Borsäure und Veronal

Lösung B: 0,2 m NaOH

Mischung: 100 cm³ A + x cm³ B

pH	B (x cm³)	pH	B (x cm³)
2,40	0	7,12	52
2,55	2	7,30	54
2,73	4	7,47	56
2,92	6	7,66	58
3,12	8	7,82	60
3,35	10	7,98	62
3,57	12	8,17	64
3,80	14	8,35	66
4,02	16	8,55	68
4,21	18	8,76	70
4,40	20	8,97	72
4,57	22	9,20	74
4,75	24	9,41	76
4,91	26	9,65	78
5,08	28	9,88	80
5,25	30	10,21	82
5,40	32	10,63	84
5,57	34	11,00	86
5,70	36	11,23	88
5,91	38	11,44	90
6,10	40	11,60	92
6,28	42	11,75	94
6,45	44	11,85	96
6,62	46	11,94	98
6,79	48	12,02	100
6,94	50		

Tabelle A 6

Puffer nach *Clark* und *Lubs*

pH-Bereich: 2,2 ... 6,2

Lösung A: 0,2 m Kaliumhydrogenphthalat-Lösung

Lösung B: 0,1 m HCl

Lösung C: 0,1 m NaOH

Mischung: 50 cm³ Lösung A + x cm³ Lösung B oder Lösung C + Wasser auf 200 cm³

pH	B (x cm³)	C (x cm³)	pH	B (x cm³)	C (x cm³)
2,2	46,70		4,4		7,5
2,4	39,60		4,6		12,15
2,6	32,95		4,8		17,7
2,8	26,42		5,0		23,85
3,0	20,32		5,2		29,95
3,2	14,70		5,4		35,45
3,4	9,90		5,6		39,85
3,6	6,00		5,8		43,0
3,8	2,60		6,0		45,45
4,0		0,4	6,2		47,0
4,2		3,7			

Tabelle A 7

Puffer nach MeIlvaine

pH-Bereich: 2,2 ... 8,0

Lösung A: 0,2 m Dinatriumhydrogenphosphat

Lösung B: 0,1 m Citronensäure

Mischung: x cm³ Lösung A werden mit y cm³ Lösung B vermischt

pH	A (x cm³)	B (y cm³)	pH	A (x cm³)	B (y cm³)
2,2	0,40	19,60	5,2	10,72	9,28
2,4	1,24	18,76	5,4	11,15	8,85
2,6	2,18	17,82	5,6	11,60	8,40
2,8	3,17	16,83	5,8	12,09	7,91
3,0	4,11	15,89	6,0	12,63	7,37
3,2	4,94	15,06	6,2	13,22	6,78
3,4	5,70	14,30	6.4	13,85	6,15
3,6	6,44	13,56	6,6	14,55	5,45
3,8	7,10	12,90	6,8	15,45	4,55
4,0	7,71	12,29	7,0	16,47	3,53
4,2	8,28	11,72	7,2	17,39	2,61
4,4	8,82	11,18	7,4	18,17	1,83
4,6	9,35	10,65	7,6	18,73	1,27
4,8	9,86	10,14	7,8	19,15	0,85
5,0	10,30	9,70	8,0	19,45	0,55

Fachwörterverzeichnis polarographischer Methoden – Deutsch/Englisch/Russisch

Derivative Gleichstrompolarographie	Derivative polarography or derivative dc-polarography	Производная полярография или производная постоянно-токовая полярография
Differenzgleichstrompolarographie	Differential polarography or differential dc-polarography	Разностная полярография или постоянно-токовая разностная полярография
Differenzpulspolarographie	Differential pulse polarography	Дифференциальная импульсная полярография
Dreieckwellenpolarographie	Triangular wave polarography	Полярография с треугольной разверткой потенциала
Gleichstrompolarographie	Direct current polarography or dc-polarography	Полярография или постояннотоковая полярография
Hochfrequenzpolarographie (Radiofrequenzpolarographie)	Radio frequency polarography	Высокочастотная (радиочастотная) полярография
Inversvoltammetrie	Anodic stripping analysis	Инверсионная вольтаметрия
Kalousek-Polarographie	Kalousek polarography	Полярография Калоусека
Multi sweep-Polarographie (Polarographie mit mehrmaligem linearem Spannungsanstieg)	Multi sweep polarography	Полярография со многократной разверткой потенциала
Oberwellenwechselstrompolarographie	Higher harmonic ac-polarography	Переменнотоковая полярография высших гармоник
Oberwellenwechselstrompolarographie mit phasenempfindlicher Gleichrichtung	Higher harmonic ac-polarography with phase-sensitive rectification	Переменнотоковая полярография высших гармоник с фазовой селекцией
Oszillopolarographie	Oszillopolarography	Осциллополярография
Pulspolarographie	Pulse polarography	Импульсная полярография
Single sweep-Polarographie (Polarographie mit einmaligem linearem Spannungsanstieg)	Single sweep polarography	Полярография с однократной разверткой потенциала

Square wave-Polarographie (Rechteckwellenpolarographie)	Square wave polarography	Полярография с прямоугольным напряжением
Tastpolarographie	Tast polarography	Таст-полярография
Treppenstufenpolarographie	Staircase polarography	Полярография со ступенчатой разверткой потенциала
Wechselstrompolarographie	Alternating current polarography or ac-polarography	Переменнотоковая полярография

Literatur

Abdullah, M. I.; *Berg, B. R.*; *Klimek, R.*: Analyt. chim. acta, Amsterdam **84** (1976) 2, S. 307 bis 317.

Alexander, P. W.; *Hoh, R.*; *Smythe, L. E.*: Talanta, Oxford **24** (1977) 9, S. 543–548; ebenda S. 549–554.

Alimarin, I. F.; *Abdel Razik, F. A.*; u. a.: Zavodskaja Laboratorija, Moskva **34** (1968) S. 160.

Anino, R.; *McDonald, J. E.*: Analyt. Chem., Washington/New York **33** (1961) 3, S. 475.

Arbeitskreis „Automation in der Analyse"; Z. analyt. Chem., Berlin **261** (1972) S. 1–10.

Baletskaja, L. G.; *Zacharov, M. S.*: Izvest. Tomskogo politechn. Inst. **164** (1967) S. 244.

Barker, G. C.; *Jenkins, J. L.*: Analyst, Cambridge **77** (1952) S. 685–692.

–: Ind. chim. belge, Bruxelles **19** (1954) S. 144.

–; *Cockbaine, D. R.*: Atomic Energy Research Establishment, C/R 1404 (1957) S. 1–23, Harwell, Berkshire, England.

–: Analyt. chim. acta, Amsterdam **18** (1958a) S. 118–131.

–; *Faircloth, R. L.*; *Gardner, A. W.*: Nature, London **181** (1958b) S. 247–248.

–; *Faircloth, R. L.*; *Gardner, A. W.*: Part 4. An Introduction to the Theoretical Aspects of Square Wave Polarography. Atomic Energy Research Establishment (1958c), Harwell Berkshire, England.

–; *Faircloth, R. L.*: J. polarogr. Soc., London **1** (1958d) S. 11–16.

–; *Gardner, A. W.*: Z. analyt. Chem., Berlin **113** (1960) S. 73.

Bates, R. G.: Siehe International Union of Pure and Applied Chemistry. Pure & Appl. Chem. Vol. 45, pp. 81–97. Pergamon Press 1976.

Batycka, H.; *Lukascewski, Z.*: Chemia analityczna, Warszawa **22** (1977) 4, S. 725–732.

Bauer, H. H.: J. electroanal. Chem. **1** (1959/60) S. 256.

Ben-Bassat, A. H. J.; *Blindermann, J. M.*; u. a.: Analyt. Chem., Washington/New York **47** (1975) 3, S. 534–537.

Berg, H.: Chem. Techn., Leipzig **7** (1955) S. 679.

–; *Schweiß, H.*: Monatsberichte der DAW, Berlin **2** (1960a) S. 546.

–; *Schweiß, H.*: Naturwissenschaften, Berlin **47** (1960b) S. 513.

–: Coll. czech. chem. commun., Praha **25** (1960c) S. 3404.

–: Naturwissenschaften, Berlin **47** (1960d) S. 320.

–; *Bauer, E.*; *Tresselt, D.*: Advances in Polarography, Vol. I, S. 382, Pergamon Press Ltd. 1960 (e); (s. a.: *Bauer, E.*: Z. analyt. Chem., Berlin **186** (1962) S. 118).

–: Rev. polarogr. (Japan) **9** (1961) S. 25.

–; in: *Krjukova, T. A.*; u. a.: Polarographische Analyse. Leipzig: VEB Deutscher Verlag für Grundstoffindustrie 1964.

–; *Schweiß, H.*; *Stutter, E.*; *Weller, K.*: J. electroanal. Chem. **15** (1967) S. 415–450.

Berge, H.; *Hartmann, P.*: Analyt. chim. acta, Amsterdam **65** (1973) S. 477–480.

Bersier, P.; *Finger, K.*; *Sturm, F. v.*: Z. analyt. Chem., Berlin **216** (1966) S. 189.

–; *Sturm, F. v.*: Z. analyt. Chem., Berlin **224** (1967) S. 317.

Betso, S. R.; *McLean, J. D.*: Analyt. Chem., Washington/New York **48** (1976) 4, S. 766–770.

Betty, K. R.; *Horlick, G.*: Analyt. Chem., Washington/New York **49** (1977) 2, S. 342–345.

Bhowal, S. K.; *Umland, F.*: Z. analyt. Chem., Berlin **285** (1977) 3/4, S. 226–232.

Blutstein, H.; *Bond, A. M.*: Analyt. Chem., Washington/New York **46** (1974) 13, S. 1934–1941.

–; *Bond, A. M.*: Analyt. Chem., Washington/New York **48** (1976) 4, S. 759–761.

Boese, St. W.; *Archer, V. S.*; *O'Laughlin, J. W.*: Analyt. Chem., Washington/New York **49** (1977) 3, S. 479–484.

Bond, A. M.: Analyt. Chem., Washington/New York **44** (1972) 2, S. 315–335.

–; *Flego, U. S.*: Analyt. Chem., Washington/New York **47** (1975) 13, S. 2321–2324.

; *Grabaric, B. S.*: Analyt. Chem., Washington/New York **48** (1976) 11, S. 1624–1628.

–; *Kelly, B. W.*: Talanta, Oxford **24** (1977) S. 453–457.

Bonfig, K. W.; Gehrold, E.: ATM, Arch. techn. Messen u. ind. Meßtechnik, München Blatt Z 6342-1 (Oktober 1970); Z 6342-2 (Februar 1971), Z 6342-3 (März 1971); Z. 6342-4 (April 1971); Z 6342-5 (Mai 1971); Z 6342-6 (Mai 1973); Z 6342-7 (Mai 1973); Z 6342-8 (Juni 1973); Z 6342-9 (Juli 1973); Z 6342-10 (August 1973).

Booth, M. D.; Brand, M. J. D.; Fleet, B.: Talanta, Oxford **17** (1970) S. 1059–1065.

Brajnina, Ch. Z.; Saposhnikova, E. Ja.: Ž. analit. chim., Moskva **24** (1966) S. 807.

–; *Krapivkina, T. A.:* Ž. analit. chim., Moskva **22** (1967) S. 1382.

–; *Nejman, E. Ja.; Dolgopolova, G. M.:* Zavodskaja lab., Moskva **36** (1970) S. 783.

–; *Nejman, E. Ja.; Truchačeva, L. N.:* Zavodskaja lab., Moskva **37** (1971) S. 16.

Breyer, B.; Gutmann, F.: Trans. Faraday Soc., London **42** (1946) S. 650.

Brocke, W. A.; Nürnberg, H. W.: Z. Instr. **75** (1967) 10, S. 315–325.

Brooks, M. A.; Hackman, M. R.: Analyt. Chem., Washington/New York **47** (1975) 12, S. 2059 bis 2062.

Buchanan jr., E. B.; Schroeder, Th. D.; Novosel, B.: Analyt. Chem., Washington/New York **42** (1970) 3, S. 370–373.

–; *Novosel, B.:* Z. analyt. Chem., Berlin **262** (1972) 2, S. 100–101.

Canterford, D. R.: Analyt. chim. acta., Amsterdam **98** (1978) S. 205–214.

Christie, J. H.; Osteryoung, R. A.: Electroanal. chem. und interfac. Electrochem. **49** (1974) S. 301–311.

–; *Jackson, L. L.; Osteryoung, R. A.:* Analyt. Chem., Washington/New York **48** (1976) 2, S. 242–247.

Coetzee, J. F.; Kazi, G. H.; Spurgeon, J. C.: Analyt. Chem., Washington/New York **48** (1976) 14, S. 2170–2173.

Collat, J. W.; Lingane, J. J.: J. Amer. Chem. Soc., Washington **76** (1954) S. 4214.

Cooksey, B. G.: Analyst, Cambridge **99** (1974) S. 457–468.

Crosmun, S. T.; Mueller, T. R.: Analyt. chim. acta, Amsterdam **75** (1975a) S. 199–205.

–; *Dean, J. A.; Stokely, J. R.:* Analyt. chim. acta, Amsterdam **75** (1975b) S. 421–430.

Danzer, K.; Than, E.; Molch, D.; u. a.: Analytik. Leipzig: Akademische Verlagsgesellschaft Geest & Portig K.-G. 1976.

Davis, H. M.; Seaborn, J. E.: Advances in Polarography I, S. 239. Proceedings of the Second International Congress, held at Cambridge 1959. Ed.: *J. S. Langmuir.* Oxford/London/ New York/Paris: Pergamon Press 1960(a).

–; *Shalgosky, H. J.:* Advances in Polarography II, S. 618. Proceedings of the Second International Congress, held at Cambridge 1959. Ed.: *J. S. Langmuir.* Oxford/London/New York/Paris: Pergamon Press 1960(b).

–; *Rooney, R. C.:* J. Polarogr. Soc., London **8** (1962) S. 25.

DeAngelis, P. T.; Bond, R. E.; Brooks, E. E.: Analyt. Chem., Washington/New York **49** (1977) 12, S. 1792–1797.

DeBoer, H. S.; DenHartigh, J.; Ploegmakers, H. H. J. L.; Oort, W. J. van: Analyt. chim. acta, Amsterdam **102** (1978) 1, S. 141–155.

DeGallan, L.; Erkelens, C.; Jongerius, C.; Martens, W.; Mooring, C. J.: Z. analyt. Chem., Berlin **264** (1973) 2, S. 173–176.

Delahay, P.: J. Amer. chem. Soc. **75** (1953) S. 1190.

–; *Charlot, G.; Laitinen, H. A.:* Analyt. Chem. Washington/New York **32** (1960) 6, S. 103A.

–; *Senda, M.; Weis, C. H.:* J. Amer. Chem. Soc., Washington **83** (1961) S. 312–322.

DeMars, R. D.; Shain, J.: Analyt. Chem., Washington/New York **29** (1957) S. 1825.

Demerie, W.; Temmerman, E.; Verbeek, F.: Anal. Letters **4** (1971) S. 247–259.

Demkin, A. M.; Sinjakova, S. I.: Zavodskaja lab., Moskva **35** (1969) S. 773.

Dennis, D. L.; Moyers, J. L.; Wilson, G. L.: Analyt. Chem., Washington/New York **48** (1976) 11, S. 1611–1615.

Dieker, J.; Linden, W. E. van der: Z. analyt. Chem., Berlin **274** (1975) S. 97–101.

Dijck, G. van; Verbeck, F.: Analyt. chim. acta, Amsterdam **54** (1971) S. 475–481.

182   *Literatur*

Doerffel, K.: Statistik in der analytischen Chemie. Leipzig: VEB Deutscher Verlag für Grundstoffindustrie 1966.

–; *Hildebrandt, W.*: Wiss. Z. Leuna-Merseburg 11 (1969) 1, S. 30–35.

Doss, K. S. G.; *Agarwal, H. P.*: J. Sci. Ind. Research (India) 9 (1950) S. 280.

–; *Agarwal, H. P.*: Proc. Indian Acad. Sci. 34 (1951a) S. 229.

–; *Agarwal, H. P.*: Proc. Indian Acad. Sci. 34 (1951b) S. 263.

Drescher, A.: Chem. Techn., Leipzig 26 (1974) 4, S. 229–234.

–; *Ehrlich, G.*: Reinststoffe in Wissenschaft und Technik. Berlin: Akademie Verlag 1963, S. 493.

Dunsch, L.: Dissertation, Bergakademie Freiberg, 1973.

–: Z. Chem., Leipzig 14 (1974) 12, S. 463–468.

–: Electroanal. chem. and interfac. Electrochem. 61 (1975) S. 61–80.

Ehrlich, G.: Wiss. Z. TH Leuna-Merseburg 11 (1969) S. 22–29.

Eigen, M.: Angew. Chem. Intern. Edit. 3 (1964) S. 1.

Ellaithy, M. M.; *Volke, J.*; *Manousek, O.*: Talanta, Oxford 24 (1977) S. 137–140.

Ferrett, D. J.; *Milner, G. W. C.*; *Smales, A. A.*: Analyst, Cambridge 79 (1954) S. 731.

–; *Milner, G. W. C.*: Analyst, Cambridge 81 (1956) S. 193.

Fischerova, E.; *Fischer, O.*: Chem. Zvesti 14 (1960) S. 743.

Flato, J. B.: Analyt. Chem., Washington/New York 44 (1972) S. 75A–87A.

Florence, T. M.: J. electroanalyt. Chem., Amsterdam 27 (1970) S. 273.

Fogg, A. G.; *Ahmed, Y. Z.*: Analyt. chim. acta, Amsterdam 94 (1977) S. 453–456.

–; *Fayad, N.*: Analyt. chim. acta, Amsterdam 102 (1978a) 1, S. 205–210.

–; *Ahmed, Y. Z.*: Analyt. chim. acta, Amsterdam 101 (1978b) S. 211–214.

Frumkin, A. N.: Z. Physik 35 (1926) S. 792.

–: Erfolge der Chemie (uspechi chimii) 24 (1955) S. 933.

–; *Damaskin, B. B.*; in: Modern Aspects in Electrochemistry. Ed.: *J. O'M. Bockris* and *B. E. Conway*. Vol. 3, pp. 149–223. London: Butterworth 1964.

Fry, A. J.: Fortschr. Chem. Forsch. 34 (1972) S. 1–46.

Garber, R. W.; *Wilson, C. E.*: Analyt. Chem., Washington/New York 44 (1972) 8, S. 1357–1360.

Geißler, M.; *Kuhnhardt, C.*: Unveröffentlichte Ergebnisse, 1967.

–; *Kuhnhardt, C.*: Unveröffentlichte Ergebnisse, 1969.

–; *Kuhnhardt, C.*: Square wave-Polarographie. Leipzig: VEB Deutscher Verlag für Grundstoffindustrie 1970.

–: Tagung „Theorie und Anwendung elektrochemischer Meßverfahren", 11. bis 13. September 1973, Berlin; Z. Chem., Leipzig 14 (1974) 1, S. 36.

–; *Schiffel, B.*; *Kuhnhardt, C.*: Z. Chem., Leipzig 15 (1975) 10, S. 408–409.

Gerischer, H.: Z. phys. Chem. 202 (1953) S. 302.

Gilbert, D. D.: Analyt. Chem., Washington/New York 37 (1965) 9, S. 1102–1103.

Goode, C. D.; *Campell, M. C.*: Analyt. chim. acta, Amsterdam 27 (1962) S. 422.

Gornostaeva, T. D.; *Pronin, V. A.*: Ž. analit. chim., Moskva 26 (1971) 9, S. 1736–1739.

–; *Pronin, V. A.*: Ž. analit. chim., Moskva 30 (1975) 6, S. 1139–1142.

Gottesfeld, S.; *Areil, M.*: J. electroanal. Chem., Amsterdam 9 (1965) S. 112.

Griffin, D. A.: Analyt. Chem., Washington/New York 41 (1969) 3, S. 462–466.

Hans, W.; *Henne, W.*: Naturwissenschaften, Berlin 40 (1953) S. 524.

–; *Henne, W.*; *Meurer, E.*: Z. Elektrochem. 58 (1954) S. 836.

Haring, B. J. A.; *Delft, W. v.*: Analyt. chim. acta, Amsterdam 94 (1971) 1, S. 201–203.

Heckner, H. N.: Z. analyt. Chem., Berlin 261 (1972) 1, S. 29–30.

–: Z. analyt. Chem., Berlin 293 (1978) 2, S. 110–114.

Heinemann, W. R.; *DeAngelis, Th. P.*: Analyt. Chem., Washington/New York 48 (1976) 11, S. 2262–2263.

Henrion, G.; *Andreas, B.*; *Haefner, H.*; *Schneider, H.*: Z. Chem., Leipzig 16 (1976) 7, S. 281 bis 283.

Heyrovský, J.: Chem. listy **16** (1922) S. 256. Philos. Maj. J. Sci. **45** (1923) S. 303.
–; *Shikata, M.*: Recueil Trav. chim. Pays-Bas. **44** (1925) S. 496.
–; *Ilkovič, D.*: Coll. czech. chem. commun., Praha 1 (1935) S. 198.
–; *Forejt, J.*: Z. physik. Chem. **193** (1943) S. 77.
–; *Kůta, J.*: Grundlagen der Polarographie. Berlin: Akademie-Verlag 1965.
Hildering, R.: Z. analyt. Chem., Berlin **221** (1966) S. 194.
Horn, G.: Chem. Techn., Leipzig **11** (1959) S. 615–616.
Howe, II. L.: Analyt. Chem., Washington/New York **48** (1976) 14, S. 2167–2169.
Humphrey, R. E.; *Sharp, St. W.*: Analyt. Chem., Washington/New York **48** (1976) 1, S. 222 bis 223.

Ignatova, N. K.; *Saizev P. M.*; *Gornostaeva, M. Ju.*: Ž. analit. chim., Moskva **33** (1978) 11 S. 2140–2143.
Ilkovič, D.; *Semerano, G.*: Coll. czech. chem. commun., Praha 4 (1932) S. 176.
International Union of Pure and Applied Chemistry, Analytical Chemistry Division, Commission of Electroanalytical Chemistry. Classification and Nomenclature of Electroanalytical Techniques (Rules Approved 1975). Pure & Appl. Chem. Vol. **45**, pp. 81–97. Oxford/New York/Paris/Frankfurt (Main): Pergamon Press 1976.
Ishibashi, M.; *Fujinaga, T.*: Bull. chem. Soc. Japan **25** (1952) S. 68.
Israel, Y.: Talanta, Oxford **13** (1966) S. 1113–1122.
–; *Ofir, T.*; *Rezek, J.*: Mikrochim. Acta, Wien 1978 I, 1–2, S. 151–163.
Itsuki, K.; *Kobayashi, B.*; *Nishino, K.*: Japan Analyst **8** (1959a) S. 804.
–; *Nagao, N.*: Japan Analyst **8** (1959b) S. 800.

Jackwerth, E.: Z. analyt. Chem., Berlin **211** (1965) S. 254.
Jacobsen, E.; *Lindseth, II.*: Analyt. chim. acta, Amsterdam **86** (1976) S. 123–127.
Jankauskas, V. F.; *Pičugina, V. M.*; *Kaplin, A. A.*: Zavodskaja lab., Moskva **35** (1969) S. 1431.
Jehring, II.: Elektrosorptionsanalyse mit Wechselstrompolarographie. Berlin: Akademie-Verlag 1974.
Jemal, M.; *Knevel, A. M.*: Analyt. Chem., Washington/New York **50** (1978) 13, S. 1917–1921.
Jennings, V. J.: Analyst, Cambridge **85** (1960) S. 62–68.
–: Analyst, Cambridge **87** (1962) S. 548.
Jessop, G.: Brit. Pat. 776 543 (1957).
Johannson, Bo-Lennart; *Persson, B.*: Analyt. chim. acta, Amsterdam **102** (1978) 1, S. 121–131.
Jones, II. C.; *Belew, W. L.*; *Stelzner, R. W.*; u. a.: Analyt. Chem., Washington/New York **41** (1969) 6, S. 772–779.

Kakiyama, H.; *Komatsu, M.*: Japan Analyst **19** (1970) S. 902–907.
Kalousek, M.: Coll. czech. chem. commun., Praha **13** (1948) S. 105.
–; *Ralek, M.*: Coll. czech. chem. commun., Praha **19** (1954) S. 1099.
Kalvoda, R.: Coll. czech. chem. commun., Praha **22** (1957) S. 1390.
–; *Macků, J.*; *Micka, K.*: Z. physik. Chem., Leipzig, Sonderheft 1958, S. 66.
–: Die Technik der oszillopolarographischen Messungen. Dresden und Leipzig: Verlag Theodor Steinkopf 1965.
–: Chemia analityczna, Warszawa **17** (1972) S. 1101–1106.
–; *Holub, J.*: Analyt. Chem., Washington/New York **44** (1972) 13, S. 2252–2255.
–: Operational Amplifiers in Chemical Instrumentation. New York/London/Sydney/Toronto: John Wiley & Sons, Inc. 1975.
–; *Trojanek, A.*: J. electroanal. chem., Lausanne **75** (1977) 1, S. 151–155.
Kambara, T.: Bull. chem. Soc. Japan **27** (1954), S. 529.
Kamenev, A. I.; *Vinogradova, E. N.*; *Figurovskaja, V. N.*: Vestnik Moskovskogo universiteta, serija II, **21** (1966) Nr. 6, S. 113.
–; *Vinogradova, E. N.*: Zavodskaja lab., Moskva **33** (1967) S. 929.
–; *Lunev, M. I.*; *Agasjan, P. K.*: Ž. analit. chim., Moskva **32** (1977) 10, S. 1955–1960.
Kaminska, M.: Chemia analityczna, Warszawa **21** (1976) S. 1375.

Kammori, O.; *Kawase, H.*; *Inamoto, I.*: Bunseki Kagaku **15** (1966) 2, S. 1219.

–; *Inamoto, I.*: Japan Analyst **16** (1967) 12, S. 1324.

Kaplan, B. Ja.; *Sorokovskaja, I. A.*; *Smirnova, G. A.*: Zavodskaja lab., Moskva **28** (1962) 10, S. 1188.

–; *Sorokovskaja, I. A.*: Zavodskaja lab., Moskva **29** (1963) 4, S. 391.

–; *Sorokovskaja, I. A.*; *Širjaeva, O. A.*: Zavodskaja lab., Moskva **30** (1964a) 6, S. 659.

–; *Sorokovskaja, I. A.*: Zavodskaja lab., Moskva **30** (1964b) 7, S. 783.

–; *Širjaeva, O. A.*: Zavodskaja lab., Moskva **31** (1965) 6, S. 658.

–; *Kučmistaja, G. I.*: Zavodskaja lab., Moskva **33** (1967) 9, S. 1055–1057.

–; *Širjaeva, O. A.*: Zavodskaja lab., Moskva **35** (1969a) 4, S. 401–404.

–; *Sevastjanova, T. N.*: Zavodskaja lab., Moskva **35** (1969b) 5, S. 531–534.

Kaplin, A. A.; *Katjuchin, V. E.*; *Stromberg, A. G.*: Zavodskaja lab., Moskva **36** (1970) S. 18.

–; *Michailova, E. S.*: Elektron. Techn., Moskva **12** (1971) Bd. 1, S. 43.

–; *Veiz, N. A.*; *Stromberg, A. G.*: Ž. analit. chim., Moskva **28** (1973) 11, S. 2192–2195.

Karbainov, Ju. A.; *Stromberg, A. G.*: Ž. analit. chim., Moskva **19** (1964) S. 1341.

Kashiki, M.; *Oshima, S.*: Bull. chem. Soc. Japan **40** (1967) S. 1630–1634.

Kataev, G. A.; *Zacharova, E. A.*: Zavodskaja lab., Moskva **29** (1963) S. 524.

Keil, R.: Z. analyt. Chem., Berlin **292** (1978) 1, S. 13–19.

Kelley, M. T.; *Miller, H. H.*: Analyt. Chem., Washington/New York **24** (1952) S. 1895.

–; *Fisher, D. J.*: Analyt. Chem., Washington/New York **28** (1956) S. 1130.

–; *Fisher, D. J.*: Analyt. Chem., Washington/New York **30** (1958) S. 929.

–; *Jones, H. C.*; *Fischer, D. J.*: Analyt. Chem., Washington/New York **31** (1959) S. 1475.

Kemula, W.; *Kublik, Z.*: Analyt. chim. acta, Amsterdam **18** (1958) S. 104.

–; *Rakowska, E.*; *Kublik, Z.*: J. electroanalyt. Chem., Amsterdam **1** (1959) S. 205.

–; Advances in Polarography. Vol. I. Edit. *J. S. Langmuir.* London: Pergamon Press 1960, S. 105.

Khasgiwale, K. A.; *Molina, R.*: J. electroanalyt. Chem., Amsterdam **13** (1967) S. 144.

Kinhard, W. F.; *Philp, R. H.*; *Propst, R. H.*: Analyt. Chem., Washington/New York **39** (1967) 13, S. 1556–1562.

Kissinger, P. T.: Analyt. Chem., Washington/New York **46** (1974) 5, S. 15R–21R.

–: Analyt. Chem., Washington/New York **48** (1976) 5, S. 17R–23R.

Kolpakova, N. A.; *Nemtinova, G. M.*; *Kaplin, A. A.*: Zavodskaja lab., Moskva **35** (1969) S. 529.

Koster, G.; *Eisner, U.*; *Ariel, M.*: Z. analyt. Chem., Berlin **224** (1967) S. 269.

Koutecky, J.: Českoslov. Časopis Fysiku **2** (1952) S. 117.

–: Čzechoslov. J. Physics **22** (1953) S. 50.

–: Coll. czech. chem. commun., Praha **21** (1956) S. 433.

Krapivkina, T. A.; *Brajnina, Ch. Z.*: Zavodskaja lab., Moskva **33** (1967) S. 400.

–; *Roizenblat, E. M.*: Ž. analit. chim., Moskva **29** (1974) S. 1818–1822.

Krjukova, T. A.: Zavodskaja lab., Moskva **14** (1948) S. 511; ebenda S. 639.

–; *Sinjakova, S. I.*; *Arefjeva, T. W.*: Polarographische Analyse. Leipzig: VEB Deutscher Verlag für Grundstoffindustrie 1964.

Kronenberger, K.; *Strehlow, H.*; *Elbel, A. W.*: Polarogr. Ber. **5** (1957) S. 62.

Krugers, J.: Analyt. Chem., Washington/New York **31** (1951) 3, S. 444–447.

Kuhnhardt, C.: Analytische und kinetische Untersuchungen mit der Hochfrequenzpolarographie. Dissertation A, TH Leuna-Merseburg, 1973.

–; *Geißler, M.*: Neue Hütte, Leipzig **15** (1970) 8, S. 502–506.

Lagrou, A.; *Vanhees, J.*; *Verbeek, F.*: Z. Analyt. Chem., Berlin **224** (1967) S. 310.

–; *Verbeek, F.*: Anal. Letters **4** (1971) S. 573–583.

Lanza, P.; *Lippolis, M. T.*: Analyt. chim. acta, Amsterdam **87** (1976) 1, S. 27–35.

Liebermann, St. H.; *Zirino, A.*: Analyt. Chem., Washington/New York **46** (1974) 1, S. 20–23.

Linke, H.: Persönliche Mitteilung.

Lovasi, J.; *Zombory, L.*: Mikrochem. J. **11** (1966) S. 277.

Lovasi, J.; *Thomcsanyi, L.*: Acta Chimica Akademiae Scientarium Hungaricae, Tomus 54 (1967) 1, S. 21–26.

Lund, W.; *Salberg, M.*: Analyt. chim. acta, Amsterdam 76 (1975) S. 131–141.

–; *Oushus, D.*: Analyt. chim. acta, Amsterdam 86 (1976) S. 109–122.

Madan, L. G.; *Ljalikov, J. S.*; *Bodju, W. I.*: Zavodskaja lab., Moskva 31 (1965) 10, S.1182 bis 1183.

Mairanovsky, S. G.; *Neimann, M. B.*: Izvest. AN SSSR, OCHN, 1955, S. 420.

Malkov, E. M.; *Fedoseeva, A, G.*; *Stromberg, A. G.*: Ž analit. chim., Moskva 25 (1970) S. 1748.

Manu, A. W.; *Deutscher, R. L.*: Analyst, Cambridge 101 (1976) 1205, S. 652–656.

Markova, I. W.; *Sinjakova, S. I.*: Agrochimija 1966 (12) S. 118–123.

Markova, N. V.; *Jacubceva, T. V.*; u. a.: Zavodskaja lab., Moskva 40 (1974) 8, S. 938–940.

Matano, N.; *Kawase, A.*: Trans. Nat. Res. Inst. Metals 6 (1964) S. 89.

Matsuda, H.; *Ayabe, Y.*: Z. Elektrochemie, Ber. Bunsenges. phys. Chemie, Weinheim 59 (1955) S. 494–503.

MCallister, D. L.; *Dryhurst, G.*: Analyt. chim. acta, Amsterdam 64 (1973) 1, S. 121–125.

Meites, L.: Polarographic Techniques. 2nd Ed. New York: Interscience Publishers 1965.

Mesjac, N. A.; *Nazarov, B. F.*; u. a.: Ž. analyt. chim., Moskva 19 (1964) S. 959.

–; *Zaičko, L. F.*; u. a.: Izvest. Tomskogo politechn. Inst. 167 (1967) S. 108.

Meyer, J.: Z. analyt. Chem., Berlin 219 (1966) S. 147.

–: Z. analyt. Chem., Berlin 231 (1967) S. 241–251.

Micka, K.: Z. physik. Chem., Leipzig 206 (1957) S. 345.

Milner, G. W. C.; *Slee, L. J.*: Analyst, Cambridge 82 (1957a) S. 139.

–: The Principles and Applications of Polarography and other Electronical Processes. London, New York, Toronto: Longmans Green and Co. 1957 (b).

Miwa, T.; *Kono, T.; Isomura, A.; Mizuike, A.*: Talanta, Cambridge 17 (1970a) S. 108–112.

–; *Mizuike, A.*: Mikrochim. Acta, Wien 1970 (b), S. 452–456.

Mizuike, A.; *Miwa, T.*; *Oki, S.*: Analyt. chim. acta, Amsterdam 44 (1969) 2, S. 425.

–; *Kono, T.*: Mikrochim. Acta, Wien 1970, S. 665–669.

–; *Miwa, T.*; *Fujii, J.*: Japan Analyst 21 (1972) S. 1625–1647.

–; *Miwa, T.*; *Fujii, J.*: Mikrochim. Acta, Wien 1974, S. 595–601.

Monien, H.; *Specker, H.*; *Zinke, K.*: Z. analyt. Chem., Berlin 235 (1967) S. 342.

–: Z. analyt. Chem., Berlin 244 (1969) 6, S. 360–365.

–: Chem.-Ing.-Techn., Weinheim 42 (1970a) S.·857–904.

–: Chem.-Ing.-Techn., Weinheim 43 (1970b) S. 666–676.

–; *Jacob, P.*: Z. analyt. Chem., Berlin 255 (1971) S. 33–34.

Myers, D. J.; *Osteryoung, J.*: Analyt. Chem., Washington/New York 45 (1973) 2, S. 267–271.

–; *Osteryoung, J.*: Analyt. Chem., Washington/New York 46 (1974) 3, S. 356–359.

Nakashima, F.: Analyt. chim. acta, Amsterdam 28 (1963) S. 54.

–: Analyt. chim. acta, Amsterdam 30 (1964a) S. 167

–: Analyt. chim. acta, Amsterdam 30 (1964b) S. 255.

Naumann, R.: Z. analyt. Chem., Berlin 270 (1974) S. 114–116.

Neeb, R.: Z. analyt. Chem., Berlin 171 (1959) S. 321.

–: Z. analyt. Chem., Berlin 188 (1962) S. 401.

–: Inverse Polarographie und Voltammetrie. Neuere Verfahren zur Spurenanalyse. Weinheim: Verlag Chemie 1969; Berlin: Akademie-Verlag 1969.

–; *Wahdat, F.*: Z. analyt. Chem., Berlin 269 (1974) 4, S. 275–279.

–; *Kiehnast, I.*: Z. analyt. Chem., Berlin 285 (1977) 2, S. 121–123.

Nejman, E. Ja.; *Dolgopotova, G. M.*; *Truchačeva, L. N.*: Zavodskaja lab., Moskva 35 (1969) S. 1040.

–; *Dolgopotova, G. M.*; u. a.: Zavodskaja lab., Moskva 36 (1970) S. 649.

–; *Dolgopotova, G. M.*; *Truchačeva, L. N.*: Zavodskaja lab., Moskva 37 (1971) S. 887.

Nicholson, R. S.; *Shain, I.*: Analyt. Chem., Washington/New York 36 (1964) S. 706.

186   *Literatur*

Nickelly, J. G.; *Cooke, W. D.*: Analyt. Chem., Washington/New York **29** (1957) S. 933.
Nikulina, I. N.; *Pastuchova, N. E.*; u. a.: Zavodskaja lab., Moskva **37** (1971) S. 1161.
Noshiro, M.; *Sugisaki, M.*: Bunseki Kagku **15** (1966) 4, S. 356.
Nürnberg, H. W.: Z. analyt. Chem., Berlin **273** (1975) S. 432–448.
–; *Valenta, P.*; *Mart, L.*; *Raspor, B.*; *Sipos, L.*: Z. analyt. Chem., Berlin **282** (1976) 4, S. 357 bis 367.

Okamoto, K.: Mod. Aspects Polarogr., **1966**, S. 225–232.
Okochi, H.; *Sudo, E.*: Z. analyt. Chem., Berlin **259** (1972) 1, S. 66.
Okura, H.; *Hayashi, S.*: Japan Analyst **23** (1974) 4, S. 1489–1494.
Opheim, L.-N.: Analyt. chim. acta, Amsterdam **89** (1977a) S. 225–229.
–: Analyt. chim. acta, Amsterdam **91** (1977b) S. 331–334.
Orient, J. M.: Zavodskaja lab., Moskva **41** (1975) 7, S. 792–797.

Pabst, D.: Operationsverstärker. Grundlagen und Anwendungsbeispiele. Berlin: VEB Verlag Technik 1971.
Pac, R. G.; *Cfasman, S. B.*: Zavodskaja lab., Moskva **27** (1961) 3, S. 266.
–: Zavodskaja lab., Moskva **28** (1962) 1, S. 18.
–; *Cfasman, S. B.*; *Semockina, T. W.*: Zavodskaj lab., Moskva **29** (1963) 4, S. 395.
–; *Cfasman, S. B.*; *Semockina, T. W.*: Zavodskaja lab,, Moskva **30** (1964) 2, S. 140.
–; *Vasil'eva, L. N.*: Metody analiza s isol'zovaniem polarografii peremennoge toka. Moskva: Izdatelstvo metallurgija 1967.
–; *Lukasenkova, N. W.*; *Suvalova, E. D.*; *Saglodina, T. W.*: Zavodskaja lab., Moskva **34** (1968) 10, S. 1173–1176.
Parry, E. P.; *Osteryoung, R. A.*: Analyt. Chem., Washington/New York **37** (1965) 13, S. 1634 bis 1637.
Perone, S. P.: Analyt. Chem., Washington/New York **35** (1963) S. 209.
–; *Stapelfeldt, H. E.*: Analyt. Chem., Washington/New York **38** (1966) S. 796.
Philips, S. L.; *Shain, I.*: Analyt. Chem., Washington/New York **34** (1962) S. 262.
Pilkington, E. S.; *Weeks, Ch.*; *Bond, A. M.*: Analyt. Chem., Washington/New York **48** (1976) 12, S. 1665–1669.
Poldoski, J. E.; *Glass, G. E.*: Analyt. chim. acta, Amsterdam **101** (1978) S. 79–88.
Popko, R. A.; *Pitschugina, J. M.*; *Petrov, S. I.*; *Neiman, E. Ja.*: Ž. analit. chim., Moskva **33** (1978) 11, S. 2108–2112.
Porthault, M.: Siehe *Shafigqul.*
Princeton Applied Research, Application Briefs L-1, L-3, M-1, M-2, N-1, N-2, S-1, S-2. 1974.
Princeton Applied Reasearch, Application Brief A-4. 1975.
Probst, R. C.: Analyt. Chem., Washington/New York **49** (1977) 8, S. 1199–1204.
Proszt, J.; *Cieleszky, V.*; *Györbiro, K.*: Polarographie mit besonderer Berücksichtigung der klassischen Methoden. Budapest: Akadémiai Kiadó 1967.

Ramaley, L.; *Krause, M. S.*: Analyt. Chem., Washington/New York **41** (1969a) 11, S. 1362 bis 1365; ebenda (1969b) S. 1365–1369.
Randles, J. E. B.: Trans. Faraday Soc., London **44** (1948) S. 327.
Reynolds, G. F.; *Shalgosky, H. J.*: Analyt. chim. acta, Amsterdam **10** (1954) S. 386.
Roe, D. K.: Analyt. Chem., Washington/New York **46** (1974) 5, S. 8R–15R.
–: Analyt. Chem., Washington/New York **48** (1976) 5, S. 9R–17R.
Rogstad, A.; *Høgberg, K.*: Analyt. chim. acta, Amsterdam **94** (1977) S. 461–465.
Roizenblat, E. M.; *Brajnina, Ch. Z.*: Zavodskaja lab., Moskva **32** (1966) S. 1450.
Rojahn, T.: Analyt. chim. acta, Amsterdam **62** (1972) 2, S. 438–441.
Roux, J.-P.; *Vittori, O.*: C. R. Acad. Sci. Paris **279**, Ser. C. (1974) S. 733–736.
Ružic, J.; *Branica, M.*: J. electroanal. chem., Lausanne **22** (1969) S. 243–252.

Salichdshanova, R. M.-F.; *Bryksin, J. E.*: Zavodskaja lab., Moskva **38** (1972) 1, S. 26–32.
Samuel, B. W.; *Brunnock, J. V.*: Analyt. Chem., Washington/New York **33** (1961) 2, S. 203.

Samuelsson, R.: Analyt. chim. acta, Amsterdam **102** (1978) 1, S. 133–140.

Sarinskij, W. A.; *Čulkina, L. S.*: Zavodskaja lab., Moskva **43** (1977) 2, S. 148–150.

Schwabe, K.: Polarographie und chemische Konstitution organischer Verbindungen. Teil 1: Tabellen. Berlin: Akademie-Verlag 1957.

–; *Bär, H.-J.*; *Steinhauer, H.*: Chem.-Ing.-Techn., Weinheim **37** (1965) 5, S. 483–492.

Semerano, G.; *Riccoboni, L.*: Gazz. chim. ital. **72** (1942) S. 297.

Sendai, M.; *Imai, H.*; *Delahay, P.*: J. phys. Chem. **65** (1961) S. 1253.

Senkevic, W. W.; *Cernega, L. P.*; *Bodju, W. I.*; *Ljalikov, Ju. S.*: Zavodskaja lab., Moskva **34** (1968) 10, S. 1176–1178.

Ševčik, A.: Coll. czech. chem. commun., Praha **13** (1948) S. 349.

Shafigqul Alam, A. M.; *Vittori, O.*; *Porthault, M.*: Analyt. chim. acta, Amsterdam **102** (1978) 1, S. 113–119.

Shaw-Kong Chang; *Kozeniauskas, R.*; *Harrington, G. W.*: Analyt. Chem., Washington/New York **49** (1977) 14, S. 2272–2275.

Sinjakova, S. I.; *Shen Yu Chih*: Doklady Akad. Nauk SSSR **131** (1960) S. 101.

–; *Markova, I. V.*; *Pachomova, T. Ja.*: Metodi analiza veščest' vysokoj čistoty (Methoden der Analyse hochreiner Stoffe), Moskva: Izd. Nauka 1965, S. 253.

–; *Markova, I. V.*; u. a.: Zavodskaja lab., Moskva **35** (1969) S. 769.

Šinko, I.; *Doležal, J.*: J. electroanal. chem., Amsterdam **25** (1970) S. 299.

–; *Gomišček, S.*: Analyt. chim. acta, Amsterdam **54** (1971) S. 253.

Skobec, E. M.; *Kosmatyi, W. E.*; *Karnauchov, A. I.*: Chim., prom-st.' Ukrainy. Naučno-proisv. sb. 1969, No. 6 (48), S. 41–42.

Smit, W. M.; *Wijnen, M. D.*: Recueil Trav. chim. Pays-Bas **79** (1960) 4, S. 22.

Smith, D. E.: AC Polarography and Related Techniques. Theory and Practice. In: Electroanalytical Chemistry. Vol. 1. Ed.: *A. J. Bard*. New York: Marcell Dekker, Inc. 1966.

Smith, R. M.; *Smyth, W. F.*: Analyt. chim. acta, Amsterdam **94** (1977) 1, S. 119–127.

Smyth, M. R.; *Osteryoung, J. G.*: Analyt. Chem., Washington/New York **49** (1977) 14, S. 2310 bis 2314.

–; *Osteryoung, J. G.*: Analyt. chim. acta, Amsterdam **96** (1978a) S. 335–344.

–; *Osteryoung, J.*: Analyt. Chem., Washington/New York **50** (1978b) 12, S. 1632–1637.

Smyth, W. F.: Proceedings Anal. Div. Chem. Soc. 1975 (June) S. 187–190.

Sohr, H.; *Liebetrau, L.*: Z. analyt. Chem., Berlin **219** (1966) S. 409–412.

Sontag, G.; *Kerschbaumer, M.*; *Kainz, G.*: Mikrochim. acta, Wien 1976 II, 3/4, S. 411–422.

Stackelberg, M. v.: Z. Elektrochem. angew. physik. Chem. **45** (1939) S. 466–490.

–; *Pilgram, M.*; *Toome, V.*: Z. Elektrochem., Ber. Bunsenges. physik. Chem. **57** (1953) S. 342.

–; *Doppelfeld, R.*: Advances in Polarography. Proceedings of the Second International Congress held at Cambridge 1959. Pergamon Press 1960.

Stepanova, O. S.; *Zacharov, M. S.*; *Trušina, L. F.*: Zavodskaja lab., Moskva **30** (1964) S. 1180.

–; *Zacharov, M. S.*; *Trušina, L. F.*: Z. analit. chim., Moskva **20** (1965) S. 153.

Strehlow, H.; *Mädrich, O.*; *Stackelberg, M. v.*: Z. Elektrochem. angew. physik. Chem. **55** (1951) S. 244.

Stromberg, A. G.; *Gorodvych, V. E.*: Zavodskaja lab., Moskva **26** (1960) S. 46.

Sturm, F. v.: Z. analyt. Chem., Berlin **166** (1959) S. 100–114.

–: Z. analyt. Chem., Berlin **173** (1960) S. 11–17.

–; *Ressel, M.*: Z. analyt. Chem., Berlin **186** (1962) S. 63.

Sudo, E.; *Ogawa, H.*: J. Japan Inst. Metals **28** (1964) S. 421.

–; *Okochi, H.*: Bunseki Kagaku **17** (1968) 3, S. 338.

–; *Okawaiti, S.*: Anal. and Instr. **7** (1969a) 8, S. 518–524; ebenda: **7** (1969b) 10, S. 679–686.

Suon Kim Nuor; *Vittori, O.*: Analyt. chim. acta, Amsterdam **91** (1977) S. 143–148.

Tajima, N.; *Teseda, H.*; *Kurobe, M.*: Japan Analyst **11** (1962) S. 69.

Temmermann, E.; *Verbeek, F.*: J. electroanal. chem., Lausanne **12** (1966) S. 158.

Tiptcova-Jakovleva, V. G.; *Figel'son, Ju. A.*: Ž. analit. chim., Moskva **27** (1972) S. 89.

Tomeš, J.: Coll. czech. chem. commun., Praha **9** (1937) S. 12.

Turner, J. A.; *Abel, R. H.*; *Osteryoung, R. A.*: Analyt. Chem. Washington/New York **47** (1975) 8, S. 1343–1347.

Ulrich, L.; *Rüegsegger, P.*: Z. analyt. Chem., Berlin **277** (1975) S. 349–353.
Underberg, W. M. J.; *Ebskamp, A. J. E.*; *Pillen, J. M. H.*: Z. analyt. Chem., Berlin **287** (1977) 4/5, S. 296–297.
Underkofler, W. I.; *Shain, I.*: Analyt. Chem., Washington/New York **37** (1965) S. 218.

Vachobova, R. U.; *Chudaiberdiev, W. G.*; *Vachobov, A. W.*: Ž. analit. chim., Moskva **25** (1970) 4, S. 679–685.
Valenta, P.; *Rützel, H.*; *Krumpen, P.*; u. a.: Z. analyt. Chem., Berlin **292** (1978) 2, S. 120–125.
Vasil'eva, L. N.; *Vinogradova, E. N.*; u. a.: Zavodskaja lab., Moskva **41** (1975) 10, S. 1199 bis 1200.
Vassos, B. H.: Analyt. Chem., Washington/New York **45** (1973) 7, S. 1292–1294.
Vinogradova, E. N.; *Prochorova, G. V.*: Zavodskaja lab., Moskva **26** (1960) S. 41.
–; *Vasil'eva, L. N.*: Metody analiza veščest vysokoj čistoty (Methoden der Analyse von Stoffen hoher Reinheit). Moskau: Verlag Nauka 1965 (a), S. 296.
–; *Kamenev, A. I.*: Ž. analit. chim., Moskva **20** (1965b) S. 183.
Vlček, A. A.: Coll. czech. chem. commun., Praha **19** (1954) S. 862–867.
–: Chem. listy **50** (1956) S. 400–481.
Vogel, J.; *Riha, J.*: Coll. czech. chem. commun., Praha **16** (1951) S. 479.
Völz, H.: Elektronik für Naturwissenschaftler. Berlin: Akademie-Verlag 1974.

Weber, J.: Coll. czech. chem. commun., Praha **24** (1959) S. 1770.
White, W. R.: Analytical Letters **5** (1972) 12, S. 875–885.
Willems, G. G.; *Neeb, R.*: Z. analyt. Chem., Berlin **269** (1974) S. 1–10.
Wisser, K.: Z. analyt. Chem., Berlin **286** (1977) 5, S. 351–354.
Wittaker, J. W.; *Osteryoung, J.*: Analyt. Chem., Washington/New York **48** (1976) 9, S. 1418 bis 1420.
Woggon, H.; *Spranger, J.*: Chem. Zvesti **16** (1962) S. 250.
Wolff, G.; *Nürnberg, H. W.*: Z. analyt. Chem., Berlin **224** (1967) S. 332.
Wood, D. F.; *Clark, R. T.*: Analyst, Cambridge **27** (1962) S. 342.

Zacharov, M. S.; *Pitšugina, W. M.*: Izvest. Tomskogo politechn. Inst. **128** (1964) S. 46.
Zagorski, Z.; in: *Krjukova, T. A.*; u. a.: Polarographische Analyse. Leipzig: VEB Deutscher Verlag für Grundstoffindustrie 1964.
Zaičko, L. F.; *Zacharov, M. S.*; *Šeipkova, L. G.*: Izvest. Tomskogo politechn. Inst. **167** (1967) S. 105.
Zarebski, J.: Chemia analityczna, Warszawa **22** (1977a) S. 1037–1048.
–: Chemia analiyczna, Warszawa **22** (1977b) S. 1049 1051.

Zusätzliche Literatur

Zu Kapitel 2.:

Advances in Electrochemistry and Electroanalytical Engineering. Ed.: *P. Delahay*. 7 Bände. New York: Interscience Publishers 1961–1970.
Autorenkollektiv: Lehrwerk Chemie, Lehrbuch 5: Elektrolytgleichgewichte und Elektrochemie. Leipzig: VEB Deutscher Verlag für Grundstoffindustrie 1974.
Bockris, J. O'M.: Modern Aspects of Electrochemistry. 5 Bände. London: Butterworth 1954 bis 1969.
Damaskin, B. B.; *Petrij, O. A.*: Sovremennaja Electrochimija (Moderne Elektrochemie). Moskva: Izd. Nauka 1965.
Forker, W.: Elektrochemische Kinetik. Berlin: Akademie-Verlag 1966.
Kortüm, G.: Lehrbuch der Elektrochemie. Weinheim/Bergstraße: Verlag Chemie GmbH 1966.
Schwabe, K.: Physikalische Chemie. Bd. 2. Elektrochemie. Berlin: Akademie-Verlag 1974.
Vetter, K. J.: Elektrochemische Kinetik. Berlin, Göttingen, Heidelberg: Springer-Verlag 1969.

Zu Kapitel 3.:

Bennekom, W. P. van; *Schute, J. B.*: High Performance Pulse and Differential Pulse Polarography. Part I. Theoretical Considerations. Analytica chim. acta, Amsterdam **89** (1977) S. 71–82.

Březina, M.; *Zuman, P.*: Die Polarographie in der Medizin, Biochemie und Pharmazie. Leipzig: Akademische Verlagsgesellschaft Geest & Portig K.-G. 1956.

Brocke, W. A.; *Nürnberg, H. W.*: Methodik und Instrumentation faradayscher Gleichrichtungsverfahren. I. Grundlagen. III. „High level"-Techniken. Z. Instr. **75** (1967) 9, S. 291 bis 299 und 11, S. 355–364.

Bryksin, J. E.; *Salichdjanova, P. M.-F.*: Polarografičeskie metodij s peremennym tokom (Polarographische Methoden mit Wechselstrom). Zavodskaja lab., Moskva **40** (1974) S. 366 bis 370.

Delahay, P.: New Instrumental Methods in Electrochemistry. New York: Interscience Publishers 1954.

Galus, S.: Teoretičeskie osnovi electrochimičeskogo analiza (Theoretische Grundlagen der elektrochemischen Analyse). Übersetzung aus dem Polnischen. Moskva: Izd. Mir 1974.

Galvez, J.; *Serna, A.*: Pulse Polarography. I. Revised Equation for Diffusion Current. II. Kinetic Currents of an Electrode Reaction, Coupled to a Preceding First Order Chemical Reaction. III. Catalytic Currents. J. Electroanal. Chem., Lausanne **69** (1976) S. 133–143, S. 145–156, S. 157–164.

Heyrovský, J.; *Zuman, P.*: Einführung in die praktische Polarographie. Berlin: VEB Verlag Technik 1959.

Neeb, R.: Neuere polarographische und voltammetrische Verfahren zur Spurenanalyse. Fortschr. chem. Forsch. **4** (1963) S. 333–458.

Nürnberg, H. W.; *Stackelberg, M. v.*: Arbeitsmethoden und Anwendungen der Gleichstrompolarographie. I. Apparatives, Methoden und Elektroden. II. Theorie der polarographischen Kurve. J. Electroanal. Chem., Lausanne **2** (1961) S. 181–229.

Smith, D. E.: AC Polarography and Related Techniques. Theorie and Pratice. In: Electroanalytical Chemistry, Vol. 1. Ed.: *A. J. Bard*. New York: Marcel Dekker, Inc. 1966.

Sachregister